程序设计方法与优化

Programming: Methodologies and Optimization

（第2版）

Second Edition

覃 征　虞 凡　王志敏　杨 博　编著
Qin Zheng　Yu Fan　Wang Zhimin　Yang Bo

西安交通大学出版社
XI'AN JIAOTONG UNIVERSITY PRESS

内容提要

本书系统讲述了计算机程序设计的基本概念、基本方法和常用程序语言的优化设计思想，用大量的程序实例说明了常用程序设计方法的实际应用和编程技巧。全书分10章，以三个部分介绍了程序设计的基础知识、基本方法及其优化方法。第一部分概要介绍了程序设计方法的发展、程序设计的一般方法和表示方法，并描述了算法的概念和图灵机模型；第二部分结合具体程序实例详细讲述了结构化程序设计方法、面向对象程序设计方法、组件化程序设计方法、递归程序设计方法、嵌入式程序设计方法和面向 Agent 的程序设计方法；第三部分介绍了程序计算复杂度的分析方法，对程序设计进行了定量的表示，并举例说明了 C/C＋＋程序、Java 程序、ASP 程序、Prolog 逻辑程序、32 位汇编指令常用的优化内容、原则与方法。

本书可作为高等院校程序设计方法课程的教科书，也可以作为从事计算机程序设计的研究人员和从事软件系统设计、开发及应用工作的相关技术人员的参考书。

图书在版编目(CIP)数据

程序设计方法与优化 / 覃征，虞凡，王志敏，杨博编著 . —2 版.
—西安：西安交通大学出版社，2007.9(2020.1 重印)
ISBN 978－7－5605－1801－5

Ⅰ.程… Ⅱ.①覃… ②虞… ③王… ④杨… Ⅲ.程序设计
Ⅳ.TP311.1

中国版本图书馆 CIP 数据核字(2007) 第 130417 号

书　　名	程序设计方法与优化(第 2 版)
编　　著	覃　征　虞凡　王志敏　杨博
责任编辑	贺峰涛　屈晓燕
文字编辑	葛赵青　钱次余
出版发行	西安交通大学出版社
地　　址	西安市兴庆南路 1 号(邮编：710048)
网　　址	http://www.xjtupress.com
电　　话	(029)82668357　82667874(发行部)
	(029)82668315(总编办)
编辑邮箱	heft@mail.xjtu.edu.cn
印　　刷	西安日报社印务中心
版　　次	2007 年 9 月第 2 版　2020 年 1 月第 4 次印刷
开　　本	727mm×960mm　1/16
印　　张	25.25
字　　数	466 千字
书　　号	ISBN 978－7－5605－1801－5
定　　价	38.00 元

第 2 版前言

计算机及其承载的应用程序已经像空气一样融入我们的生活,与之相伴随的是计算机程序设计方法的快速发展和普及,这一点仅从市面上出售的程序设计书籍数量就可窥一斑。方法的快速发展和应用程序的大量部署,必然导致现存的各种计算机系统从其内部的代码构成来说,有存在大相径庭的可能。另一方面,随着应用软件市场竞争的加剧,用户要求更快的交付、系统有更多的功能还有更可靠的性能。要满足这些要求,有几个途径,包括复用现有系统代码、代码外包以及采购商品化构件进行系统集成。

在这种软件开发大环境下,相当多的程序员并不是有机会能够利用一种程序设计方法从头开始按照详细设计书"舒舒服服"地进行开发,而是从阅读、维护或者迁移各种已有系统的代码、外包来的代码开始的。而隐藏在各种来源的已有代码中的是各种程序设计方法,要理解和复用、改造这些代码,程序员首先必须应该对程序设计方法的历史沿革、特点对比有大体的了解,这样才能从宏观上取得把握。

而对于有幸能够选择程序设计方法的程序员来说,如何选择一种合适的方法也是本书试图回答的问题,因为并不存在一种放之四海而皆准的方法,各种设计方法都有其长处和短处,例如,采用更抽象和高级的方法开发效率会提高,但是往往执行效率更低;更低级(离硬件近)的方法往往学习时间短,但是适应面却受限制。所以必须全面了解各种程序设计方法的优点与局限,根据自己的情况分析和选择适合的程序设计方法。在这一点上,只有适合的才是最好的。

本书将计算机程序设计方法数十年发展过程中的智力精华进行了萃取,着重选取了对编程思想有革命性创新的内容,如结构化设计、面向对象设计、组件化、设计模式、递归程序设计等。作为对这些主要内容的引导,介绍了图灵机模型的相关理论,使读者可以大致领略什么是"计算"的真谛。为了反映国际学术界在面向对象之后的下一代程序设计方法方向的探索,第 2 版的第 8 章介绍了面向 Agent 的程序设计,包括语言、框架、架构等内容的线索,有兴趣的读者可由此开始进入该领域学习。

本书的所有内容都经过了作者的精挑细选和悉心安排。在本书的编写过程中,得到了清华大学软件工程与管理研究所、西安交通大学电子商务研究所和计算机系很多教授和青年教师的支持和指教,同时也得到了西安交通大学出版社的大力支持,我们在此表示衷心的感谢。在编写本书的过程中,参阅了大量的中外文献,作者对这些文献著者表示真诚的谢意。由于本书所涉及的内容十分宽广,加之程序设计方法的发展日新月异,限于作者的水平和时间,难免存在错误和不妥之处,恳请专家和广大读者批评指正。

作者
2007 年 8 月

第 1 版前言

电子计算机的发展是 20 世纪科学发展史上最伟大的事件之一。自从 1946 年世界上第一台电子计算机 ENIAC 诞生以来,在短短的 50 多年里,计算机科学迅猛发展,计算机的应用已经渗透到社会的各个领域,成为当今信息社会的最显著的特征。之所以如此,其中一个很重要的原因就是计算机软件系统的高速发展。软件系统发展的关键在于程序设计方法的发展。

程序设计方法研究程序设计的基本思想、原理、技术和优化,使程序代码能有效地描述用于解决特定问题的算法。程序设计方法已成为计算机科学中内涵丰富而深刻的一个重要分支,涉及程序理论、控制结构、开发技术、运行环境和工程规范标准等内容。程序设计方法的研究是计算机科学中的一个新兴领域。近年来,这一领域发展非常迅速,同时也取得了很多研究成果。为了介绍这一领域的一些基本思想方法和实际应用,我们在总结多年研究成果的基础上,撰写完成本书。本书着重讨论程序设计方法中最基本和最成熟的方面,并在一定程度上反映国内外的当前工作。

与国内外同类书比较,本书系统性强、层次分明、通俗易懂、便于自学,并结合作者的理解和体会来阐述基本概念和特定问题,同时引入近年来在程序设计领域出现的新的思想和方法。另外,本书没有采用统一的语言来描述程序,这样可以使读者接触到更多的程序控制结构和设计风格,有利于读者阅读其他相关专著。

本书系统讲述了计算机程序设计的基本概念、基本方法和常用程序语言的优化设计思想,用大量的程序实例说明了常用程序设计方法的实际应用和编程技巧。本书中的完整程序均在 PC 机上调试通过,希望能对读者起到抛砖引玉的作用。全书共分 10 章,以三个部分介绍了程序设计的基础知识、基本方法及其优化方法。

第一部分:基础篇(第 1、2 章)

该部分概要介绍了程序设计方法的发展、程序设计的一般方法和表示方法,并描述了程序算法的概念和图灵机模型。

第二部分:方法篇(第 3~8 章)

该部分结合具体程序实例详细讲述了结构化程序设计方法、面向对象程序设计方法、组件化程序设计方法、递归程序设计方法、嵌入式程序设计方法和程序的正确性证明。

第三部分：优化篇（第9、10章）

这一部分介绍了程序计算复杂度的分析方法，对程序设计进行了定量的表示，并举例说明了 C/C++程序、Java 程序、ASP 程序、Prolog 逻辑程序、32 位汇编指令常用的优化内容、原则与方法。

本书的所有内容都经过了作者的精心策划和安排。在本书的编写过程中，得到了西安交通大学电子商务研究所和计算机系很多教授和青年教师的支持和指教，同时也得到西安交通大学出版社的大力支持，我们在此表示衷心的感谢。在编写本书的过程中，参考了大量的中外文献，作者对这些文献著作者表示真诚的谢意。由于本书所涉及的内容广，加之程序设计方法的发展非常迅速，限于作者的水平与时间，难免存在错误和不妥之处，恳请专家和广大读者批评指正。

作者

2003 年 6 月

目　　录

第一部分　基础篇

第二部分　方法篇

第三部分　优化篇

第一部分　基础篇

　　这一部分概要介绍了程序设计方法的发展、程序设计的一般方法和表示方法，并描述了程序算法的概念和图灵机模型。

本部分内容包括：

第1章 绪 论

1.1 程序设计方法的发展

自从 1946 年世界第一台电子计算机 ENIAC 诞生以来,在这短短的 50 多年里,计算机科学得到了迅猛的发展,计算机的应用已经渗透到社会的各个领域。计算机之所以能有如此强大的功能,除了计算机硬件系统的功能日益强大之外,另一个很重要的原因就是计算机的软件系统的高速发展。软件系统发展的关键在于程序设计方法的发展。

所谓程序设计方法,就是使用在计算机上可执行的程序代码来有效地描述解决特定问题算法的过程。程序设计方法经历了如下几个阶段的发展:

(1) 面向计算机的程序设计

计算机系统包括硬件系统和软件系统。硬件是由运算器、控制器、存储器、输入设备和输出设备组成,其中运算器和控制器合称中央处理器,它是计算机的核心,由大规模数字集成电路组成。软件包括了使计算机运行所需的各种程序及有关的文档资料。计算机的工作是由程序来控制的,程序是指令的集合。软件工程师将解决问题的方法、步骤编成由一条条指令组成的程序,输入到计算机中,计算机执行这一指令序列,便可完成预定的任务。所谓指令,就是计算机可识别的命令。计算机的指令相当于人与计算机之间交流的语言。由于计算机的中央处理器是由数字电路组成的,因此它只能识别简单的"0"和"1"组合的二进制指令。人类最早的编程语言是由计算机可以直接识别的二进制指令组成的机器语言。显然机器语言便于计算机识别,但对人类来说却是晦涩难懂。这一阶段,在人类的自然语言与计算机编程语言之间存在着巨大的鸿沟,这一时期的程序设计属于面向计算机的程序设计,设计人员关注的重心是使程序尽可能地被计算机接受并按指令正确地执行,至于计算机的程序能否让人理解并不重要。软件开发的人员只能是少数的软件工程师,因此软件开发的难度大、周期长,而且开发出的软件功能也很简单,界面也不友好,计算机的应用仅限于科学计算。随后出现了汇编语言,它将机器指令映射为一些能读懂的助记符,如 ADD,SUB 等。此时的汇编语言与人类的自然语言之间的鸿沟略有缩小,但仍与人类的思想相差甚远。因为它的抽象层次太低,程序员需要考虑大量的机器细节。此时的程序设计仍很注重计算机的硬件系统,它仍属于面向计算机的程序设计。面向计算机的程序设计的基本思想可归纳为:注重机器,逐一执行。

(2)面向过程的程序设计

随着计算机应用范围的扩大,人们感觉到机器语言和汇编语言的不足,机器语言太注重计算机的硬件,而汇编语言也不太适合人类的思维习惯。因而更接近人类思维习惯的高级语言被设计出来。它撇开了计算机硬件的细节,提高了语言的抽象层次,程序中可采用具有一定含义的数据命名和容易理解的执行语句,这使得在写程序时可以联系到程序所描述的具体事物。20 世纪 60 年代末开始出现的结构化程序设计的思想便是面向过程的程序设计思想的集中表现。结构化程序设计的思想是:自顶向下,逐步求精。其程序结构是按功能划分为若干个基本模块(基本程序),这些模块形成一个树状结构,各模块之间的关系尽可能简单,在功能上相对独立:每一个模块内部均是由顺序、条件、循环三种基本结构组成,其模块化实现的具体方法是使用子程序。结构化程序设计由于采用了模块分化与功能分解,自顶向下、分而治之的方法,因而可将一个较复杂的问题分解为若干个子问题,各子问题分别由不同的人员解决,从而提高了速度,并且便于程序的调试,有利于软件的开发和维护。结构化程序设计的自顶向下、逐步求精的思想可用图 1-1 的树状结构表示(其中 P 表示程序,P_1,P_2,P_3 等表示子程序,以此类推;P_{211},P_{212} 等表示基本程序)。

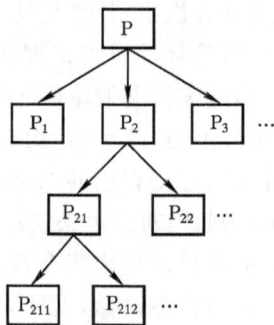

图 1-1　结构化程序的设计思想示意

结构化程序设计思想的核心是功能的分解。当程序员用 C 或 Pascal语言来设计程序解决一个实际问题时,首先要做的工作就是将一个问题按功能的不同分解成若干个模块,然后根据模块的功能来设计一系列用于存储数据的数据结构,最后编写一些过程(或函数)对这些数据进行操作。最终的程序就是由这些数据和操作构成的。显然,这种方法将数据结构和操作过程作为两个独立的实体来对待,设计人员编程之前首先考虑如何将功能分解,在每个过程中又要着重安排程序的操作序列,并且程序员在编程的同时又必须时时考虑数据结构。客观世界中的问题是错综复杂和不断变化的,软件开发人员开发的软件往往不是一成不变的。随着社会的发展,用户对软件提出了更多的要求,因此软件的更新日益加快。而面向过程的程序设计中由于数据与操作的分离,降低了程序的可重用性,增加了维护代价。为了克服这一缺点,人们提出了面向对象的程序设计思想。

（3）面向对象的程序设计

面向对象的程序设计思想是:注重对象,抽象成类。在程序系统中,将客观世界中的事物看成对象,对象是由数据及对数据的操作构成的一个不可分离的整体。对同类型的对象抽象出其共性,形成类。类中的大多数数据,只能用本类的方法进行处理。类通过一个简单的外部接口与外界发生关系,对象与对象之间通过消息进行联系。为了进一步弄清面向对象的程序设计的思想,我们先来解释几个概念。

对象。对象是系统中描述客观事物的实体,它是由描述其属性结构的数据和定义在数据上的一组操作系统组成的实体。它是数据结构和操作序列的组合体（其中数据描述对象的静态特征,操作描述对象的动态特征）。它是构成系统的一个基本单位。

类。类是一组对象的抽象,是具有相同的属性结构和操作行为的一组对象的集合。类与对象的关系犹如模具与铸件之间的关系。类是用来创建对象实例的样板,它包含所创建对象的属性特性和操作行为的定义。类是一个型,而对象是这个型的一个实例。

封装。封装是面向对象程序设计的一个重要的特性。它是指对象在把数据与操作结合为一个整体时,其数据的表示方式及对数据的操作细节是尽可能地被隐藏的。用户只是通过操作接口对数据进行操作,至于其内部细节则一无所知,这样既能与外部发生联系,又保证了数据的安全性。

继承。继承是面向对象程序设计的又一个重要的特性。它是指特殊类的对象拥有其一般类的全部属性结构的操作行为。如果 B 类继承了 A 类,就称 A 类为父类,B 类为子类。在一般情况下,要定义一个新类,只需继承一个父类,再描述一下它与父类的不同之处就行了。这样就大大地减少了设计人员的重复操作,极大地提高了编程效率。

多态性。多态性也是面向对象程序设计的一个重要特性。它是指在一般类中定义的属性或行为,被特殊类继承之后,可以具有不同的数据类型或不同的行为,这使得同一个属性或行为在一般类及各特殊类中具有不同的语义。

面向对象的程序设计的结构特点,一是定义类或继承父类,二是定义各对象并规定它们之间传递消息的规律,三是程序中的一切操作都是通过对象发送消息实现。面向对象的程序设计的过程可以用图 1-2 表示。

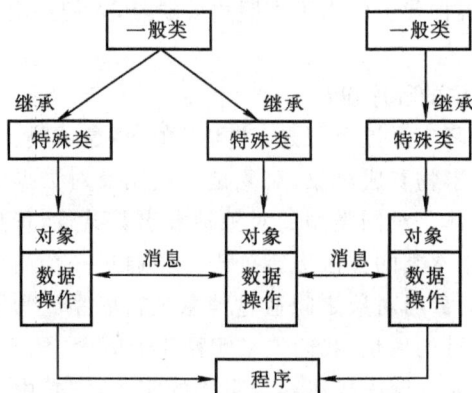

图 1-2　面向对象的程序设计的过程

通过以上讨论可看出,面向对象的程序设计,由于数据与操作封装在对象这个统一体中,使编程人员在编程过程中能够将数据与操作联系在一起,便于程序的修改和调试,并且由于类的继承性使得编程人员可以在可视化的环境中进行组件化的编程,从而使设计人员能够从单调、重复的编程过程中解放出来,去进行创造性的总体设计工作。

(4) 面向组件的程序设计

计算机硬件技术的飞速发展使硬件实现了“即插即用”的功能——只要将硬件的各个部分通过接口有机地连在一起,便可更快更便宜地组装计算机。而大多数软件开发组织仍然把每一个软件开发项目看成是必须完全从头开始的新任务,导致大多数软件项目或是推迟交付时间,或是超出预算。目前,在软件开发领域由日趋成熟的组件技术引起的一场革命正在悄悄兴起。基于组件的开发能改变软件开发过程中的被动局面,使开发者能够到组件市场购买所需组件,组装成应用程序,这将使软件产业发生革命性变化。基于组件的开发与面向对象和客户机/服务器等有着本质的区别,它不只是一种分布式计算的新方法,而是一种广泛的体系结构。

　　由于组件自身固有的特性，目前人们对组件这一概念还没有一个统一的定义。下面是关于组件的一些具有代表性的观点：

　　· 组件是一个独立的可传递的操作的集合。

　　· 组件是软件开发中一个可替换的软件单元，它封装了设计决策，并作为一个大单元的一部分和其他组件组合起来。

　　· 组件是由一些对象类组成的物理意义上的包。

　　· 组件是具有特定功能，能够跨越进程的边界实现网络、语言、应用程序、开发工具和操作系统的"即插即用"的独立的对象。

　　· 组件在通常意义上是指任何可被分离出来、具有标准化的和可重用性的公开接口的软件（子）系统。

　　基于组件的开发（Component Based Development，CBD)是一种利用可重用的软件组件构建应用程序的技术。这些组件由三部分组成，即：

　　· 组件实现的功能的详细说明书；

　　· 组件是如何工作的实现设计；

　　· 在指定开发平台上可行的传递方法。

　　组件的开发工程，主要是一个组装和集成的过程，其基本活动是：

　　· 收集组件

　　这一活动是指对从本地或远程资源可获得的组件进行仔细分析，从中发现并收集对自己有用的组件。在这一过程中，可能对组件的特征所知甚少，只是通过组件的名字、参数和所需的操作环境获得一些信息，而组件与其他组件的交互信息可能还隐藏着。通过收集组件获得的组件接口信息，不仅包含有与应用程序的接口信息，而且还包括与其他所有组件进行交互的信息。

　　· 改善组件质量

　　这一活动是指在仔细分析组件的文档或详细说明书的基础之上，与组件开发商和用户进行必要的讨论，并在不同的环境设置下运行组件，发现组件中可能存在的不足之处，并加以改进，使之达到改善组件质量的目的。

　　· 使组件能相互适应

　　这一活动是指通过编写一些简单的程序作为用户需求与组件产生的相应动作之间的缓冲区，这个缓冲区可给组件提供缺省的信息，减少不希望发生的动作。此缓冲区就像组件之间的"绝缘层"。这是一种包装组件的方法，还有其他的方法，如使用代理、翻译器等。这些方法都可用来解决由于组件的来源不同而引起的组件集成过程中的体系结构不匹配的问题,实现互操作。

· 组装组件

这一活动是指通过一些通用的基础设施,对组件仓库中的组件进行集成,组装出软件,由组件组装的系统容易重新组合以满足新的需求。这些基础设施由两部分组成:一是物理通信设施,如消息传递基础设施;二是概念协定,如命名规则等体现组件间共享的语义的规定。这些基础设施将组件用"胶"粘在一块,使组装起来的组件能协调工作。

· 更新组件

用新版本或有着同类功能和接口的组件替换已有的组件,可以大大地提高应用软件的质量,但这必须在对组件接口和组件之间的交互控制有清楚的认识的情况下进行,否则一个组件的改变可能会给系统中其他组件带来难以预测的影响。同时,有计划地更新组件可减少组件"包装物"的重写。

组件技术的出现,极大地满足了多个应用领域的要求。基于组件的开发可以提高软件的可重用性,使软件开发摆脱小作坊的工作方式,按照大规模的工业化方式进行。基于组件的开发是软件开发方法发展的必然结果。

(5) 其他的程序设计方法

· 递归程序设计

递归程序设计是计算机高级语言编程中的一类特殊问题,也是初学者最容易疏忽的方面和初学者感到学起来比较困难的问题。实际上,一旦了解了递归程序设计方法的原理和使用方法,便可以知道递归程序设计并不比其他程序设计方法复杂,它也像其他程序设计方法一样容易掌握。

递归程序设计是用于实现描述递归的算法或数学定义的程序设计方法。递归的定义是通过在过程中再调用这个过程本身来实现的,这个过程叫递归过程。实际上,递归在生活中也是比较常见的。

· 嵌入式程序设计

随着计算机的发展和应用的普及,嵌入式产品已经遍布到生活和工作的各个角落。嵌入式产品的核心是嵌入式计算机的应用。嵌入式计算机是一种智能部件内装于专用设备/系统的高速计算机,它的主要功能是作为一个大型工程系统中的信息处理部件,来控制专门的硬件设备。嵌入式产品目前已经广泛地用于办公自动化、消费产品、通信、汽车、工业和军事领域,其中,办公自动化、消费产品和通信领域占的份额最大,约90%以上。嵌入式的典型应用有:过程控制(Process Control),通信设备(Telecommunication),智能仪器(Intelligent Instrument),消费产品(Consumer Products),机器人(Robots),计算机外部设备(Computer Peripherals),军事电子设备和现代武器。

嵌入式产品一般都有很强的实时性,所以又称为实时系统。保证实时系统的实时性和可靠性的技术是嵌入式产品的关键技术。实时性和可靠性这两方面除了与计算机硬件有关(例如 CPU 的速度,访问存储器的速度等)外,还与实时系统的软件密切相关。硬件是实时的,而软件往往不一定是实时的。如何实现嵌入式产品的实时应用系统呢?这可以通过使用硬件的功能、微处理器的中断机制、简单的单线程循环程序、基于实时操作系统的复杂多线程程序来实现。

这种实时系统的软件是实时应用软件和实时操作系统 RTOS(Real-Time Operating System)两部分的有机结合,其中 RTOS 起着核心作用,由它来管理和协调各项工作,为应用软件提供良好的运行软件环境及开发环境。

作为一个嵌入式开发者,面临的不仅仅是决定使用什么样的 RTOS 和其他开发工具,而且必须要学会处理像资源有限、硬件设备驱动、中断队列和内存分配等一些嵌入式开发中的事项。这样才能保证程序执行的实时性、可靠性,并减少开发时间,保障软件质量。

1.2　程序设计的一般方法

1.2.1　程序设计语言简介

(1) 机器语言

程序是机器指令的序列。使用机器指令编写程序,是人们最初和最自然的选择。机器指令的集合就是机器语言。机器语言是二进制的,不易被人理解,太难掌握;而且因机器而异,程序不易移植。

(2) 汇编语言

将每条机器指令配上一个助记符,如 Add,Jump 等,就形成了简单汇编语言。简单汇编语言中的语句与机器指令一一对应。将简单汇编语言中的与机器相关的部分分离出去,由系统完成,就形成宏汇编语言。现在所说的汇编语言,一般都指宏汇编语言。汇编语言比机器语言容易一些,但仍然很难掌握;而且因机器而异,程序不易移植。

(3) FORTRAN

该语言是第一个高级程序设计语言,20 世纪 50 年代由 IBM 发明,主要用于科学计算,现在仍有人使用。

(4) COBOL

该语言主要用来进行数据处理,现在仍在大型数据库等应用中广泛使用。

(5) BASIC

该语言主要用于初级计算机教育,在微机发明后得到很大发展。

(6) ALGOL

该语言是建立在坚实理论基础上的程序设计语言,20 世纪 60 年代被认为是最有前途的,现在已经很少有人使用了。

(7) Pascal

该语言是专为计算机教育而发明的程序设计语言,对于促进结构化程序设计方法的普及有很大的作用,现在仍有许多人在学。

(8) C/C++

C 与 UNIX 操作系统结伴而生,是由 BELL 实验室发明的,其目标代码效率高,可以用来编系统软件。C++也是 BELL 实验室发明的,它是在 C 上增加了面向对象特性,是现在使用最广泛的程序设计语言。

(9) Java

该语言是最新的面向对象程序设计语言,面向 Internet,由 Sun 公司发明,可以一次编程,到处运行。

1.2.2　三种基本的程序结构

顺序结构、选择结构、循环结构和跳转结构,这四种结构及它们的组合构成了程序执行的样式。

20 世纪 50～60 年代,爆发了软件危机,证明我们的软件中实际潜伏着许多错误和漏洞。人们提出许多方法来解决这个问题,其中之一是人们统计了各种语句的出错概率,发现大量的错误出在 goto 语句上。所以,人们提出限制使用 goto 语句或跳转结构。

为什么人们提出限制使用 goto 语句,而不是禁止使用 goto 语句呢?这是因为:

① 在实际的程序设计编码过程中,goto 语句有它的方便之处;

② 在当时,人们还不知道禁止使用 goto 语句会不会影响程序设计语言的编程能力。

20 世纪 60 年代初,两名 IBM 公司的程序员证明了:

① 一个可以用顺序、选择、循环和跳转四种程序结构解决的问题,也一定能用顺序、选择、循环三种程序结构解决。

② 但确实存在这样的问题,它可以用顺序、选择、循环三种程序结构解决,但不能用其中任何两种解决。换句话说,顺序、选择、循环三种程序结构构成了一个最小完备集。我们将这三种程序结构叫基本程序结构,其示意图见图 1 - 3。

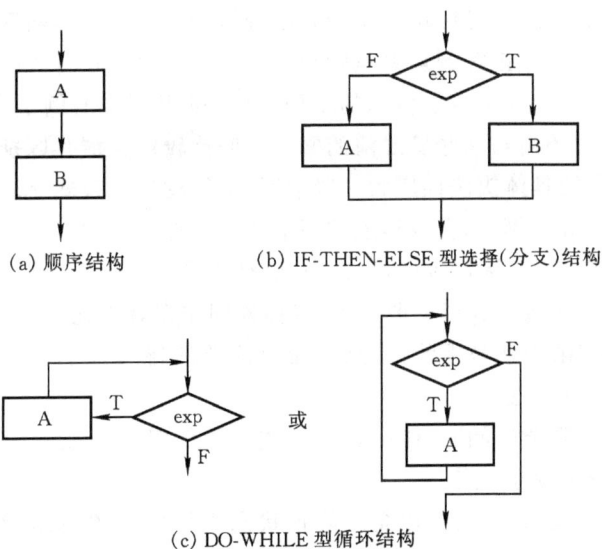

（a) 顺序结构　　　　　　　　(b) IF-THEN-ELSE 型选择(分支)结构

（c) DO-WHILE 型循环结构

图 1 - 3　三种基本的程序结构

1.2.3　程序设计的基本方法要素

不论使用哪一种计算机语言进行程序设计,归根到底,是使用某种程序设计语言对数据(对象)进行某种特定的操作,以便得到某种结果。所谓算法就是操作的过程,而程序结构和程序流程,则是算法的具体体现。这就是问题的本质。比起具体的语言来,程序设计方法具有更为普遍的意义。

1. 程序分析与综合程序设计

分析就是将作为思维对象(如事物、现象等)的整体分解为各个组成部分,逐一加以考察的逻辑方法。所谓综合程序设计,就是用先具体后抽象的方法去设计程序。由具体到抽象的过程是多种多样的,主要有如下几个方面:

（1）抽象程序

程序设计的一个重要原则是抽象。也可以说，内容的高度抽象是计算机科学的主要特征之一，而抽象的前提是建立概念。正如一句老话所说："没有概念，谈不上技巧。"概念是反映事物根本属性的思维形式。人类在认识世界的过程中，舍弃事物的非本质细节，抽取事物的共同特点加以概括，就形成了概念。例如，由数字到文字的抽象，由常量到变量的抽象，由有限到无限的抽象。没有概念，也就谈不上系统有效的思维。概念的建立和正确运用，是应用知识和方法分析和解决问题的基础。因此，在程序设计中，必须把深刻理解概念和正确运用概念放在首要的地位，善于用简明的语言或式子表示概念的本质，并能举出正反的例子来领会概念的本质，有时还需与某些易混淆的概念横向比较以弄清其区别，等等。

将问题的具体提法推广为一般情况，对问题进行公式化表述，是抽象的最常用方法。例如，在数学上常用下述方法将一个问题"特殊化"：

· 画出图来，从几何直观来启发思路或看出规律。

· 用具体数字代替一般文字，将抽象问题先具体化。

· 用有限来代替无限，先从数量上简单的特殊例子入手探求规律，然后再推广到一般。

· 对于复杂的问题，往往要将某些条件暂时削弱或暂时撇开，在最简单的情形下探求规律。

· 对于运动问题，往往先从静止状态中找到它的规律，然后再研究一般的运动情形，等等。

（2）观察客观事物

程序是程序员对客观事物的认识、规律的揭示，并诉诸程序语句的形式。认识事物的本质，揭示事物的规律，离不开具体的事物。要了解和熟悉周围的环境，首先靠观察。观察能力，对于程序设计人员来说，尤其是不可缺少的能力。在观察一件事物时既要看到整体，又要对细节有丰富而敏锐的"感知"，并能看出什么是非本质的特征，什么是本质的特征。

在实际运用中，分析与综合是难以截然分开的，因为分析和综合本来就是相互渗透、相互依存的。任何综合都必须以分析为基础，任何分析又必须以综合着的现象为对象。没有分析就不可能有综合，没有综合也就不可能有准确深入的分析。二者在认识事物本质、探索其规律的过程中相辅相成。

要真正认识一个事物，必须"俯而学，仰而思"，进行调查研究，把握事物的本质。总之，要认识事物，观察是入门，理解是关键。程序设计决不是随心所欲的虚构,而是具有一定科学根据的形象模拟。

（3）程序的灵活性

程序的灵活性是指在正确领会事物的基础上,或者适当地变更一下问题的提法,使问题明朗化,易于用已知的方法来解决;或者通过进一步分析找出隐含的本质的已知条件,从而有利于问题的解决等。在变更问题的提法时,新的问题与原有的问题有等价的,也有不等价的。若为不等价变形,则需进一步研究讨论。

程序的灵活性的应用方法主要有"转译"和"改写"两种。转译,即将用普通语言叙述的命题转译为用数学语言表达的命题。这是学习程序设计的一项基本功。例如:

- 将普通语言叙述的命题转译为代数(符号)语言;
- 将普通语言叙述的命题转译为几何(图形)语言;
- 将代数(符号)或几何(图形)语言转译为普通语言;等等。

改写,即"等价变形",对程序进行改写,不仅表明对知识理解的灵活程度,而且在实际编程中极为重要。众所周知,程序编制本身没有惟一的解答。同一事物往往可以表示为不同的几种形式,而每一种形式则往往能够比较明显地反映该事物的某种特殊性质。在数学中研究同一事物的"恒等变形"的重要性就在这里。在不同的问题中,可以根据具体的需要,恰到好处地选用合适的一种形式,从而比较顺利地解决问题。例如:

- 将递归程序改写为非递归程序;
- 将使用 FOR 语句的循环体改写为使用 REPEAT 语句的循环体;等等。

通常,一个问题可以用许多不同的方法来加以描述,但有些描述法对解题较有启发。一个人选择的描述法对他解决问题的思路以及他试行解题时的策略有很大的影响。

2. 算法设计与数据结构设计

（1）算法设计

所谓算法,是指为解决给定问题而需要执行者去一步一步施行的有穷操作过程的描述。一个算法,必须具有有穷性、确定性、数据输入、信息输出和可执行性五种基本特征。

从根本上讲,计算机程序只不过是用计算机语言描述的算法。算法是计算机程序设计的核心和基础。算法构造的思维方法与公理系统的思维方法是有所不同的,理解、熟悉和习惯算法构造的思维方法,是学习计算机程序设计的基本内容、主要难点与重点。从某种意义上说,算法设计能力的培养实际上就是对合理进行计算的能力的培养,而要发现这种合理性,寻得"简捷算法",首先就必须要有很好的观察能力和对基础知识的良好掌握。由于每个人在观察的时候抓住问题的特点不同,或者运用的知识不同,同一个问题可能得到几种不同的算法。

(2) 数据结构设计

进行程序设计的目的,是要通过程序的运行得到正确的结果。可以将程序看成一个数据处理系统,而程序运行的实质,是数据的变换和传递。

数据是程序操作的基本对象。有关数据结构的讨论,主要是对数据元素进行有规律的组织和构造,研究数据的结构对程序流程的影响,以便更好地进行处理和操作。在算法设计中,数据的组织和构造都有其基本方式与共同规律,这种组织和构造方式称为数据结构。数据结构就是研究数据的组织和构造方式、性质、规律的计算机科学分支。常见的数据结构有向量、数组、记录、文件、堆栈、队列、串、链表、树、图、数据库等。实际上,不了解施加于数据上的算法,就无法决定如何确定和构造数据。反之,算法的结构和选择,常常在很大程度上依赖于作为其基础的数据的组织与构造。

3. 程序设计方法

程序编码是算法构造(算法设计)根据编程语言的特点和优点采取的最终表现形式。不同的程序设计语言虽然在工具性能和书写格式等方面有所不同,但对于初学者来说,在学习进程或者说"临摹"的方法上却应该是一致的,那就是,首先应该选定一种语言,直到学会这种语言的语句、函数、结构、章法等等,然后再改学另一种语言。只有在一种语言的基础上站稳了脚跟,才能广收博取众家之长,逐步形成自己的风格。

(1) 合理的程序结构

为了使程序具有合理的结构,以便保证和验证其正确性,程序结构应该为分层模块化结构,每个模块的数据结构及其上施行的算法自成一体,相对独立,模块之间的联系较简单,以便于分别编写、调试和相互组合、连接。由于程序结构是分层的,其依赖关系基本上是偏序的,从而使程序结构清晰,逻辑自然,容易阅读和修改,便于进行程序正确性验证。在综合程序设计方法中,是由以"数据"为中心、以"数据交换"为手段的过程调用来统管系统的运行,这样使系统更接近人脑思维的实际。

(2) 准确表达与语言逻辑

思想的表达是借助于符号的,程序的编写是一个思想表达的过程,同样要借助于符号(书面的程序语言符号)。为了使编写的程序正确,除了正确分析问题、找出算法之外,还需要掌握程序语句和函数书写格式、程序的结构格式等,善于用数学科学的语言来表达自己的思维过程。此外,还要注意程序语言的表达是否有二义性、非语法错误等,这将直接影响到程序的可读性、运行结果和效率。结构设计主要涉及构件(过程)的布置,以调节结构平衡。因此,首先必须研究那些对流程起支配作用的规律。任何系统的各个环节(构件)之间可能有的联系,即串联规律、并联规律和反馈规律三种,对应的流程分别是顺序、分支和循环执行的流程。

程序运行的实质是数据的变换和传递。为了获得最大的经济效果,一切流程应以可能的最短途径到达目的地(得出计算结果),流程的任何迂回曲折就意味着提高造价。这种研究主要是几何上的(图论)。而在程序设计方法学中所使用的公式和方程,则是用数字和符号来描述这种几何性质。换句话说,在程序设计方法学中所用的数学方法只是以简化的形式来描述结构发生的变化。

(3) 注意非语法错误引起的不稳定性

用户在编制程序的过程中,常会出现各种各样的错误。对于语法错误,不难依靠计算机给出的错误信息进行修改。但是,要纠正非语法性的错误,就不那么容易了。因此,为了研究是否出错,专门讨论这些非语法性错误的出错特征就很有必要。在计算方法以外,常见的非语法错误包括:二进制与十进制小数转换过程中引起的误差、计算错误;有效数字限制引起的计算误差及错误;函数引用时隐含条件的限制引起的误差或错误;由于计算机对数的表达范围的限制引起的数字溢出;等等。

1.2.4　程序设计风格

计算机程序设计是一项人类的活动,编写的程序是为了人们阅读、理解、使用甚至修改的。Pascal 设计者 N. Writh 教授十分重视程序设计风格的养成。他坚信:"教给学生们以表达他们思维的语言,会深深地影响他们思维和创造发明的习惯。而正是这些语言本身的混乱直接影响着学生们的程序设计的风格。"

只有源代码本身才是日后维护的主要对象。仅当程序员坚持运用良好的编程风格和恰到好处地使用计算机语言的诸多优良特性时,才能充分体现现代优秀计算机语言的潜在能力和所能提供的效益。

良好的程序设计风格是程序员成功的保障,也促进了技术的交流,有助于提高程序的可靠性、可理解性、可测试性、可维护性和可重用性,改善软件的质量。

　　这里所说的程序设计风格，实际上指的是编写程序的风格，确定一些关于编程风格的原则，有利于获得有效的、适宜的、清晰自明和易于理解的程序。

　　这样的原则可以归纳许多，但就目前而言，在编写程序时主要应该遵循以下几个方面：

　　（1）选用合适的常量标识符

　　对程序中多次使用的常数，可使用常数定义。引入一个常量标识，作为该常数的同义词。这样做的好处一是选用易于理解的名字可增强可读性；二是它们集中于说明部分，利于查找；三是一旦需要对该常数值做修改（例如，改变取值小数等）时，仅需修改一处而无需到处搜寻。

　　（2）选择有实际含义的标识符作为变量名

　　程序设计语言强调程序的可读性，因而选取变量并非越短越好。另外，推荐使用英文大小写字母混合形式的标识符，它能表达更为丰富的信息。当然，也可以使用下划线分离英语词汇。

　　（3）坚持按一定的缩进规则书写和录入程序

　　即使是最短的程序，也应体现这一良好的风格。随着程序结构的渐趋复杂化和语句数目大幅度地增加，按缩进格式书写并录入程序所带来的好处会越来越明显。必须时刻想到，程序仅写一次，但却可以被使用多次。另外，空白的使用也有讲究。这里所指的空白包含若干空白行和一行中由若干空格符组成的空白区。前者可用以划分一个程序中的若干段落，使段落分明；后者则可使文字、数据、符号之间不至于挤在一起而难以辨认。

　　（4）适当使用注释

　　注释是一种便于阅读和理解程序的内部数据，它为程序员本人及其他人提供了附加的信息。注释也可以帮助调试程序。良好的程度设计风格一方面提倡所有的程序不加以注释就容易理解；另一方面也提倡在必要的地方加上注释。

　　下面所列的条文是一些综合性的基本指导规则，是一些能够体现优良风格的编码原则，供程序员编写程序时借鉴。每一条说明一个论点，有些条文可能是从不同角度、以不同提法来阐明同一个论点。但必须强调的是，这些编码风格并非金科玉律，故不能被这些条条框框所束缚，每一个人都可以在不断实践中总结归纳出适合于自己特色的编程风格。

　　· 要编写良好结构的程序；

- 力求程序清晰易读；
- 要简单地、直截了当地说明用户的用意；
- 要写清楚，不要为了"效率"而丧失清晰性；
- 首先要保证清晰，再要求提高执行效率；
- 首先要保证正确，再要求提高编程技巧；
- 发挥计算机高效、准确的特长；
- 选用合适的常量标识符；
- 多使用命名类型标识符；
- 选取有实际含义的标识符作为变量名；
- 选用不致引起混淆的变量名；
- 在引用某变量时，应确保该变量已具有确定的值；
- 当有必要使用语句标号时，应使用有明确含义的语句标号；
- 使用括号以避免二义性；
- 选用能使程序更为简单的数据表示法；
- 对重复使用的表达式，宜使用变量标识符或公共函数来代替；
- 遵循推荐的缩进格式；
- 坚持按一定的缩进格式编写和录入程序；
- 缩进格式应能显示程序的逻辑结构；
- 程序的格式应有助于读者理解程序；
- 恰当地使用空格、空行以改善清晰度；
- 适当地使用注释，使程序自成文档；
- 确信注释含义与源代码相一致；
- 不宜注释过多，应恰如其分；
- 避免不必要的转移；
- 尽量少使用乃至不使用 goto 语句；
- 避免对实型数据做相等比较；
- 让程序按自顶向下的方式阅读；
- 采用三种基本控制结构——顺序结构、选择结构和循环结构；
- 保持程序的交互性，使易于运行程序；
- 妥善安排输入、输出，使输入、输出自明；
- 采用统一的输入格式；
- 使输入容易核对；
- 识别错误的输入；
- 若有可能，使用自由格式输入；

- 用各种可能的情况验证程序；
- 测试输入数据的合理性和合法性；
- 安排防故障措施；
- 确保输入不违反程序的限制；
- 要安排异常的输入以检验程序的健壮性；
- 在读取文件中的数据时，判定结束输入要使用文件结束标志；
- 贴切地安排输出格式；
- 使用 I/O 定向功能以增强输入、输出灵活性；
- 使用结构化编码技术；
- 模块化，使用子程序；
- 每个模块实现一定的功能；
- 把逻辑相关的实体进行局部化；
- 分模块调试较大的程序；
- 对过长程序代码使用覆盖技术及单元特性；
- 对已定义的递归数据结构使用递归函数或过程；
- 对某些算法可能使用非递归技术其程序编码更为简练、执行效率更高；
- 防止过程或函数调用中的副作用；
- 在调试和运行这两个不同阶段分别使用相应的合适的编译指示；
- 注意错误引起的中断。

1.3　　程序设计的表示方法

　　程序设计的表示方法可以分为图形(程序流程图)、表格(判定表)和语言(过程设计语言)三类。不论是哪类工具，对它们的基本要求都是：能提供对设计的无歧义的描述，也就是应该能指明控制流程、处理功能、数据组织以及其他方面的实现细节，从而能把对设计的描述直接翻译成程序代码。以下分别举例进行描述。

1.3.1　程序流程图

　　程序流程图又称为程序框图，它是历史最悠久、使用最广泛的描述软件设计的方法。绘制流程图的常用符号如表 1-1 所示。

表 1-1 绘制程序流程图的常用符号

符　　号	名　　称
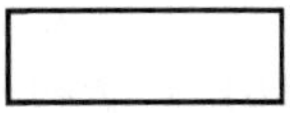 ▭	处理
 ▱	输入/输出
 ←	数据流
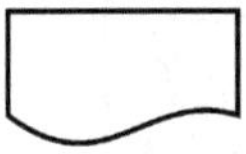 〰	文档
 🗄	磁盘
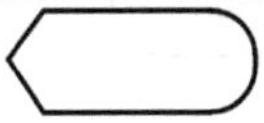 ⬭	显示
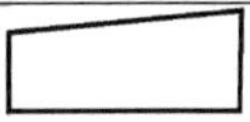 ▱	人工输入
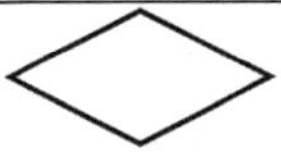 ◇	选择(分支)
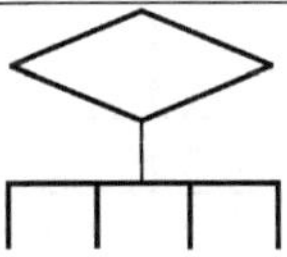 ◇ (多路)	多分支
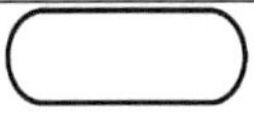 ▭	终止

　　从 20 世纪 40 年代末到 70 年代中期,程序流程图一直是软件设计的主要工具。它的主要优点是对控制流程的描绘很直观,便于初学者掌握。由于程序流程图历史悠久,为最广泛的人所熟悉,所以尽管它有种种缺点,许多人建议停止使用它,但至今仍在广泛地使用着。

　　下面是一个简单的使用程序流程图的例子。

　　某装配厂有一座存放零件的仓库,仓库中现有的各种零件的数量以及每种零件的库存量临界值等数据记录在库存清单主文件中。当仓库中零件数量有变化时,应该及时修改库存清单主文件,如果哪种零件的库存量少于它的库存量临界值,则应该报告给采购部门以便订货,规定每天向采购部门送一次订货报告。

　　该装配厂使用一台小型计算机处理更新库存清单主文件和产生订货

报告的任务。零件库存量的每一次变化称为一个事务,通过放在仓库中的终端输入到计算机中;系统中的库存清单程序对事务进行处理,更新存储在磁盘上的库存清单主文件,并且把必要的订货信息写在磁盘上。最后,每天由报告程序读一次磁盘,并且打印出订货报告。

图 1-4 描述了上述的程序处理流程。

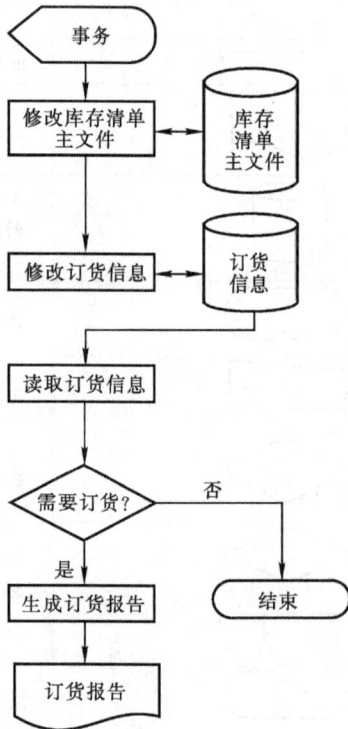

1-4　库存清单系统的程序流程图

1.3.2　判定表

当算法中包含多重嵌套的条件选择时,用程序流程图或后面即将介绍的过程设计语言(PDL)都不易清楚地描述。然而,判定表却能够清晰地表示复杂的条件组合与应做的动作之间的对应关系。

一张判定表由四部分组成:左上部分列出所有条件;左下部分是所有可能的动作;右上部分是表示各种条件组合的一个矩阵;右下部分是和每种条件组合相对应的动作。判定表右半部分的每一列实质上是一条规则,规定了与特定的条件组合相对应的动作。

　　下面以行李托运费的算法为例说明判定表的组织方法。

　　假设某航空公司规定,乘客可以免费托运质量不超过 30 kg 的行李。当行李质量超过 30 kg 时,对头等舱的国内乘客超重部分每千克收费 4 元,对其他舱的国内乘客超重部分每千克收费 6 元,对外国乘客超重部分每千克收费比国内乘客多一倍,对残疾乘客超重部分每千克收费比正常乘客少一半。用判定表可以清楚地表示与上述每种条件组合相对应的动作(算法),如图 1-5 所示。

規則

	1	2	3	4	5	6	7	8	9
国内乘客		T	T	T	T	F	F	F	F
头等舱		T	F	T	F	T	F	T	F
残疾乘客		F	F	T	T	F	F	T	T
行李质量 $W<30$ 或 $W=30$	T	F	F	F	F	F	F	F	F
免费	×								
$(W-30)*2$				×					
$(W-30)*3$					×				
$(W-30)*4$		×						×	
$(W-30)*6$			×						×
$(W-30)*8$						×			
$(W-30)*12$							×		

图 1-5　用判定表表示计算行李费的算法

　　在表的右上部分中,"T"表示它左边那个条件成立,"F"表示条件不成立,空白表示这个条件成立与否并不影响对动作的选择。判定表右下部分中画"×"表示做它左边的动作,空白表示不做这项动作。从表中可以看出,只要行李质量不超过 30 kg,不论这个乘客持有何种机票,是中国人还是外国人,是残疾人还是正常人,一律免收行李费,这就是表右部第一列(规则 1)表示的内容。当行李质量超过 30 kg 时,根据乘客机票的等级、国籍、是否残废人而使用不同算法计算行李费,这就是规则 2 到规则 9 表示的内容。

　　从上面这个例子可以看出,判定表能够简洁而又无歧义地描述处理规则。当把判定表和布尔代数或卡诺图结合起来使用时,可以对判定表进行校验或化简。但是,判定表并不适于作为一种通用的设计工具,没有一种简单的方法使它能同时清晰地表示顺序和重复等处理特征。

1.3.3　过程设计语言(PDL)

PDL 也称为伪码,这是一个笼统的名称,现在有许多种不同的过程设计语言在使用。它是用正文形式表示数据和处理过程的设计工具。

PDL 是一种"混杂"语言,它使用一种语言(通常是某种自然语言)的词汇,同时却使用另一种语言(程序设计语言)的语法。

PDL 具有下述特点:

(1) 关键字的固定语法。它具有结构化控制结构、数据说明和模块化的特点。为了使结构清晰和可读性好,通常在所有可能嵌套使用的控制结构的头和尾都有关键字,例如,if...fi(或 endif)等等。

(2) 自然语言的自由语法。它描述处理特点。

(3) 数据说明的手段。应该既包括简单的数据结构(例如常量和数组),又包括复杂的数据结构(例如链表或层次的数据结构)。

(4) 模块定义和调用的技术。应该提供各种接口描述模式。

下面描述一种类 Pascal 语言的伪码的语法规则。

在伪码中,每一条指令占一行(else if 例外),指令后不跟任何符号(Pascal 和 C 语言中语句要以分号结尾)。

书写上的"缩进"表示程序中的分支程序结构。这种缩进风格也适用于 if-then-else 语句。用"缩进"取代传统 Pascal 中的 begin 和 end 语句来表示程序的块结构可以大大提高代码的清晰性。同一模块的语句有相同的"缩进"量,次一级模块的语句相对于其父级模块的语句有一个"缩进"量。

例如:

```
line 1
line 2
    sub line 1
    sub line 2
        sub sub line 1
        sub sub line 2
    sub line 3
line 3
```

而在 Pascal 中这种关系用 begin 和 end 的嵌套来表示:

```
line 1
line 2
    begin
      sub line 1
      sub line 2
          begin
            sub sub line 1
            sub sub line 2
          end;
      sub line 3
    end;
line 3
```

在 C 中这种关系用"{"和"}"的嵌套来表示：

```
line 1
line 2
{
    sub line 1
    sub line 2
    {
        sub sub line 1
        sub sub line 2
    }
    sub line 3
}
line 3
```

在伪码中,通常用连续的数字或字母来表示同一级模块中的连续语句,有时也可省略标号。

例如：

1. line 1
2. line 2
    a. sub line 1
    b. sub line 2
        (1) sub sub line 1
        (2) sub sub line 2

  c. sub line 3

 3. line 3

如果有符号"△",则"△"后的内容表示注释。

在伪码中,变量名和保留字不区分大小写,这一点和 Pascal 相同,与 C 或 C++不同。

在伪码中,变量不需声明,但变量是特定过程的局部变量。如果使用全局变量,就需要增加显示的说明。

赋值语句用符号←表示,x←exp 表示将 exp 的值赋给 x,其中 x 是一个变量,exp 是一个与 x 同类型的变量或表达式(该表达式的结果与 x 同类型);多重赋值 i←j←e 是将表达式 e 的值赋给变量 i 和 j,这种表示与 j←e 和 i←e 等价。

例如:

 x←y

 x←20 * (y + 1)

 x←y←30

以上语句用 Pascal 分别表示为:

 x := y;

 x := 20 * (y + 1);

 x := 30; y := 30;

以上语句用 C 分别表示为:

 x = y;

 x = 20 * (y+1);

 x = y = 30;

选择语句用 if-then-else 来表示,并且这种 if-then-else 可以嵌套,与 Pascal 中的 if-then-else 没有什么区别。

例如:

 if (Condition1)

 then [Block 1]

 else if (Condition2)

 then [Block 2]

 else [Block 3]

循环语句有三种:while 循环、repeat-until 循环和 for 循环,其语法均与 Pascal 类似,只是用"缩进"代替 begin-end;

例如：

 1. x ← 0

 2. y ← 0

 3. z ← 0

 4. while x＜N

  1. do x ← x + 1

  2. y ← x + y

  3. for t ← 0 to 10

   1. do z ← (z + x ∗ y)/100

   2. repeat

    1. y ← y + 1

    2. z ← z − y

   3. until z＜0

  4. z ← x ∗ y

 5. y ← y/2

上述语句用 Pascal 来描述是：

x := 0；

y := 0；

z := 0；

while x＜N do

begin

 x := x + 1；

 y := x + y；

 for t := 0 to 10 do

 begin

  z := (z + x ∗ y)/100；

  repeat

   y := y + 1；

   z := z − y；

  until z＜0；

 end；

 z := x ∗ y；

```
    end；
    y:= y/2；
```
上述语句用 C 或 C++来描述是：
```
    x = y = z = 0；
    while(z<N)
    {
        x++；
        y+ = x；
        for(t = 0;t<10;t++)
        {
            z = (z + x * y)/100；
            do
            {
                y++；
                z - = y；
            } while(z> = 0)；
        }
        z = x * y；
    }
    y/ = 2；
```

数组元素的存取由数组名后跟"[表示元素位置的字符]"表示。例如 A[j]指示数组 A 的第 j 个元素。符号"…"用来指示数组中值的范围。

例如：

A[1…j]表示含元素 A[1]，A[2]，… ，A[j]的子数组；

复合数据用对象（Object）来表示，对象由属性（Attribute）和域（Field）构成。域的存取由域名后接由方括号括住的对象名表示。

例如：

数组可被看作是一个对象，其属性有 length,表示其中元素的个数，则 length[A]就表示数组 A 中的元素的个数。在表示数组元素和对象属性时都要用方括号，一般来说从上下文可以看出其含义。

用于表示一个数组或对象的变量被看作是指向表示数组或对象的数据的一个指针。对于某个对象 x 的所有域 f,赋值 y←x 就使 f[y]=f[x]；更进一步，若有 f[x]←3,则不仅有 f[x]=3,同时有 f[y]=3;换言之,在赋值 y←x 后,x 和 y 指向同一个对象。

有时,一个指针不指向任何对象,这时我们赋给它 nil。

函数值利用"return(函数返回值)"语句来返回,调用方法与 Pascal 类似;过程用"call 过程名"语句来调用。

例如:

　　1. x ← t + 10

　　2. y ← sin(x)

　　3. call CalValue(x,y)

参数用按值传递方式传给一个过程:被调用过程接受参数的一份副本,若它对某个参数赋值,则这种变化对发出调用的过程是不可见的。当传递一个对象时,只是拷贝指向该对象的指针,而不拷贝其各个域。

PDL 作为一种设计工具有如下一些优点:

(1) 可以作为注释直接插在源程序中间。这样做能促使维护人员在修改程序代码的同时也相应地修改 PDL 注释,因此,有助于保持文档和程序的一致性,提高了文档的质量。

(2) 可以使用普通的正文编辑程序或者文字处理系统,很方便地完成 PDL 的书写和编辑工作。

(3) 已经有自动处理程序的存在,而且可以自动由 PDL 生成程序代码。

PDL 的缺点是不如图形工具形象直观,描述复杂的条件组合与动作间的对应关系时,不如判定表清晰简单。

小　结

(1) 计算机程序设计方法的发展经历了面向计算机的程序设计、面向过程的程序设计、面向对象的程序设计、面向组件的程序设计等重要阶段。同时在计算机语言编程中,还存在递归程序设计和嵌入式程序设计等程序设计方法。

(2) 顺序、选择、循环三种程序结构构成了基本程序结构。程序的分析、综合、算法和数据结构设计等构成了程序设计的基本方法要素。良好的程序设计风格是程序员成功的保障,也促进了技术的交流,有助于提高程序的可靠性、可理解性、可测试性、可维护性和可重用性,改善软件的质量。每一个人都可以在不断实践中总结归纳出适合于自己特色的编程风格。

(3) 程序设计的表示方法可以分为图形、表格和语言三类。程序流程图又称为程序框图,它是历史最悠久使用最广泛的描述软件设计的方法。当算法中包含多重嵌套的条件选择时,用判定表可以清晰地表示复杂的条件组合与应做的动作之间的对应关系。过程设计语言是用正文形式表示数据和处理过程的设计工具。

第2章　程序算法与图灵机模型

2.1　算法概念

"算法"这个词来自于 9 世纪波斯数学家阿勒－霍瓦里松（Al-Khowarizmi），他在公元 825 年左右写了一本影响深远的《代数对话录》。"算法"这个词现在之所以被拼写成"algorithm"，而不是早先的更精确的"algorism"，似乎是由于和"算术"（arithmetic）相关联所引起的。根据维基百科（Wikipedia）的定义：算法是指完成一个任务所需要的具体步骤和方法。也就是说给定初始状态或输入数据，经过计算机程序的有限次运算，能够得出所要求或期望的终止状态或输出数据。

然而，人们在阿勒-霍瓦里松写书之前的年代就知道了算法的实例。现在被称作欧几里德算法的找两个数的最大公约数的步骤产生于古希腊（公元前 300 年左右）。这个算法是这样进行的：随意取两个特定的数，例如 1365 和 3654。所谓的最大公约数是可以同时整除这两个数的最大的整数。在应用欧几里德算法时，用其中的一个数除以另一个数，并获得余数，在 3654 中取出 1365 的 2 倍，其余数为 924（＝3654－2730）。现在用此余数即 924 以及刚用的除数即 1365 去取代原先的两个数。再用这一对新的数重复上述步骤，用 924 去除 1365，余数为 441。这又得到新的一对 441 和 924，我们用 441 除 924，得到余数 42（＝924－882），等等，直到能够被整除为止。我们把这一切步骤列出如下：

3654÷1365 给出余数 924，

1365÷924 给出余数 441，

924÷441 给出余数 42，

441÷42 给出余数 21，

42÷21 给出余数 0。

我们最后用于做除数的 21 即是所需要的最大公约数。

欧几里德算法本身是寻找这一因子的系统步骤。刚才只是把这一步骤应用于特殊的一对数，但是这步骤本身可被十分广泛地应用于任意大小的数。对于非常大的数，要花很长时间来执行该步骤，数字越大则所花的时间越长。但在任何特定的情况下，该步骤最后会结束，并在有限的步骤内得到一个确定的结果。此外，虽然这些步骤可以应用到大小没有限制的自然数上去，但是可以用有限的术语来描述整个过程。很容易建立一个

(有限的)描述欧几里德算法全部逻辑运算的流程图,如图 2-1 所示。

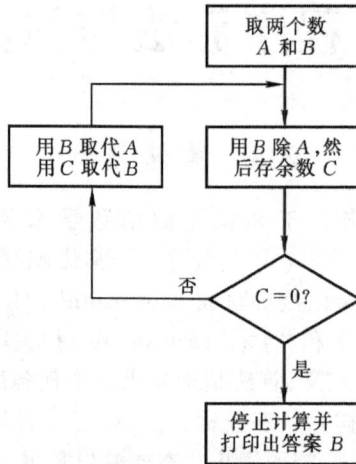

图 2-1　欧几里德算法逻辑运算的流程图

　　其中,假设已经知道如何从两个任意自然数 A 和 B 的除法中得到余数的必须的基本运算,所以这一步骤还未完全被分解成最基本的部分。实际上,这个步骤比欧几里德的其他部分复杂得多,但是可以再为它建立一个流程图。其复杂性主要在于对自然数使用默认的标准"十进制"记号,因此需要列出全部的乘法表和考虑移位等等。如果简单地使用某种 n 个记号来代表数 n,例如"....."代表 5,那么可以从非常初等的算法运算看到余数的形成。为了得到当 A 被 B 除的余数,可以简单地从代表 A 的记号中不断取走代表 B 的符号串,直到最后余下的记号不够再进行这种运算为止。最后剩下的符号串提供了所需的答案。例如,为了得到 17 被 5 除的余数,可以简单地从"................."不断地取走 5 的序列".....",正如下面所示:

　　　　.................
　　　　............
　　　　.......
　　　　..

由于不能再继续这种运算,所以很清楚,其答案是 2。

　　用这种连续减法找到除法余数的流程图可由图 2-2 给出。

　　为了使欧几里德算法的全部流程图完整,把上面形成余数的流程图代入到原先流程图中求余数的方框中去。上述寻求余数的算法是一道子程序的例子。

```
           ┌─────────┐
           │ 取两个数 │
           │ A 和 B  │
           └────┬────┘
                │
    ┌───────────┼─────────┐
    │           │         ↓
┌───┴────┐     │    ┌─────────┐
│用 A−B 取│     │ 否 │         │
│  代 A  │◄────┼────│  B>A ?  │
└────────┘     └────└─────────┘
                         │ 是
                         ↓
                  ┌──────────┐
                  │ 停止计算并 │
                  │打印出答案 A│
                  └──────────┘
```

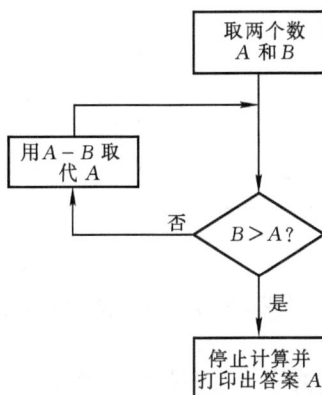

图 2-2　连续减法找到除法余数的流程图

　　当然,把数 n 简单地用 n 个点来表示,在涉及到大数时效率非常低,这就是为什么通常用更紧凑的系统(例如标准的十进制)的原因。然而,在这里并不特别关心运算或记号的效率,这里所关心的是运算在原则上是否可以使用算法进行计算的问题。

　　欧几里德算法只是在整个数学中可找到的大量的经典算法步骤之一。尽管算法的这一特殊例子有着悠久的历史渊源,但一般算法概念的准确表达只从 20 世纪起才有记载。事实上,这一概念的各种不同描述都是在 20 世纪 30 年代给出的。称作"图灵机"的概念是最直接的、最有说服力的,也是历史上最重要的。

2.2　图灵机模型

2.2.1　图灵机概念

　　1936 年,24 岁的英国皇家科学院研究员阿伦·图灵(Alan Turing)发表了一篇名为《论可计算数及其在判定问题中的应用》的论文。在论文中,图灵提出了一种十分简单但运算能力极强的理想装置,如图 2-3 所示。图灵把人在计算时所做的工作分解成简单的动作。与人的计算类似,机器需要:(1)存储器,用于存储计算结果;(2)一种语言,表示运算和数字;(3)扫描;(4)计算意向,即在计算过程中知道下一步做什么;(5)执行下一步计算。具体到一步计算,则分成:(1)改变数字和符号;(2)扫描区改变,如往左进位和往右添位等;(3)改变计算意向等。图灵还采用了二进位制。这样,他就把人的工作机械化了。

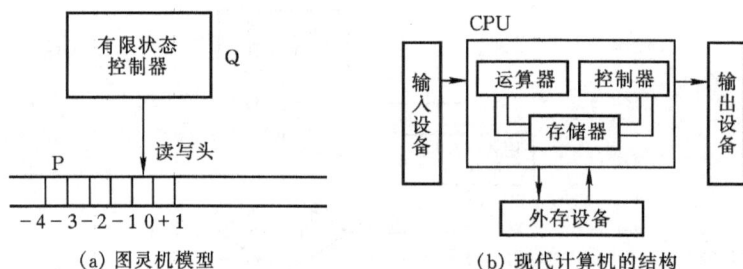

（a）图灵机模型　　　　　（b）现代计算机的结构

图 2-3　图灵机模型与现代计算机的结构

　　这种理想中的机器被称为"图灵机"。图灵机是一种抽象计算模型，用来精确定义可计算函数。图灵机由一个控制器和一根假设无限长的工作带组成。工作带起着存储器的作用，它被划分为大小相同的方格，每一格上可以书写一个给定字母表上的符号。控制器可以在带上左右移动，控制器带有一个读写头，读写头可以读出控制器访问格子上的符号，也能改写和抹去符号。图灵在设计了上述模型后提出，凡可计算的函数都可用图灵机来实现，这就是著名的图灵论题。现在图灵论题已被当成公理一样在使用着。半个世纪以来，数学家提出的各种各样的计算模型都被证明是和图灵机等价的。

　　"图灵机"的概念是一般算法的典型代表，其目的是为了解决"希尔伯特第十问题"——数学问题的一般算法步骤问题，也就是在原则上是否存在一般数学问题的解题步骤的判决问题。希尔伯特的规划是要把数学置于无懈可击的牢固的基础上，其中的公理和步骤法则一旦确立就不再改变。他想一劳永逸地解决数学的可靠性问题。1931 年，库尔特·哥德尔提出的定理证明了希尔伯特规划的不可能。图灵关心的判决问题超出任何按公理系统的特殊的数学形式。他的问题是：是否存在能在原则上一个接一个地解决所有数学问题的某种一般的机械步骤。图灵发现，他可以把这个问题重述成他的形式，即决定把第 n 台图灵机作用于数 m 时事实上是否停机的问题，因而被称为停机问题。于是，图灵机的问题是这样的问题：存在某种完全自动地回答一般问题（即停机问题）的算法步骤吗？图灵的回答是：这根本不存在。图灵是通过证明不存在决定图灵机停机问题的算法来证明不存在判定所有数学问题是否可解的问题。

　　"机械步骤"这个概念处于当时正常的数学概念之外。为了掌握它，图灵设想如何才能把"机器"的概念表达出来，它的动作被分解成基本的项目。图灵也把人脑当成在他意义上的"机器"的例子。这样，由人类数学家在解决数学问题时进行的任何活动,都可以被冠以"机械步骤"之名。

　　为了弄清图灵心目中的机械步骤究竟是什么,我们设想实现某种(可以有限地定义的)计算步骤的一台仪器,它是一台数学上理想化的"机器"。我们要求该仪器具有有限(虽然也许非常大的)数目的不同可能状态的分立集合。我们把这些称作仪器的内态。但是我们不限制该仪器在原则上要实现的计算的尺度。回顾一下上述的欧几里德算法,在原则上不存在被该算法作用的数的大小的限制。不管这些数有多大,算法或者一般计算步骤都是一样的。对于非常大的数,该步骤的确要用非常长的时间。但是不管这些数有多大,该算法是指令的同一有限集合。

　　这样,虽然我们的仪器只有有限个内态,它却能够处理大小不受限制的输入。此外,为了计算,应该允许该仪器使用无限的外存空间,而且能够产生大小不受限制的输出。正是输入、计算空间和输出的无限性质告诉我们,我们正在考虑的仅仅是一种数学的理想化,而不是在实际上真正建造如图 2-4 所示的某种东西。

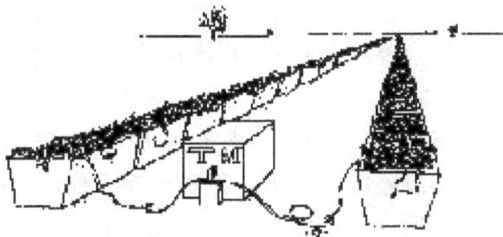

图 2-4　一台严格的图灵机需要无限的磁带

　　图灵是按照在上面做记号的"磁带"来描述其外部数据和存储空间的。一旦需要,仪器就会读取该磁带,而且作为其运算的一部分,磁带可前后移动。仪器可以把记号放到需要的地方,还可以抹去旧的记号。因为在许多运算中,一个计算的中间结果起的作用正如同新的数据,所以事实上在"外存"和"输入"之间不需要做特别清楚的区分。在欧几里德算法中,不断地用不同阶段的计算结果去取代原先的输入(数 A 和 B)。类似地,这一磁带可被用作最后输出(也就是答案)。只要必须进行进一步的计算,该磁带就会穿过该仪器而不断地前后移动。当计算被最后完成时,仪器就停止,而计算的答案会在仪器一边的磁带上显示出来。为了确定起见,假定答案总是在左边显示,而输入的所有数据以及要解的问题的详细说明总是由右边进入。

　　在图灵的描述中,"磁带"是由方格的线性序列所组成,该序列在两个方向上都是无限的。在磁带的每一方格中或者是空白的，或者包含有一个单独的记号，我们可利用有记号或者没有记号的方格来解释。磁带允许被细分并按照离散(和连续相反的)元素来描述。但是，在任何特殊的情形下，输入、计算和输出必须总是有限的。这样，虽然可以取无限长的磁带，但是在它上面只应该有有限数目的实在的记号。磁带在每一个方向的一定点以外必须是空白的。

用符号"0"来表示空白方格，用符号"1"来代表记号方格，例如图2-5给出的示例。

0	0	1	1	1	1	0	1	0	0	1	1	1	0	0	1	0	0	1	0	1	1	0	1	0	0

图2-5　磁带中方格的线性序列示例

我们要求该仪器"读"此磁带，并假定它在一个时刻读一个方格，在每一步运算后向右或向左移动一个方格。不失一般性，可以容易地由另一台一次只读和移动一个方格的仪器去仿造出一台一次可读 n 个方格或者一次可移动 k 个方格的仪器。k 个方格的移动可由 1 个方格的 k 次移动来积累，而存储一个方格上的 n 种记号的行为正和 1 次读 n 个方格一样。

在这样一台仪器上，可以用什么描述"机械的"步骤呢？请注意，该仪器的内态在数目上是有限的。除了这种有限性之外，该仪器的一切行为完全被其内态和输入所确定。先前，已经把输入简化成只是两个符号"0"或"1"之中的一个。仪器的初态和与其对应的输入一旦给定，它就能完全确定地运行；它把自己的内态改变成某种其他(或可能是同样的)内态，它用同样的或不同的符号 0 或 1 来取代它刚刚读取的 0 或 1；它向右或向左移动一个方格；最后它决定是继续还是终止计算并停机。

为了清楚地定义该仪器的运算，首先用诸如标号 0,1,2,3,4,5,…，来为不同的内态编号；此后，用一张代换表可以完全指定该仪器或图灵机的运行过程。

例如：

00→00R,

01→131L,

10→651R,

11→10R,

20→01R. STOP,

21→661L,

30→370R,

……

……

……

2100→31L,

……

……

……

2580→00R. STOP,

2590→971R,

2591→00R. STOP。

　　箭头左边的大写的数字是仪器在阅读过程中磁带上的符号,仪器用右边中间的大写的数字来取代之。R 表示仪器要向右移动一个方格,而 L 表示仪器要向左移动一个方格(如果像图灵原先描述的那样,认为磁带而不是仪器在移动,那么我们必须将 R 解释成把磁带向左移动一个方格,而 L 为向右移动一个方格)。STOP 表示计算已经完成而且机器就要停止。第二条指令 01→131L 表示:如果仪器内态为 0 而在磁带上读到 1,则它应改变到内态 13,不改变磁带上的 1,并沿着磁带向左移一格。最后一条指令 2591→00R. STOP 表示:如果仪器处于态 259 而且在磁带上读到 1,那么它应被改变为内态 0,在磁带上抹去 1 而改写为 0,并沿着磁带向右移一格,然后终止计算。

　　如果只用由 0 到 1 构成的符号,而不用数字 $0,1,2,3,4,5,\cdots$ 来为内态编号,则和上述磁带上记号的表示更一致。特别地,可以简单地使用一串 n 个 1 来表示内态 n,但是这样效率非常低。相反地,使用现在人们很熟悉的二进制位记数系统表示的指令表为:

0→0,

1→1,

2→10,

3→11,

4→100,

5→101,

6→110,

7→111,

8→1000,

9→1001,

10→1010,

11→1011,

12→1100,等等。

随着仪器向左移动,每一接续的位数的值为接续的 2 的幂:1,2,4(＝2×2),8(＝2×2×2),16(＝2×2×2×2),32(＝2×2×2×2×2)等等。

对上面图灵机的内态使用这种二进制记号,则原先的指令表便写成:

00→00R,

01→11011R,

10→10000011L,

11→10R,

100→01STOPR,

101→10000101L,

110→1001010R,

······

······

······

110100100→111L,

······

······

······

1000000101→00STOP,

1000000110→11000011R,

1000000111→00STOP。

在上述指令中,把 R. STOP 简写成 STOP,这是由于可以假定 L. STOP 从来不会发生,以使得计算的最后一步结果作为答案的部分,总是显示在仪器的左边。

现在假定仪器处于由二进位序列 1010010 代表的特殊内态中,它处于计算的过程中,而且我们利用指令 110100100→111L。仪器刚读取磁带上的数字时的状态如图 2-6 所示。

在磁带上被读的特殊位数是"0",符号串的左边表示内态。根据给定

| 0 | 0 | 0 | 1 | 1 | 1 | 1 | 0 | 1 | 0 | 0 | 1 | 1 | 1 | 0 | 0 | 1 | 0 | 0 | 1 | 0 | 1 | 1 | 0 | 1 | 0 | 0 |

| 11010010 | 0 |

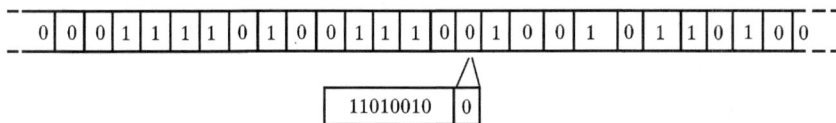

图 2 - 6　仪器刚读取磁带上的数字时的状态

的指令,仪器读到的"0"会被"1"所取代,而内态变成"11",然后仪器向左移动一格,形成如图 2 - 7 所示的状态。

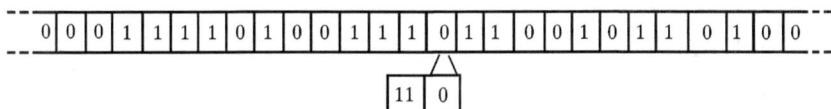

| 0 | 0 | 0 | 1 | 1 | 1 | 1 | 0 | 1 | 0 | 0 | 1 | 1 | 1 | 0 | 1 | 1 | 0 | 0 | 1 | 0 | 1 | 1 | 0 | 1 | 0 | 0 |

| 11 | 0 |

图 2 - 7　磁带的最终状态

　　该仪器现在已准备好读另一个数字,它又是"0"。根据该表,它现在不改变这个"0",但是其内态被"100101"所取代,而且沿着磁带向右移回一格。现在它读到"1",而在表的下面某处又有如何进一步取代内态的指令,告诉它是否改变所读到的数,并向那个方向沿着磁带移动。它就用这种方式不断继续下去,直到达到 STOP 为止。

　　假定机器总是从内态"0"开始,而且在阅读机左边的磁带原先是空白的,所有指令和数据都是在右边输进去。正如先前所提到的,提供的这些信息总是采用 0 和 1 的有限串的形式,后面跟的是空白带(也就是 0)。当机器到达 STOP 时,计算的结果就出现在仪器左边的磁带上。

　　如果希望把数字数据当作输入的一部分,就需要有一种描述作为输入数据(例如,自然数 0,1,2,3,4,…)的方法。一种方法可以是简单地利用一串 n 个 1 代表数 n(尽管这会带来和自然数 0 相关的困难):1→1,2→11,3→111,4→1111,5→11111,等等。

　　这一初等的记数系统被称作一进位系统。那么符号"0"可用作不同的数之间的分隔手段。这种把数分隔开的手段是重要的,这是由于许多算法要作用到数的集合上,而不仅仅是一个数。例如,对于欧几里德算法,仪器要作用到一对数 A 和 B 上面。图灵机可以很容易地写下执行该算法的程序。作为一个练习,读者可以验证下面的图灵机(称之为 EUC)的描述,当应用到一对由 0 分隔的一进位数时,的确会执行欧几里德算法:

```
00→00R,
01→11L,
```

$10 \rightarrow 101R,$

$11 \rightarrow 11L,$

$100 \rightarrow 10100R,$

$101 \rightarrow 110R,$

$110 \rightarrow 1000R,$

$111 \rightarrow 111R,$

$1000 \rightarrow 1000R,$

$1001 \rightarrow 1010R,$

$1010 \rightarrow 1110L,$

$1011 \rightarrow 1101L,$

$1100 \rightarrow 1100L,$

$1101 \rightarrow 11L,$

$1110 \rightarrow 1110L,$

$1111 \rightarrow 10001L,$

$10000 \rightarrow 10010L,$

$10001 \rightarrow 10001L,$

$10010 \rightarrow 100R,$

$10011 \rightarrow 11L,$

$10100 \rightarrow 00STOP,$

$10101 \rightarrow 10101R。$

在验证之前,可以从简单的图灵机 UN+1 开始:

$00 \rightarrow 00R,$

$01 \rightarrow 11R,$

$10 \rightarrow 01STOP,$

$11 \rightarrow 01R。$

它简单地把 1 加到一个一进位数上。为了检查 UN+1 刚好做到这点,可以把它应用到代表数字 4 的磁带上去:

…00000111100000…

仪器在开始时处于内态 0 并且读到 0。根据第一条指令,它仍保留为 0,向右移动一格,而且停在内态 0 上,在它遇到第一个 1 之前,它不断地向右移动。然后第二条指令开始作用:它把 1 留下来不变并且再向右移动,但是现在处于内态 1 上。按照第四条指令,它停在内态 1 上,不改变这些 1,一直向右移动,一直达到跟在这些 1 后面的第一个 0 为止。第三条指令接着告诉它把那个 0 改变成 1,向右再移一步(记住 STOP 是表示 R 和 STOP),然后停机。这样,另一个 1 已经加到这一串 1 上。正如所要求的,例子中的 4 已经变成了 5。

还可以验证下面所定义的图灵机 UN×2,它可以把一个一进位数加倍:

00→00R,

01→10R,

10→101L,

11→11R,

100→110R,

101→1000R,

110→01STOP,

111→111R,

1000→1011L,

1001→1001R,

1010→101L,

1011→1011L。

在 EUC 的情形时,为了得到有关的概念,可用一些明显的数对(例如 6 和 8)来验证。正如以前一样,仪器处于内态 0,并且初始时处在左边,而现在磁带一开始的记号是这样的:

…0000000000011111101111111100000…

在许多步之后,图灵机停止,得到了具有如下记号的磁带:

…0000110000000000000…

而仪器处于这些非零位数的右边。这样,所需的最大公约数正是所需要的数字 2。

2.2.2 二进位码的数据表示

用一进位系统表示大数时,就会极端无效率。现在将使用二进位计数系统。但是,不能直接地把磁带当作二进位数来读。如果这样做的话,就无法得知一个数的二进位表示何时结束,以及无限个 0 的序列是否代表右端开始的空白。因此,需要某种终结一个数的二进位描述的记号。

此外,很多算法还经常要输入几个数,正如欧几里德算法需要一对自然数那样。

然而,问题在于不能把数之间的间隔与作为单独一个数的二进位表示中的一部分0或一串0区分开。此外,或许在输入磁带中包括所有种类复杂的指令和数。为了克服这些困难,可以采用一种称之为收缩的步骤。按照该步骤,任何一串0或一串1(有限个)不是简单地被仪器当作二进位数来读,而是用一串0,1,2,3等来取代。其做法是,第二个序列的每一数字就是在第一个序列中连续的0之间的1的个数。图2-8演示了数据序列的变化过程。

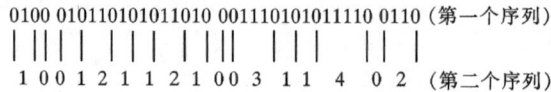

```
0100 010110101011010 001110101011110 0110 (第一个序列)
│││││   │││ │ ││ │   │││    ││ │
1 0012 1 1 2 1 0 0 3  11   4   0 2   (第二个序列)
```

图2-8　数据序列的变化过程

现在可以把数2,3,4,…当作某种记号或指令来读。假设把2简单地当作表示两个数之间间隔的"逗号",而3,4,5,…代表各种有意义的指令或记号。现在有了由数字2分开的各种0和1的串,后者代表写成二进位的输入数据,这样"2"可以读成"逗号"。图2-8所示的第二个序列可以表示成如下的序列:

(二进位数1001)逗号(二进位数11)逗号……

特别地,这一步骤给出了一种简单地利用在结尾处用逗号终结一个数的手段(并因此把它和在右边的无限长的空白带区分开来)。此外,它可以把二进位记号0和1表示的单独序列的自然数转化成有限序列编码。例如,考虑序列:

5,13,0,1,1,4

在二进位记号中是:

101,1101,0,1,1,100,

它可用扩展(也就是和上面收缩相反)的步骤在磁带上编码成:

…00001001011010100101100110101101011010010000011000…

为了得到上述这个编码,可以在原先的二进位数序列上做如下代换,然后在两端加上无限个0:

0→0

1→10

,(逗号)→110

为了完备起见,关于这种编码还有最后一点必须说明。在自然数的二进位(或十进位)表示中处于序列最左端的 0 是不算的,它通常可被略去。例如 00110010 和 110010 是两个相同的二进位数(而 0050 和 50 为相同的十进位数),数 0 可以写成 000 或 00。这样,在两个逗号之间的 0 可以只写成两个连在一起的逗号(,,),它在磁带上被编码成两对由单独的 0 隔开的 11:

　　…001101100…

这样,上面的 6 个数的集合也可用二进位记号写成:

　　101,1101,,1,1,100,

而且在磁带上可以扩展的二进位方式编码成:

　　…00001001011010010110110101101011010000011000…

(有 1 个 0 已从以前的序列中略去)。

现在可以考虑让一台图灵机(例如欧几里德算法)应用到以扩展二进位记号写出的一个数对上。例如,这一对数是先前的 6 和 8,不用以前用的编码:

　　…00000000000111111011111111100000…

而考虑 6 和 8 的二进位表示,也就是分别为 110 和 1000。6 和 8 扩展后在磁带上编码成:

　　…00000101001101000011000000…

对于这一对特殊的数,并没有比一进位形式更紧凑。然而,如果取十进位数 1583169 和 8610。在二进位记号中它们是:

　　11000001010000100001,10000110100010,

这样,在磁带上把这一对编码成:

　　…001010000001001000001000001011010000010100100000100110…

而如果用一进位记号的话,表示"1583169,8610"的磁带用这一整本书都写不下。

当数用扩展二进位记号表示时,一台执行欧几里德算法的图灵机,如果需要的话,可以简单地把一对在一进位和扩展二进位之间互相翻译的子程序算法接到 EUC 上去而得到。然而,由于一进位计数系统的无效率仍存在,并且在仪器的迟缓以及需要大量的外部磁带方面表现出来,实际上这是极其无效率的。可以给出全部用扩展二进位运算的、更有效率的欧几里德算法的图灵机。

相反地,为了说明如何使一台图灵机能对扩展二进位数运算,可以尝试某种比欧几里德算法简单得多的过程,即是对一个自然数加 1 的过程。这可由图灵机(XN+1)来执行:

0 0 →0 0 R,

0 1 →1 1 R,

1 0 →0 0 R,

1 1 →10 1 R,

10 0 →11 0 L,

10 1 →10 1 R,

11 0 →0 1 STOP,

11 1 →100 0 L,

100 0 →101 1 L,

100 1 →100 1 L,

101 0 →110 0 R,

101 1 →10 1 R,

110 1 →111 1 R,

111 0 →11 1 R,

111 1 →111 0 R。

例如,使用数 167 进行验证,这个数的二进位表示可由下面的磁带给出:

…0000100100010101011000…

为了把 1 加到这个二进位数上,可以简单地找到最后的那个 0,并把它改成 1,然后用 0 来取代所有跟在后面的 1。例如 167＋1＝168 在二进位记号下写成:

10100111 + 1 = 10101000

这样,图灵机(XN＋1)应该把前面的磁带用

…0000100100100001100000…

来取代,它的确做到了这一点。

从以上的算法和序列变化可以看出,甚至这种简单加 1 的基本运算在用这种记号表示时都会显得有些复杂,它使用了 15 条指令和 8 种不同的内态。由于在一进位系统中“加 1”只是把 1 的串再延长一个而已,事情当然是简单得多,所以机器 UN＋1 更为基本。然而,对于非常大的数,由于所需的磁带很长,UN＋1 就会极慢,而用扩展二进位记号运算的更复杂的机器 XN＋1 就会表现出它的紧凑性。

再举一个例子,对于扩展二进位的乘 2 运算比一进位图灵机更为简

单。在这里由如下指令给出图灵机(XN×2)在扩展的二进位上实现这个运算的指令：

　　0 0 →0 0 R,

　　0 1 →1 0 R,

　　1 0 →0 1 R,

　　1 1 →10 0 R,

　　10 0 →11 1 R,

　　11 0 →0 1 STOP。

这些指令要比前面描述的相应于一进位的机器 UN×2 要简单得多。

2.2.3　非自然数的表示

　　在上述的讨论中考虑了自然数的运算，并且注意到，尽管每台图灵机只有固定的有限数目的不同内态，它却可能处理任意大小的自然数。然而，人们经常需要使用比这更复杂的其他种类的数，例如负数、分数或无理数。图灵机可以容易地处理负数和分数(例如−597/26)，而且我们可取任意大的分母和分子。我们所要做的只是对"−"和"/"作适当的编码，这可容易地利用早先描述的扩展二进位记号做到(例如，"3"表示"−"以及"4"表示"/"，它们分别在扩展二进位记号中编码成 1110 和 11110)。人们就是这样按照自然数的有限集合来处理负数和分数的。

　　类似地，由于长度不受限制的有限小数仅仅是分数的特殊情形，它们并没有带来什么新问题。例如，无理数 π 的由 3.14159265 给出的有限小数近似，简单地就是分数 314159265/100000000。然而，无限小数的表示出现了一定的困难。例如，完全无限展开 $\pi=3.14159265358979\cdots$。

　　严格地讲，无论是图灵机的输入或者输出都不是无限小数。人们也许会想到，可以找到一台图灵机，在其输出磁带上产生所有的由 π 的小数展开的一个接一个位数 3，1，4，1，5，9，…，简单地让机器一直开下去。但是，这对于一台图灵机来讲是不允许的，必须等待机器停了以后才允许去检查输出，只要机器还没有到达停止命令，其输出就可能要遭受到改变。另一方面，在它到达停止时，其输出必须是有限的。

　　然而，存在一种合法地使图灵机以与此非常类似的方法，一个位数跟着另一个位数产生位数的步骤。如果希望产生一个数(例如 π 的无限小数展开)，可以让一台图灵机作用于 0 上以产生整数部分 3；然后使机器作用到 1 上，产生第一小数位 1；然后使其作用于 2 上，产生第二小数位

4;然后作用于 3 上,产生 1,这样不断地进行下去。事实上,一定存在这个意义上产生 π 的全部小数展开的图灵机。类似的方法也适用于其他无理数(例如$\sqrt{2}$=1.414213562…)。

2.3　通用图灵机

通用图灵机的基本思想是把任意一台图灵机 T 的指令表编码成在磁带上表示成 0 和 1 的串。然后这段磁带被当作某一台特殊的被称作通用图灵机 U 的输入的开始部分,接着这台机器正如 T 所要进行的那样,作用于输入的余下部分。"磁带"的开始部分赋予该通用机器 U 需要用以准确模拟任何给定机器 T 的全部信息。

为了理解这是如何进行的,首先需要一种给图灵机编号的系统方式。考虑定义某个特殊的指令表(例如前面描述的图灵机的一个指令表)。必须按照某种准确的方案把该指令表编码成 0 和 1 的串,可以借助于以前采用的"收缩"步骤。因为如果用数 2,3,4,5 和 6 来分别代表符号 R,L,STOP,箭头(→)以及逗号,那么我们就可以用 110,1110,11110,111110 和 1111110 的收缩序列进行上述符号的编码,这样,出现在该表中的这些符号实际的串可以采用分别被编码成 0 和 10 的位数 0 和 1。由于在该图灵机的指令表中,在二进位计数的结尾大写的数的位置足以把大写的 0 和 1 从其他小写的阿拉伯数字中区分开来,所以我们不需要用不同的记号。这样,110 **1** 将被读成二进位数 110 **1**,而在磁带上被编码成 1010010。特别是,0 **0** 读作 0 **0**,它被编码成 0,或者作为被完全省略的符号。实际上可以不必对任何箭头或任何紧贴在它前面的符号进行编码,而依靠指令的数字顺序去标明那些符号。尽管在采用这个步骤时,在必要之处要提供一些额外的"哑"指令,以保证在这个顺序中没有缝隙。例如,图灵机 XN+1 没有关于 110 **0** 的指令,这是因为这条指令在机器运行时从不发生,所以应该插入一条"哑"指令,例如,插入110 **0** →0 **0** R,它可合并到指令表中而不改变其他任何东西。类似地,应该把10 **1** →0 **0** R 插入到 XN×2 中去。若没有"哑"指令,指令表中后面的指令编码就会受破坏。因为在结尾处的符号 L 或 R 足以把一条指令和另一条隔开,所以在每个指令中实际不需要逗号。因此,可以采用下面的编码:

0 表示 0 或0 ,10 表示 1 或1 ,110 表示 R,1110 表示 L,11110 表示 STOP。

作为一个例子,可以看看图灵机 XN+1 的编码(插入指令 110 **0** →

0 0 R)。在去掉箭头和紧贴在它们前面的位数以及逗号之后,我们得到:

0 0 R 1 1 R 0 0 R 1 0 1 R 1 1 0 L 1 0 1 R 0 1 STOP 100 0 L 101 1 L 100 1 L 110 0 0 R 1 0 1 R 0 0 R 111 1 R 11 1 R 111 0 R

为了和先前的描述相一致,可以去掉每一个 0 0,并把每一个 01 简单地用 1 来取代,这样得到:

R 1 1 R R 1 0 1 R 1 1 0 L 1 0 1 R 1 STOP 100 0 L 101 1 L 100 1 L 110 0 R 1 0 1 R R 111 1 R 11 1 R 111 0 R

以下是在磁带上的相应的编码:

11010101101101001011010100111010010110101111010000111010010101110100010111010100011010010110110101010101101010101011010101 00110

在以上的编码中,总是可以把开始的 110(以及它之前的无限的空白磁带)删去。由于它表示 0 0 R,这代表开头的指令 0 0 → 0 0 R,可以隐含地把它当作所有图灵机共有的,这样仪器可以从磁带记号左边任意远的地方向右移到第一个记号为止。而且,由于所有图灵机都应该把它们的描述用最后的 110 结束(因为它们所有都用 R,L 或 STOP 来结束),所以也可把它(以及假想跟在后面 0 的无限序列)删去。所得到的二进位数是该图灵机的号码,它在 XN+1 的情况下为:

1010110110100101101010011101001011010111101000011101001010 1110100010111010100011010010110110101010101011010101101010100

这一特殊的数在标准十进位记号下为:

450813704461563958982113775643437908

有时把号码为 n 的图灵机称为第 n 台图灵机,并用 T_n 来表示。这样,XN+1 是第 450813704461563958982113775643437908 台图灵机。

实际上,还存在某些更低号码的图灵机。例如,UN+1 的二进位号码为:

1010110101011110 1010

它只是十进位制的 177642。这样,只不过是把一个附加的 1 加到序列 1 的末尾上的图灵机 UN+1 是第 177642 台图灵机。此外,任一种进位制中"乘 2"是在图灵机指令表中这两个号码之间的某处。例如,找到 XN×2 的号码为 10389728107,而 UN×2 的号码为 149292342091987202691 7547669。

人们从这些号码的大小也许会发现,绝大多数的自然数根本不是可工作的图灵机的号码。现在我们根据这种编号把最先的 13 台图灵机列出来：

T_0：0 0 → 0 0 R，0 1 → 0 0 R，

T_1：0 0 → 0 0 R，0 1 → 0 0 L，

T_2：0 0 → 0 0 R，0 1 → 0 1 R，

T_3：0 0 → 0 0 R，0 1 → 0 0 STOP，

T_4：0 0 → 0 0 R，0 1 → 1 0 R，

T_5：0 0 → 0 0 R，0 1 → 0 1 L，

T_6：0 0 → 0 0 R，0 1 → 0 0 R，1 0 → 0 0 R，

T_7：0 0 → 0 0 R，0 1 → ???，

T_8：0 0 → 0 0 R，0 1 → 10 0 R，

T_9：0 0 → 0 0 R，0 1 → 1 0 L，

T_{10}：0 0 → 0 0 R，0 1 → 1 1 R，

T_{11}：0 0 → 0 0 R，0 1 → 0 1 STOP，

T_{12}：0 0 → 0 0 R，0 1 → 0 0 R，1 0 → 0 0 R。

其中，T_0 就是简单地向右移动并且抹去它所遇到的每一个标记，永不停止并永不回退。机器 T_1 最终得到同样的效果，但是它使用了更笨拙的方法：在它抹去磁带上的每个记号后再往回跳一格。机器 T_2 也和机器 T_0 一样无限地向右移动，但是它保持磁带上的每个标记不变。由于它们中没有一台会停下，所以没有一台可以合格地被称为图灵机。T_3 是第一台真正的图灵机，它的确是在改变第一个(最左边)的 1 为 0 后便停止。

T_4 在磁带上找到第一个 1 后就进入了一个没有列表的内态，所以它没有下一步要做什么的指令。T_8，T_9 和 T_{10} 都遇到同样的问题。T_7 的编码串中涉及到 5 个接续的 1 的序列：110111110。对于这种序列不存在任何解释，所以只要它在磁带上发现第一个 1 就不知道该做什么了。机器 T_5，T_6 和 T_{12} 和 T_0，T_1 和 T_2 有类似的问题，它们会简单地、无限地、永远不停地跑下去，所以 T_0，T_1，T_2，T_4，T_5，T_6，T_7，T_8，T_9，T_{10} 和 T_{12} 都是假图灵机，只有 T_3 和 T_{11} 是可工作的。T_{11} 在第一次遇到 1 时就停止，并且没有改变任何东西。

还应该注意到，在表中还有一个多余。由于 T_6 和 T_{12} 从未进入内态 1，所以机器 T_{12} 和 T_6 等同，并在行为上和 T_0 等同。通用图灵机必须把所读到的号码 n 解码并伪装成图灵机 T_n。我们希望把所有的假图灵机

（或者多余量）取走，但是，很快就会看到，这是不可能的。

例如，可方便地把具有

…0001101110010000…

接续记号的磁带解释成某个数字的二进位表示。0 在两端会无限地继续下去，但是只有有限个 1。假定 1 的数目为非零（也就是说至少有一个 1），就可以选择去读在第一个和最后一个 1（包括在内）之中的有限的符号串，在上述是一个自然数的二进位写法：

110111001，

它在十进位表示中为 441。然而，这个序列只能表示奇数（其二进位表示以 1 结尾的数），而我们需要表示所有的自然数。这样，采取移走最后的 1 的简单方案（这个 1 仅仅被当作表示这个序列的终止记号），而把余下来的当成二进位数来读。因此，对于上述的例子，我们有二进位数：

11011100，

它是十进位的 220。这个步骤也可以表示 0，也就是：

…0000001000000…

考虑图灵机 T_n 对从右边提供给它的磁带上（有限的）0 和 1 序列串的作用，根据上面给出的方案，可方便地把这个序列串也看成某一个数，例如是 m 的二进位表示，假定机器 T_n 在进行了一系列的步骤后最终到达停止（即到达 STOP），现在机器在左边产生的二进位数串是该计算的答案。把该答案看成是 p 的二进位表示，把表达当第 n 台图灵机作用到 m 上时产生 p 的关系写成：

$$T_n(m) = p$$

现在，以稍微不同的方式看这一关系。把它认为是一种应用于一对数 n 和 m 以得到数 p 的一个特别运算。这样，若给定两个数 n 和 m，可以视第 n 台图灵机对 m 作用的结果而得出 p。这一特别运算是一个完全算法的步骤，所以它可由一台特殊的图灵机 U 来执行。也就是说，U 作用到一对数 (n, m) 上产生 p。由于机器 U 必须作用于 n 和 m 两者以产生单独结果 p，因此需要某种把一对数 (n, m) 编码到一条磁带上的方法。为此，可假定 n 以通常二进位记号写出并紧接着以序列 111110 终结。（先前提到，任一台正确指明的图灵机的二进位数都是仅仅由 0，10，110，1110 和 11110 组成的序列，因此它不包含比 4 个 1 更多的序列。这样，如果 T_n 是正确指明的机器，则 111110 的出现表明数 n 的描述已终结。）按照上面的规定，跟着它后面的部分都是代表 m 的磁带。紧跟二进位数 m 的是余下的磁带 1000…。

　　作为一个例子,如果取 $n=11$ 和 $m=6$ 当作 U 要作用的磁带,其记号序列为:

　　…000101111111011010000…

这是由以下组成的:

　　…0000(开始的空白带)

　　1011(11 的二进位表示)

　　111110(终结 n)

　　110…(6 的二进位表示)

　　10000…(余下的磁带)

　　在 T_n 作用到 m 上的运算的每个步骤中,图灵机 U 要做的是去考察 n 的表达式中的接续数位的结构,以使得在 m 的数位上可进行适当的代换。在原则上(虽然在实践中肯定很繁琐)不难看到人们实际如何建造这样的一台机器。它本身的指令表会简单地提供一种在每一阶段读到被编码到数 n 中的“表”中,应用到 m 给出的磁带的位数时合适元素的手段。肯定在 m 和 n 的数位之间要有许多前前后后的进退,其过程会极为缓慢。尽管如此,一定能提供出这台机器的指令表,并称之为通用图灵机。把该机器对一对数 n 和 m 的作用表示为 $U(n,m)$,则可以得到:

$$U(n,m)=T_n(m)$$

这里 T_n 是一台正确指明的图灵机。当首先为 U 提供数 n 时,它可以准确地模拟第 n 台图灵机。

　　因为 U 为一台图灵机,它自身也必须有一号码,也就是说,有 $U=T_u$。

　　实际上所有现代通用电脑都是普适图灵机。但是这并不是说,这种电脑的逻辑设计必须在根本上和刚刚给出的普适图灵机的描述非常相似。其要点可以简述为:首先为任一台普适图灵机提供一段适当的程序,(输入磁带的开始部分)可使它模拟任何图灵机的行为。在上面的描述中,程序简单地采取单独的数(数 n)的形式。但是,其他的步骤也是可能的,图灵原先的方案就有许多种变化。

2.4　希尔伯特问题的不可解性

　　现在回到当初图灵提出其观念的目的,即数学问题的一般算法步骤问题:是否存在某种回答属于某一广泛的、良定义的集合的所有数学问题的机械步骤? 图灵发现,他可以把这个问题重述成他的形式,即决定把第 n 台图灵机作用于数 m 时实际上是否会停止的问题。该问题被称作停机问题。很容易构造一个指令表使该机器对于任何数 m 不停止,正如上面的 $n=1$ 或 2 或任何别的在所有地方都没有 STOP 指令的情形。也有许多指令表,不管给予什么数它总停(例如 $n=11$);有些机器对某些数停,但对其他的数不停。人们可以公正地讲,如果一个想象中的算法永远不停地算下去,则并没有什么用处,那根本不能被称作算法。所以一个重要的问题是,决定 T_n 应用在 m 时是否真正地给出答案! 如果它不能(也就是该计算不停止),则就把它写成:

$$T_n(m)=\square$$

"$\square$"记号中还包括了如下情形,即图灵机在某一阶段由于找不到合适的告诉其下一步要做什么的指令而遇到麻烦,正如上面考虑的假图灵机 T_4 和 T_7。还有,看起来似乎成功的机器 T_3 现在也必须被归于假图灵机: $T_3(m)=\square$,这是因为 T_3 作用的结果总是空白带,而为使计算的结果可赋予一个数,在输出上至少有一个 1。然而,由于机器 T_{11} 产生了单独的 1,所以它是合法的。这一输出是编号为 0 的磁带,所以对于一切 m,我们都有 $T_{11}(m)=0$。

能够决定图灵机何时停止是数学中的一个重要问题。例如,考虑方程:

$$(x+1)w+3+(y+1)w+3=(z+1)w+3$$

这一特殊的方程和数学中著名的未解决的问题相关。该问题是:存在任何满足这个方程的自然数集合 w,x,y,z 吗? 这个著名的称作"费马最后定理"的陈述被伟大的 17 世纪法国数学家皮埃尔·德·费马(1601～1665)写在《代数》一书空白的地方。费马宣布这个方程永远不能被满足。虽然费马以律师作为职业(并且是笛卡儿的同时代人),他却是那个时代最优秀的数学家。可惜迄今为止既没有人能够重新证明之,也没有人找到任何和费马断言相反的例子。

很清楚,在给定了 4 个数 (w,x,y,z) 后,决定该方程是否成立是计算的事情。这样,可以想象让一台计算机中的算法一个接一个地跑过所有的 4 数组,直到方程被满足时才停下。从上述对图灵机的描述可知,存在于一根单独磁带上,把数的有限集合以一种可计算方式编码成为一个单独的数的方法。这样,只要跟随着这些单独的数的自然顺序就能"跑遍"所有的 4 数组。如果能够建立这个算法不停的事实,则我们就有了费马断言的证明。

可以用类似的办法把许多未解决的数学问题按图灵机停机问题来重述。"哥德巴赫猜想"即是这样的一个例子。它断言比 2 大的任何偶数都是两个质数之和。决定给定的自然数是否为质数是一个算法步骤。由于人们只需要检验它是否能被比它小的数整除，所以这只是有限的计算。可以设计跑遍所有偶数 $6, 8, 10, 12, 14, \cdots$ 的一台图灵机，尝试把它们分成奇数对和的所有不同的方法：

$$6 = 3 + 3, 8 = 3 + 5, 10 = 3 + 7 = 5 + 5, 12 = 5 + 7, 14 = 3 + 11 = 7 + 7, \cdots$$

对于这样的每一个偶数检验并确认其能分成都为质数的某一对数，只有当机器达到一个由它分成的所有数对都不是质数对的偶数为止才停止。在这种情形下就得到了哥德巴赫猜想的反例，也就是说一个（比 2 大的）偶数不是两个质数之和。这样，如果我们能够决定这台图灵机是否会停，我们也就有了决定哥德巴赫猜想真理性的方法。

这里自然地产生了这样的问题：如何决定任何特殊的图灵机（在得到特定输入时）会停止运行与否？对于许多图灵机回答这个问题并不难，但是偶尔地，这个答案会涉及到一个杰出的数学问题的解决。这样，存在某种完全自动地回答一般问题，即停机问题的算法步骤吗？图灵指出这根本不存在。

他论证的要点如下所述。首先假定，相反地，存在这样的一种算法。那么必须存在某台图灵机 H，它能"决定"第 n 台图灵机作用于数 m 时，最终是否停止。假定，如果它不停的话，其输出磁带编号为 0，如果停的话为 1。

在这里人们可采取对普适图灵机 U 用过的同样规则对 (n, m) 编码。然而，这会引起如下的问题：对于某些数 n（例如 $n = 7$），T_n 不是正确指定的，而且在磁带上记号 111110 不足以把 n 从 m 分开。为了排除这一个问题，假定 n 是用扩展二进位记号而不仅仅是二进位记号来编码，而 m 和以前一样用通常的二进位记号，那么记号 110 实际上将足以把 n 和 m 区分开来。在 $H(n; m)$ 中用分号，而在 $U(n, m)$ 中用逗号就是为了表明这个变化。

现在想象一个无限的阵列，它列出所有可能的图灵机作用于所有可能的不同输入的所有输出。阵列的 n 行展现当第 n 台图灵机应用于不同的输入 $0, 1, 2, 3, 4, \cdots$ 时的输出如图 2-9 所示。

这只是一个假想的表，并且没有把图灵机按它们的实际编号列出。由于所有 n 比 11 小的机器除了"□"外没有得到任何东西，而对于 $n = 11$ 只得到 0，所以如果那样的话就会得到一张一开始就显得过于枯燥的表。这样，先假定已得到某种有效得多的编码。事实上只是相当随机地捏造这张表的元素，仅仅是为了给出有关它的外表的大体印象。

```
m→0  1  2  3  4  5  6  7  8 …
n
↓
0   □  □  □  □  □  □  □  □  □ …
1   0  0  0  0  0  0  0  0  0 …
2   1  1  1  1  1  1  1  1  1 …
3   0  2  0  2  0  2  0  2  0 …
4   1  1  1  1  1  1  1  1  1 …
5   0  □  0  □  0  □  0  □ …
6   0  □  1  □  2  □  3  □  4 …
7   0  1  2  3  4  5  6  7  8 …
8   □  1  □  □  1  □  □  □  1 …
⋮   ⋮       ⋮          ⋮
197 2  3  5  7 11 13 17 19 23 …
```

图 2-9　图灵机作用于所有可能的不同输入的所有输出

并不要求用某一个算法实际计算过这一个阵列(事实上,不存在这样的算法)。如果试图计算这一个阵列,正是"□"的发生引起了困难。因为既然那些计算简单地一直永远算下去,我们也许弄不清什么时候把"□"放在某一位置上。

然而,如果允许使用假想的 H,由于 H 会告诉我们"□"实际上在什么地方发生,我们就可以提供一种产生该表的计算步骤。但是相反地,我们用 0 来取代每一次"□"的发生,就这样利用 H 把"□"完全除去。这可由把计算 H$(n;m)$ 在 T_n 对 m 作用之前进行处理;然后只有 H$(n;m)=1$ 时(也就是说,只有计算 $T_n(m)$ 实际上给出一个答案时),才允许 T_n 作用到 m 上,而如果 H$(n;m)=0$(也就是如果 $T_n(m)=$□),则简单地写为 0。我们可把 H$(n;m)$ 的作用放在 $T_n(m)$ 之前得到的新步骤写成:

$$T_n(m) \times H(n;m)$$

在这里使用数学运算顺序的普通习惯:在右边的先进行。在符号运算上有:□×0=0。

现在这张表变成如图 2-10 所示的情况。

注意到,假定 H 存在,该表的行由可计算的序列组成。一个可计算序列表明一个其接连的值可由一个算法产生出来的一个无限序列;也就是存在一台图灵机,当它按顺序应用于自然数 $m=0,1,2,3,4,5,\cdots$ 上时,就得到了这个序列的接续元素。现在,从该表中可以注意到两个事实。首先,自然数的每一可计算序列必须在它的行中出现在某处(也许出现好

```
m→0 1 2 3 4 5 6 7 8 …
n
↓
0   0 0 0 0 0 0 0 0 0 …
1   0 0 0 0 0 0 0 0 0 …
2   1 1 1 1 1 1 1 1 1 …
3   0 2 0 2 0 2 0 2 0 …
4   1 1 1 1 1 1 1 1 1 …
5   0 0 0 0 0 0 0 0 0 …
6   0 0 1 0 2 0 3 0 4 …
7   0 1 2 3 4 5 6 7 8 …
8   0 1 0 0 1 0 0 0 1 …
⋮   ⋮      ⋮        ⋮
```

图 2-10　使用假想的 H 后的结果

几次)。这个性质对于原先的带有"□"的表已经是真的,我们只不过是简单地加上一些行去取代假图灵机(也就是至少产生一个"□"的那些图灵机)。其次,我们已经假定,图灵机 H 实际上存在,该表已用某个确定的算法,由步骤 $T_n(m) \times H(n;m)$ 产生。换言之,存在某一台图灵机 Q,当它作用于一对数 $(n;m)$ 时就会在表中产生合适的元素。为此我们可以在 Q 的磁带上以和在 H 中一样的方式对 n 和 m 编码,可以得到:

$$Q(n;m) = T_n(m) \times H(n;m)$$

考虑如图 2-10 所示的对角线元素。这些元素提供了某一序列:0, 0,1,2,1,0,3,7,1,…,现在把它的每一元素都加上 1 就得到:1,1,2,3,2, 1,4,8,2,…。

假设表是由可计算的步骤产生的,它提供了某一个新的可计算的序列,事实上为 $1 + Q(n;n)$,也就是:

$$1 + T_n(n) \times H(n;n)$$

对角线是令 m 等于 n 而得到的。由于表中包括了每一可计算的序列,所以新的序列必须在表中的某一行。然而,这是不可能的,由于新序列和第一行在第一元素处不同,和第二行在第二元素处不同,和第三行在第三元素处不同,等等。这是一个明显的冲突。正是这个冲突,建立了我们所要证明的,即在事实上图灵机 H 不存在。不存在决定一台图灵机将来停止与否的普适算法。

另一种重述这个论证的方法是,在假定 H 存在时,对于算法 $1 + Q(n;n)$,存在某一图灵机号码,例如 k,这样有:

$$1+T_n(n)\times H(n;n)=T_n(n)$$

但是,如果在这个关系中代入 $n=k$,就得到:

$$1+T_k(k)\times H(k;k)=T_k(k)$$

因为如果 $T_k(k)$ 停止,由于 $H(k;k)=1$,就得到了不可能的关系式:

$$1+T_k(k)=T_k(k)$$

而如果 $T_k(k)$ 不停止,由于 $H(k;k)=0$,也得到不可能的关系式:

$$1+0=\square$$

所以前面的假定导致一个矛盾。

　　一台特定的图灵机是否停止是一个良定义的数学问题。这样,在证明了不存在决定图灵机停机问题的算法的基础上,图灵指出,不存在决定数学问题的一般算法。希尔伯特的判决问题没有解答。

　　当然,这不是说在任何的情形下我们不可能决定某些特殊数学问题的真理或非真理,或者决定某一台给定的图灵机是否会停止。我们可以利用一些技巧或者仅仅是常识,就能在一定情况下决定这种问题。例如,如果一台图灵机的指令表中不包括 STOP 指令,或者只包含 STOP 指令,那么常识就足以告诉我们它会不会停止。但是,不存在一个对所有的数学问题,或对所有图灵机以及所有它们可能作用的数都有效的一个算法。也就是说,这不是一个单独问题的不可解性,而是关于问题的族的算法的不可解性。

　　在任何单独的情形下,答案或者为"是"或者为"非",它肯定存在一个决定那个特定情形的算法。当然,困难在于我们可能不知道用这些算法中的哪一个。这就是决定一个单独陈述而不是决定一族陈述的数学真理的问题。正如罗杰·彭罗斯所说:"重要的是要意识到,算法本身不能决定数学真理。一个算法的成立总是必须由外界的手段建立起来。"

小　结

　　(1) 本节首先讲述了算法的起源,并以欧几里德算法描述了算法的逻辑运算的流程。

　　(2) 图灵在《论可计算数及其在判定问题中的应用》的论文中,提出了一种十分简单但运算能力极强的理想装置,这种理想中的机器被称为"图灵机"。图灵机是一种抽象计算模型,用来精确定义可计算函数。图灵机由一个控制器和一根假设无限长的工作带组成。工作带起着存储器的作用,它被划分为大小相同的方格,每一格上可以书写一个给定字母表上的符号。控制器可以在带上左右移动,控制带有一个读写头,读写头可以读出控制器访问格子上的符号,也能改写和抹去符号。图灵在设计了上述模型后提出,凡可计算的函数都可用图灵机来实现,这就是著名的图灵论题。

(3)用一进位系统表示大数时,图灵机就会极端无效率。因此可以使用二进位计数系统并且需要某种终结一个数的二进位描述的记号。

(4)尽管每台图灵机只有固定的有限数目的不同内态,它却可能处理任意大小的自然数,也可以容易地处理负数和分数。

(5)通用图灵机的基本思想是把任意一台图灵机 T 的指令表编码成在磁带上表示成 0 和 1 的串,然后这段磁带被当作某一台特殊的被称作通用图灵机 U 的输入的开始部分,接着这台机器正如 T 所要进行的那样,作用于输入的余下部分。

(6)一台特定的图灵机是否停止是一个良定义的数学问题。这样,在证明了不存在决定图灵机停机问题的算法的基础上,图灵指出,不存在决定数学问题的一般算法。希尔伯特的判决问题没有解答。

第二部分 方法篇

第二部分结合具体程序实例详细讲述了结构化程序的设计方法、面向对象程序的设计方法、组件化程序的设计方法、递归程序的设计方法、嵌入式程序的设计方法和程序的正确性证明。

本部分内容包括：

第3章 结构化程序设计方法

3.1 结构化程序设计的基本思想

3.1.1 结构化程序设计的概念与标准结构

在计算机发展的初期,硬件成本较高,价格昂贵,内存的运算速度受到相应限制,所以占用内存大小和运算时间长短作为衡量一个程序的质量的主要标准,即一个高质量的程序应尽可能占用较少的内存且有尽可能快的速度。但随着计算机技术的迅猛发展,硬件成本不断降低,软件成本不断增加,软件代价从20世纪50年代中期的20%上升到20世纪90年代的90%以上。这一变化使得人们将重心从硬件的研究转移到软件的开发上来。如何降低软件的成本,缩短软件的生产和维护的效率,研制高质量的软件产品成为一个重要课题。

在20世纪60年代,软件出现了严重危机,许多软件错误引起信息丢失、系统报废。1968年荷兰学者Dijkstra列出了goto语句的三大危害:破坏了程序的静动一致性,程序不易测试,限制了代码优化。他首先提出了结构化程序设计的思想,限制了goto语句的使用,从而促成了一种新的程序设计方法——结构化程序设计方法的产生。

所谓结构化程序,就是采用以逐步降低算法抽象级为中心的一套程序设计方法而得到的具有良好结构的程序,其主要特征是逐步降低算法的抽象级,更简单地说,就是按模块设计,按层次设计,严格限制goto语句的使用等。结构化程序设计既着眼于程序的思路清晰,又着眼于程序的结构清晰,即通过结构化的设计方法来求得结构化产品。通常认为,一个比较好的结构化程序在结构方面应具有以下两个特点:

(1) 大型程序按照其功能进行模块划分。

结构化程序设计方法是把程序设计看成是面向目标的活动,它强调先全局,后局部,自顶向下,逐层分解。

(2) 每一个基本程序单元具有的特征:

    ① 单入口,单出口。

    ② 由三种基本结构(顺序、判断分支、循环)组成,控制使用goto语句。

　　③ 无死语句,即程序中不能出现永远执行不到的语句。

　　④ 无死循环,即程序中不能出现永无终止的循环。

　　⑤ 书写格式清晰。

　　具备上述特点的程序,实际上就是由一些相对独立的子结构(程序段)串接起来的顺序结构。由于每一个模块都只有一个入口和一个出口,所以分析程序的控制关系并且验证这个程序就变得相对比较容易,即使程序比较长,但是由于程序清晰易读,也易于验证其正确性。如果某一子结构需要重建、修改、调试,只要模块之间接口不变,每个模块内部的具体细节可以随意修改,不会影响其他子结构及整个程序。所以它具有以下优点:

　　(1) 程序便于分工编制。

　　(2) 有利于提高软件的生产效率。

　　(3) 结构清晰,易于阅读理解和保证其可靠性。

　　(4) 易于修改,便于维护和验证其正确性。

　　(5) 易于移植。

　　程序中的不定转移是使程序复杂的主要原因,例如不加限制地使用 goto 语句,转出或移入循环等,破坏了程序的良性结构,导致软件的复杂化和不可靠性。结构化程序设计的主要目的是提高软件的可靠性,降低其复杂性,从而有利于软件开发的工程化,便于软件的维护。

　　结构化程序设计基于新的数学基础,通过几个简单的逻辑结构来构造程序。该基础主要有 4 个定理,按逻辑顺序排列如下。

　　定理 3－1(自顶向下定理)　　每一个合适的程序逻辑可以用下列三种结构之一来表示:

　　· 顺序结构　　　　DO A THEN B (如图 3－1 所示)

　　· 条件转移结构　　IF C THEN A ELSE B (如图 3－2 所示)

　　· 当循环结构　　　WHILE C DO A (如图 3－3 所示)

　　其中,A,B 是各有一个入口和一个出口的合适程序;C 是判定条件;IF,THEN,ELSE,DO,WHILE 是逻辑连接。自顶向下地推理,即是说每个程序段的正确性仅依赖于已写成或已读程序段以及用名字引用的其他程序段的功能规格说明。

　　定理 3－2(结构定理)　　每个合适的程序逻辑等价于通过定理 3－1 中三种结构的循环和嵌套而构成的一个程序。结构定理证明,具有非限定转移的任意流程图可以用复杂性简化了的有限程序结构来表示。

　　定理 3－3(正确性定理)　　如果一个程序有定理 3－2 中的结构,并且定理 3－1 中 A 运算的数据空间定义域未在循环中动态地再定义,则整个程序的正确性可以通过以下方法证明,即逐次证明循环和嵌套的每个

层次中每种数据结构的数据空间可以用特定的方法来转移。正确性定理
表明如何用标准的数学方法来证明标准化程序的正确性。

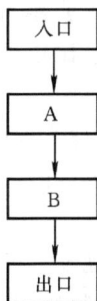

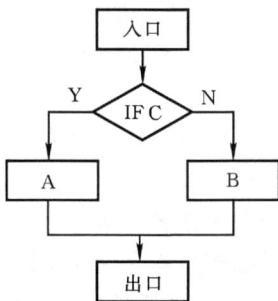

图 3-1　顺序结构　　　图 3-2　条件转移结构　　　图 3-3　当循环结构

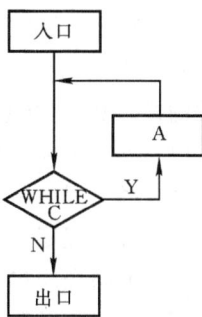

定理 3-4(扩展定理)　　合适的程序逻辑 A 可以细化为定理 3-1 中
的三种结构之一的自由度受下述条件限制：

① 只要存在 A 到 B 与 H 的功能分解，其中 A＝H(B)，可以用 DO B
THEN H 代替 A，即 A 是在完成 B 后计算机运行程序逻辑 H 的结果；

② 只要逻辑条件 C 的定义域与 A 相同，可以用 IF C THEN B
ELSE H 代替 A，其中 B 和 H 是完全确定的；

③ 只要功能 B 可以在循环中选择最终可以达到 A 时，可以用
WHILE C DO B 来替换 A。条件 C 可以由 B 判断"是否已达到 A"的条
件来确定。

上述 4 个定理证明了任何一个大型程序都可以由这 3 种基本逻辑结
构的合理顺序和嵌套演化而来，逻辑流总是以没有不定转移的方式由开
始向结束进行。为了方便后来又补充了两种结构，它们是直到循环结构
DO-UNTIL 和分情况结构 CASE，分别如图 3-4 和 3-5 所示。

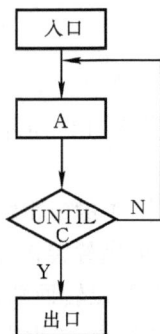

图 3-4　直到循环结构　　　　　图 3-5　分情况结构

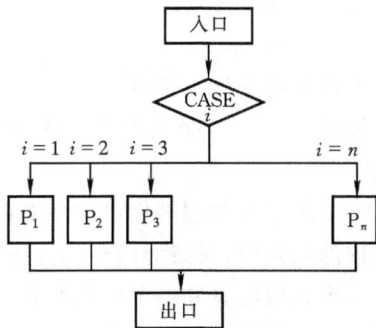

DO-UNTIL 是 DO-WHILE 的变形,它与 DO-WHILE 的根本区别是在操作后而不是在操作前测试条件 C。CASE 实质是条件转移的扩展,它用于选择许多可能处理方案之一的具有多分支、多结点结构。

除了控制结构之外,结构化程序设计还有其他要求。比较重要的是软件的模块化,其中包括:

(1) 程序必须按自顶向下的分层结构组成,其基本单位为程序单元;

(2) 每个程序单元或源代码段必须有惟一的入口和惟一的出口;

(3) 每个程序单元必须惟一命名并执行单一功能;

(4) 不同程序单元的局部变量不允许共享同一存储地址;

(5) 规定程序单元的长度,如平均长 60 句,最多不应超过 200 句;

(6) 所有程序单元必须是由首部、说明语句、可执行语句或注释这种顺序所组成的标准框架;

(7) 具体软件的特殊规定。

上述要求除保证软件的结构化设计外,还为软件的调试与维护带来方便。

3.1.2　结构化程序设计的判别

一个软件是否满足结构化标准可以用 Mccabe 关于软件复杂性度量的理论判断。

(1) 相关的推论

按照程序控制结构标准的要求,任何非结构化程序都是由下列 4 种情况引起的:

① 从循环中转出;

② 从循环外转入;

③ 从判定内转出;

④ 从判定外转入。

由此可得出如下推论。

推论 3-1　一个结构化程序可以按照不转入(出)循环或判定的原则编写。

一个程序的控制结构可以用有向图表示。图中的每个结点对应于顺序处理的代码块,弧线对应于程序中的转移,箭头代替转移方向。假设程序有一个入口结点和一个出口结点,如果从出口结点转回到入口结点,则称图是强连通的,如图 3-6 所示,其中 a 为入口结点,f 为出口结点。

定理 3-5　在一个强连通图 G 中,线性无关的环路数最大值 $V(G)$

$= e - n + 1$。其中，e 为图 G 的弧数，n 为结点数。

对于图 3-6，$V(G) = 10 - 6 + 1 = 5$。可以选以下 5 个线性无关环路：$(abefa)$，(beb)，$(acfa)$，$(adfa)$，$(adcfa)$。任何其他环路都是这 5 个环路的线性组合。

除了用控制结构的有向图计算 $V(G)$ 外还有一个简便办法，即根据程序中判定语句的个数计算。假设一个程序中有 p 个条件转移语句，Q 个分情况语句，且第 i 个分情况语句的情况总数为 T_i，则：

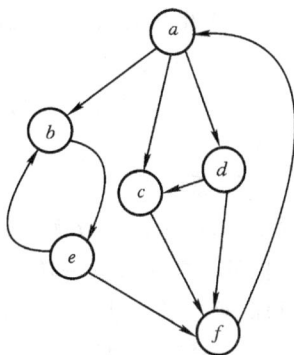

图 3-6　强连通图

$$V(G) = \sum_{i=1}^{Q} (T_i - 1) + p + 1$$

推论 3-2　一个结构化程序可退化成最大环路数为 1 的程序。这种退化过程是消除程序结构中只有一个入口结点和一个出口结点的子图过程。

定义 3-1　正则子图是仅含顺序、选择、循环的子图。

假设 m 是有一个入口结点和一个出口结点的正则子图，ev 为程序的本质复杂性，则 $ev = V(G) - m$ 将反映程序结构的复杂程序。ev 越大，程序的结构化程序越差，显然 $1 \leqslant ev \leqslant V(G)$。

推论 3-3　一个结构化程序的本质复杂性 ev 为 1。

（2）判别途径

综上所述，有如下途径判别一个程序是否满足结构化程序设计标准的要求：

① 每个程序单元是否有单一入口和单一出口结点；

② 是否有转入（出）循环或判定的情形；

③ 计算程序的本质复杂性；

④ 检验结构化程序设计标准的其他要求。

3.1.3　结构化程序设计的步骤与原理

结构化程序是为适应软件质量的要求而提出来的，而要确保达到这些质量标准，程序的设计必须遵循一个规范的过程，必须以一些基本原理为指导，按照一定的设计方法，使用相应的工具。为了获得思路清晰与结构一致的程序系统，设计与研制工作的步骤和原理如下所述。

（1）结构化程序的设计步骤

用计算机进行结构化程序设计的步骤可以分成 5 个阶段：

① 需求分析。即理解和表达用户对程序功能的需求，明确程序的总任务。

② 系统设计。这一部分可以分成两步：一是总体设计，即按照程序的要求，把总任务分解成为一些功能相对独立的子任务，最终达到每个子目标只专门完成某一单一的逻辑功能；二是模块设计，即按照各独立的子目标，给出其算法。

③ 算法和程序实现。即将算法用计算机可以接受的语言编制出来。

④ 验证或测试。认为程序大致无误后，通过编译、运行程序，尽量发现其中的错误，进而进行排错，主要是排除语法错误和逻辑错误。

⑤ 运行程序，整理文档。

在上述的步骤中，分析阶段和总体设计两大步一般由水平较高、经验较丰富、组织管理能力较强的程序员或系统分析员来完成。一个程序员成熟的重要标志，就是在具有最初构思时就能发现较好的整体结构的经验和直觉能力。

（2）结构化程序设计的原理

归纳起来，结构化程序设计的原理主要有：抽象、分解（子目标）、模块化、局部化和信息隐蔽、一致性、完整性和可验证性等。其中，完整性和可验证性的实施难度是比较大的，完整性原理要求一个程序系统不丢失任何重要成分，系统无缺省而且独立。独立意义的完整性指的是一个系统相对完备，除最基本的运行环境外，不涉及其他系统。可验证性原理则指出分解系统和构造模块时应遵守的另一标准是使各模块和整个系统都能方便测试，从而也利于维护和修改。完全模块化的程序结构是验证的基本特征。

3.2　逐步求精的方法

众所周知，传统的证明程序正确性的方法是十分繁琐的，随着软件规模的日益增大，这种传统方法越来越难适应。结构化程序设计规则与此不同，它不是使程序写完之后再来验证其正确性，而是把算法逐步细化为程序的过程中，确保每一步细化都正确地实现前一步的要求，所以逐步求精既是一种程序设计方法，同时也是验证程序正确性的方法。

下面通过一个有代表性的例子来说明这一方法的基本思想。

例如，编写一个程序，打印出前 n 个素数（n 为给定的正整数，例如 n

=100)。

利用 Pascal 语言来编写这一程序。采用逐步求精的方法,编写过程可按以下步骤实现。

第一步:根据所提出的问题,程序的结构可以写为

```
program prime;
var i, x: integer;
begin
    x:= 1;
    for i:= 1 to n do
    begin
        x:= "下一个素数";
        write(x);
    end;
end.
```

第二步:对语句 x:="下一个素数"进一步求精,为此引进一个布尔变量 prim,这个语句可以用循环语句表示为

```
repeat
x:= x + 1;
prim:= "x 是一个素数"
until prim;
```

第三步:对语句 prim:="x 是一个素数"进一步求精,根据素数定义,x 是一个素数指 x 只能被 1 及自身除尽,或者说 x 不能被 $2, 3, \ldots, x-1$ 整除。这样,这条语句可以用下面一段程序表示

```
k:= 2; prim:= true;
while prim and (k< = lim) do
begin
prim:= "x 不能被 k 整除";
k:= k + 1;
end;
```

这里 lim 是 k 的上界,即 lim=$x-1$。显然,当 x 是一个素数时,这段程序执行结果布尔变量 prim 为真。当 x 不是素数时,x 总能被某个 k 整除,那么,这段程序执行结果布尔变量 prim 为假。

第四步：对语句 prim：＝"x 不能被 k 整除"进一步求精。利用求余运算，这一语句可表示为

　　　　prim：＝(x mod k) $<>$ 0；

将这一语句代入上面的程序，就可以得到所求的打印前 n 个素数的程序。

　　但是，这个程序的效率并不高。根据数论知识，可以从以下两点进行简化：

　　(1) 若 $x \bmod k = 0$ 且 $k > \mathrm{sqrt}(x)$，可设 $x = k * j$，显然 $j \leqslant \mathrm{sqrt}(x)$。即：若 x 被大于 $\mathrm{sqrt}(x)$ 的 k 整除，必有一个不超过 $\mathrm{sqrt}(x)$ 的 j 也能整除 x。因而，上界 lim 不必取为 $x-1$，只需取为 $\mathrm{sqrt}(x)$ 即可。

　　(2) 由于除了第一个素数 2 以外，其余的素数均为奇数，因而如果将 2 单独处理，那么第二步中，语句 $x：＝x+1$ 可以改为 $x：＝x+2$。

　　根据以上两点，语句 x：＝"下一个素数"，可以表示为下面一段程序：

```
repeat
    x:= x + 2; lim:= sqrt(x);
    k:= 2; prim:= true;
    while prim and (k< = lim) do
    begin
        prim:= (x mod k) <> 0;
        k:= k + 1;
    end;
until prim;
```

将这个程序段代入第一步给出的程序，就得到所求的程序。

　　第五步：上面程序中，当 n 较大时，计算量仍然比较大，可以进一步对程序进行加工。事实上，若 x 能被整数 k 整除，则必定能为 k 的素因子整除。因而，要确定 x 是不是素数，只要检查 x 能不能被不超过 $\mathrm{sqrt}(x)$ 的素数整除即可。为了方便，可设数组 p。$p[k]$ 中存放第 k 个素数，即 $p[1] = 2, p[2] = 3, \cdots$。经过这样处理后，上面的程序段可以改写为：

```
repeat
    x:= x + 2; k:= 2; prim:= true;
    while prim and (k< = lim) do
    begin
        prim:= (x mod p[k]) <> 0;
```

```
        k := k + 1;
    end;
until prim;
p[i] := x;
```

由于这里的 k 和第四步中的 k 含义不同,因而 lim 应如何选取需要进一步考虑。和上面同样的道理,可取 lim 使 $p[\text{lim}] > \text{sqrt}(x)$ 而 $p[\text{lim}-1] \leqslant \text{sqrt}(x)$ 或者 $\text{sqr}(p[\text{lim}]) > x$ 而 $\text{sqr}(p[\text{lim}-1]) \leqslant x$。这样,对所有满足 $k < \text{lim}$ 的 k,均有 $p[k] \leqslant x$。由于 lim 随着 x 的改变而改变,因此可以利用条件语句在循环中产生 lim。综合这些想法,并补充上必要的类型说明和变量说明,就得到求解这个问题的一个完整的程序:

```
program prime;
const n = 100;
var x: integer;
i, k, lim: integer;
prim: boolean;
p: array[1..n] of integer;
begin
    p[1] := 2; write(2);
    x := 1; lim := 1;
    for i := 2 to n do
    begin
        repeat
            x := x + 2;
            if sqr(p[lim]) < x then lim := lim + 1;
            k := 2; prim := true;
            while prim and (k < = lim) do
            begin
                prim := (x mod p[k]) <> 0;
                k := k + 1;
            end
        until prim;
        p[i] := x; write(x);
```

　　　　end;

　　end.

　　通过上面这个简单的例子可以看到,逐步求精方法的最大优点是摆脱了传统的程序设计方法的束缚,按照先全局后局部、先整体后细节、先抽象后具体的过程组织人们的思维活动,使得编写的程序结构清晰,容易阅读,容易修改。同时,还可以结合逐步求精的过程进行程序正确性验证,即采取边设计、边验证的方法,以简化对程序正确性的验证。

　　另外,从上面的例子中也可以看到,逐步求精方法基本上是一种自顶向下的设计方法。但是,对自顶向下过程不能理解得太绝对。事实上,正如前面的例子中所做的那样,在逐步求精的过程中要不断对前面的程序进行修改和补充。如果不允许这种修改和补充,就等于要求逐步求精的每一步都十分完善,这是不现实的,也是没有必要的。因此,比较确切地说,逐步求精的过程是一种不断地为自底向上的修正所补充的自顶向下的设计方法。

3.3　改进的 N‑S 图

　　目前,国内外使用的高级语言有几百种,每一种语言都有自己规定的语法规则,但它们都可以用相同的算法进行描述,采用规范化的程序设计框图对算法进行处理。近年来,由于结构化程序设计语言结构的不断完善和丰富,原来的 N‑S 框图不能对全部语法结构进行算法描述,在程序设计中造成许多不便,为此,需对其进行改进和完善。

　　(1) 计算机算法及其描述方法

　　算法是为解决某一具体问题而做的准确而完整的描述。计算机算法是让计算机解决某一具体问题而为其设计的计算步骤和计算公式。

　　计算机算法的特性:

　　　　① 有穷性:即在有限步内可以解决问题;

　　　　② 确定性:算法的每一步都应有确定的含义;

　　　　③ 大于等于 0 个输入:一个良好的算法应该有适当的输入,以使算法灵活;

　　　　④ 大于等于 1 个输出:对于算法要得到的解答,应该通过输出得到明确的"解";

　　　　⑤ 可执行性:算法的每一步都应该是在现有条件下可以实现的,脱离具体条件而无法实现的算法是无用的。

　　对算法的描述方法有许多,例如自然语言、传统流程图、伪代码、N‑

S 图、PAD 图等,目前,在程序设计中比较流行的是 N-S 图。

(2) 三种基本结构及 N-S 图

现代程序设计思想强调模块化、标准化的"结构化设计"。1966 年 Bobra 和 Jacopini 提出了三种基本结构,即顺序结构、选择结构和循环结构。

1973 年,美国学者 Nassi 和 Shneiderman 提出了一种新的程序设计框图,可以更简明地表示上面提到的三种基本结构,见图 3-7,人们称其为 N-S 图,其中(c),(d)均属于循环结构。

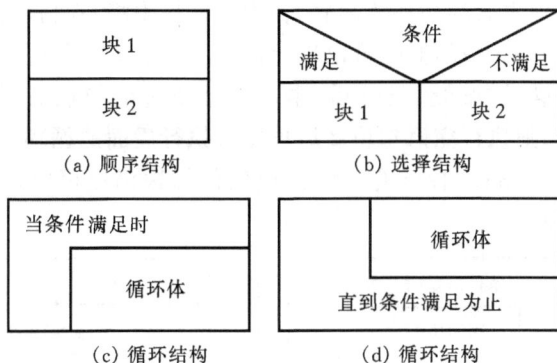

(a) 顺序结构　　　　　　(b) 选择结构

(c) 循环结构　　　　　　(d) 循环结构

图 3-7　N-S 图

(3) N-S 图的不足及改进方法

N-S 图能够很好地解决早期高级语言的全部结构。但在后期发展的一些语言,如在 C 语言的循环结构中,出现了"中断"语句及"继续"语句,这些语句的出现使程序可实现的功能更加灵活,它们仍然属于结构化的标准结构,但用图 3-7 中的(c)和(d)却无法描述,这为程序设计带来了不便。应该修改 N-S 图,使其可以适应变化的情况。

① 对含"中断"语句的处理

在循环体内含有 break 这样的中断语句,采用图 3-8 所示的框图,当程序有条件地执行到中断语句后,通过箭头所示的通道,将控制程序转到该循环下面的结构继续执行。图中箭头所经过的通道像个"漏斗"一样,当满足中断条件后,程序通过该"漏斗"转移到循环体外;如果不满足中断条件,则执行语句块 2,然后继续循环。通过对 N-S 图的扩展,含有"中断"语句的这种常见结构仍然能用结构化的描述方式进行处理。

② 对含"继续"语句的处理

在循环体内含有 continue 这样的语句,使循环体的执行出现了分

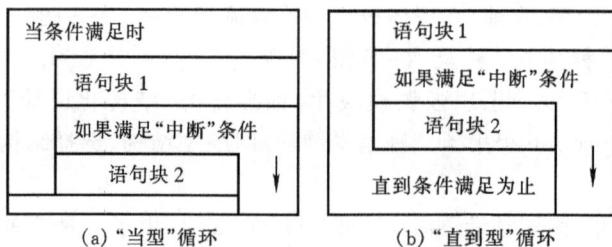

(a) "当型"循环 (b) "直到型"循环

图 3-8 含有"中断"语句的框图

段,即在该语句之后的循环体内容,在本次循环中将不再执行。对于这种情况,采用图 3-9 中的框图可以进行描述。图中箭头所经过的通道就像分支一样,当满足"继续"条件后,本次循环绕过语句块 2;当不满足"继续"的条件时,则执行完语句块 2 后再接着执行后面的循环。应用图3-9描述的扩展 N-S 图,使含有"继续"语句的结构仍然可以按结构化描述方法进行处理。

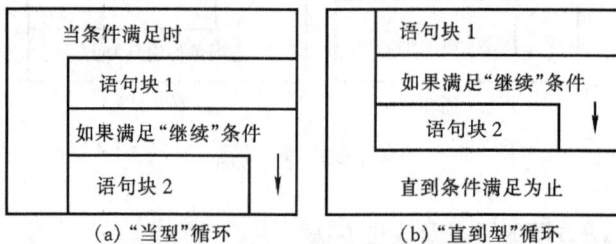

(a) "当型"循环 (b) "直到型"循环

图 3-9 含有"继续"语句的框图

(4) 实例说明

① 由键盘输入一批整数,以 10 000 为终止标记,请记录这批数的个数(不包括终止标记)及所有负数的和。下面是一个 C 语言程序,图 3-10就是用改进的 N-S 图描述的算法。

```c
void main()
{
    int x = 0, sum = 0, i = 0;
    while(x ! = 10000)
    {
        scanf("%d", &x);
        i ++ ;
        if(x >= 0) continue;
```

```
        sum + = x;
    }
    printf("%5d %5d\n",sum,i-1);
}
```

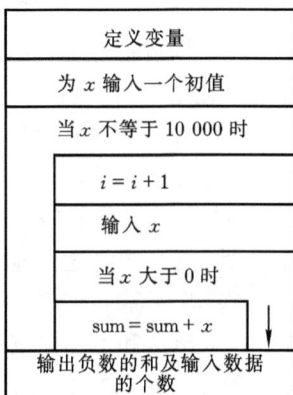

定义变量
为 x 输入一个初值
当 x 不等于 10 000 时
$i=i+1$
输入 x
当 x 大于 0 时
$sum=sum+x$
输出负数的和及输入数据的个数

图 3 - 10　例子①的 N - S 图

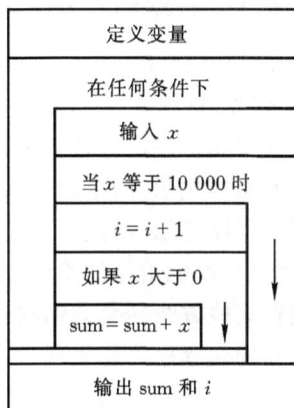

定义变量
在任何条件下
输入 x
当 x 等于 10 000 时
$i=i+1$
如果 x 大于 0
$sum=sum+x$
输出 sum 和 i

图 3 - 11　例子②的 N - S 图

　　② 对于在一个循环中两种语句都存在的情况,也可以采用改进的 N - S图处理。对于例①描述的问题可以采用下面的程序及图 3 - 11 所示的框图描述。

```
void main()
{
    int x = 0, sum = 0, i = 0;
    while(1)
    {
        scanf("%d",&x);
        if(x == 10000) break;
        i ++;
        if(x > = 0) continue;
        sum + = x;
    }
    printf("%5d %5d\n",sum,i);
}
```

　　对于面向过程的程序设计,其含有“中断”、“继续”语句的程序,仍可以归结为结构化程序设计的三种基本结构,使用扩展的 N - S 图可以对其算法进行描述。

3.4 非结构化程序到结构化程序的转化

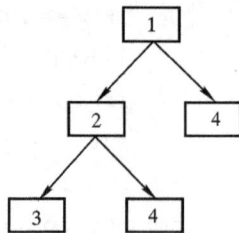

3.4.1 非结构化程序转化为结构化程序的一般方法

利用结构化程序设计方法,可以使程序整体结构清晰合理、可靠性高、易读、易修改、易调试,并且易于维护、便于验证,能大大提高软件的质量。

但在实际程序设计过程中,因某些程序设计语言(例如 BASIC 语言)本身是非结构化语言,也由于某些编程人员只注意程序所应完成的功能而忽视了程序的结构,就不可避免地产生了一些非结构化程序。这既影响软件的质量,也给软件验证带来了困难。因此,有必要将这些非结构化程序通过某些方法转化为结构化程序。

非结构化程序往往表现为有两个或两个以上出口和不加限制地使用 goto 语句。对此,本节结合几个较简单的程序实例及结构化流程图,讲述将非结构化程序转化为结构化程序的方法。

含有 goto 语句的非结构化程序,能否消去 goto 语句而转化为结构良好的结构化程序? 先前讲述的结构定理对这一问题给出了肯定的回答。任何程序都可以用顺序、条件和循环三种结构表示出来,使之成为结构良好的程序。

通常,可以使用如下三种方法将一个非结构化程序转化为结构化程序。

(1) 代码复制法

根据结构定理可知,一个模块只应有一个入口,当一个模块有多个入口时,可以分别对每一个入口端复制一个,并当成不同的模块看待,这样可将多入口模块分解为单入口模块,从而实现了非结构化向结构化的转换,如将图 3-12 转化为图 3-13。

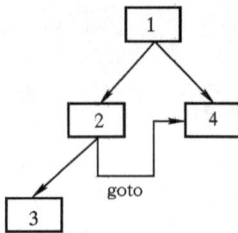

图 3-12 非结构化程序   图 3-13 结构化程序

显然,这是一种可行的办法,但它存在着明显的缺点,那就是得到的结构化程序比原程序代码长,需占用较多的内存。但当被重复的模块所含语句数较少时,这是一种比较有效的方法。

(2) 条件复合技术

在程序设计过程中,经常会遇到循环条件判断出口散乱的情况,此时可将两个判断条件合成为一个判断条件。如图 3-14 所示,存在循环体内转移到循环体外时,循环结构呈现有两个出口,是非结构化。如果采用条件复合技术,可得到如图 3-15 所示的结构化框图。

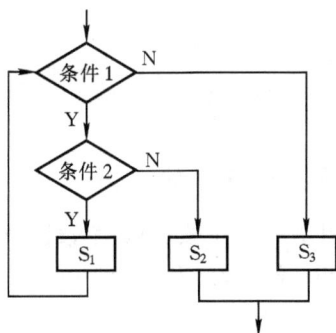

图 3-14　非结构化程序

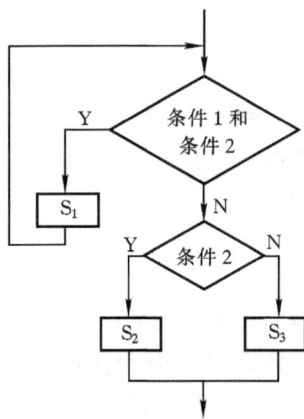

图 3-15　结构化程序

(3) 布尔标志技术

这种方法一般用于将含有循环的非结构化程序转化为结构化程序,常在循环中引进一个布尔量——"标志"。该布尔量在循环之前先被初始化,在程序段中利用对它的重新赋值来达到控制循环执行的目的。

例如,用这种方法可将下面一段程序

```
while P do
begin
    …
    if q then goto L1;
    A;
    B;
end;
L1:…
```

转化为

```
bool := true;
while P and bool do
begin
    …
    if q then bool := false
    else
    begin
      A;
      B;
    end;
end;
…
```

3.4.2　非结构化程序转化为结构化程序的实例

编制一个数列的计数程序,要求统计数列中正数、负数个数以及计算所有正数之和,程序终止的条件是:遇到 0 或正数之和大于 1 000。

非结构化程序段(流程图如图 3 - 16 所示):

```
begin
K := 0; L := 0; TOTAL := 0;
redo:   read(A);
        if A = 0 then goto print;
        if A > 0 then goto update;
        L := L + 1;
        goto redo;
update: K := K + 1;
TOTAL := TOTOL + A;
        if TOTAL < = 1000 then goto redo;
print:  writeln(K, L, TOTAL);
end;
```

与之等价的结构化程序(流程图如图 3 - 17 所示):

```
begin
    K := 0; L := 0; TOTAL := 0;
    read(A);
```

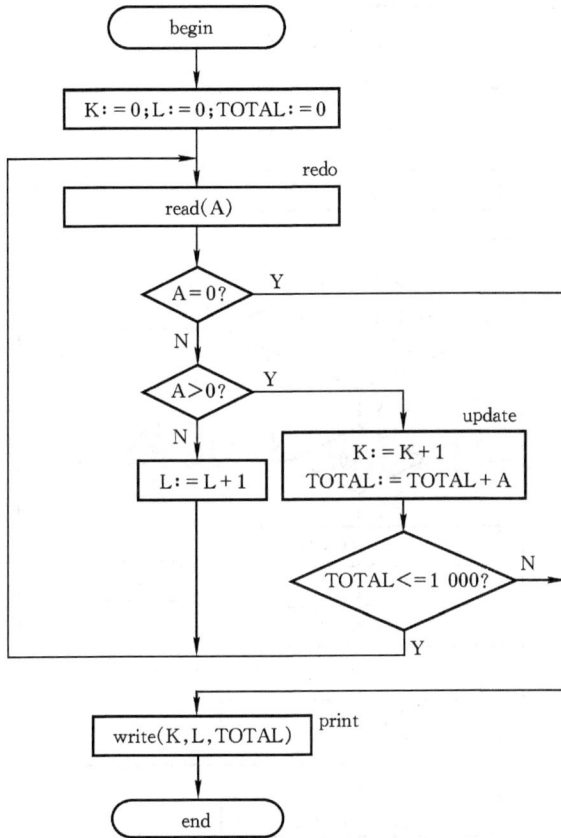

图 3 - 16　非结构化程序流程图

```
while TOTAL< = 1000 and A <> 0 do
begin
    if A>0 then
    begin
        TOTAL:= TOTAL + A;
        K:= K + 1;
    end
    else L:= L + 1;
    read(A);
end;
write(K, L, TOTAL);
end;
```

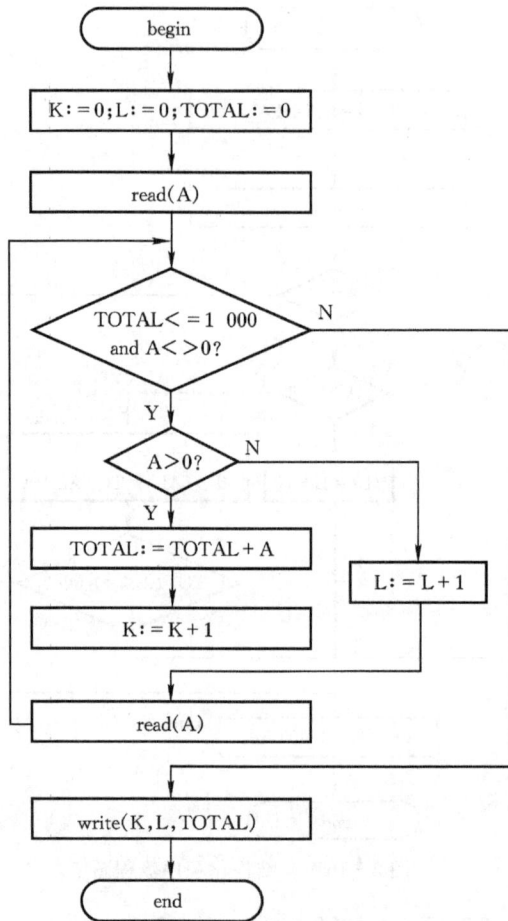

图 3 - 17　结构化程序流程图

　　通过对以上两个等价程序的比较可以看出:非结构化程序比较灵活,效率较高;但结构化程序结构清晰,容易阅读且便于测试、维护,它能尽早发现模块设计上的错误和不合理之处,可使修改范围缩小,便于修改调试。

　　关于 goto 语句的讨论一直进行了好多年,Dijkstra 认为程序质量与程序中所含 goto 语句的数量成反比,程序的可读性与效率之间存在着反作用。D. E. Knuth 对此给出了公正的评述。他的基本观点是:不加限制地使用 goto 语句,特别是使用往回跳的 goto 语句,会使程序结构难于理解,应尽量避免。而在另外一些情形,为了提高程序的效率,同时又不破坏程序的良好结构,有控制地使用一些 goto 语句是可以的。

结构程序设计是一种设计程序技术,它采用自顶而下逐步求精的设计方法和单入口单出口的控制结构。自顶而下逐步求精的方法符合人类解决复杂问题的普遍规律,可以显著提高软件开发工程的成功率和生产率。用先全局后局部、先整体后细节、先抽象后具体的逐步求精过程开发出的程序有清晰的层次结构,容易阅读和理解。不使用 goto 语句而仅使用单入口单出口的控制结构,使得程序的静态结构和它的动态执行情况比较一致。因此,结构化程序不仅容易阅读和理解,开发时也比较容易保证程序的正确性,即使出错也比较容易诊断和纠正。程序的逻辑结构清晰,有利于程序的测试和正确性证明。它成为人们编制软件时广泛采用的一种方法。

小　结

(1) 结构化程序就是采用以逐步降低算法抽象级为中心的一套程序设计方法而得到的具有良好结构的程序,其主要特征是逐步降低算法的抽象级。

(2) 结构化程序设计的数学基础有:自顶向下定理、结构定理、正确性定理和扩展定理。结构化程序的设计步骤有:需求分析、系统设计、算法和程序实现、验证或测试、运行程序和整理文档。结构化程序设计的原理主要有:抽象、分解(子目标)、模块化、局部化和信息隐蔽、一致性、完整性和可验证性等。

(3) 结构化程序设计在将算法逐步细化为程序的过程中,确保每一步细化都正确地实现前一步的要求,所以逐步求精既是一种程序设计方法,同时也是验证程序正确性的方法。

(4) N-S 图能够很好地解决早期高级语言的全部结构。在后期发展的一些语言,如在 C 语言的循环结构中,出现了“中断”语句及“继续”语句,这些语句的出现使程序可实现的功能更加灵活,它们仍然属于结构化的标准结构。应该修改 N-S 图,使其可以适应变化的情况。

(5) 非结构化程序往往表现为有两个或两个以上出口和不加限制地使用 goto 语句。非结构化程序转化为结构化程序的方法有:代码复制法、条件复合技术和布尔标志技术。

第4章　面向对象程序设计方法

4.1　面向对象程序设计的基本思想

4.1.1　面向对象程序设计的概述

(1) 面向对象程序设计出现的背景

传统程序设计方法是基于数据类型定义和过程(程序)定义的,过程与数据分离,全局数据可以被任何过程访问。这种程序设计方法现在看来存在许多缺点:

① 这种程序设计方法缺乏数据和代码保护机制,一个特定全局数据既可以被操作这些数据的过程访问,也可以被其他过程访问;特定数据和特定过程缺乏保护,一个外部过程可以轻易地修改或调用只能被特定过程修改或调用的数据或过程,这就给程序设计带来了不安定因素,一个不正常的数据修改或者过程调用可能会破坏正常的程序执行流程或结果。

② 这种程序设计方法缺乏代码重用机制,程序设计好后如果要对程序的功能进行修改以进行代码重用,必然要修改已经设计好的源代码,而且全程变量的使用导致修改工作经常是牵一发而动全身,代码重用工作中过多时间花费在源程序的修改上。尽管有时功能接口并没有发生变化,代码重用工作也要修改已经设计好的源代码,程序代码的维护工作变得困难。

正因为传统程序设计方法存在这些缺点,而这些缺点对于大型软件设计经常是不允许的,在20世纪80年代初期,人们开始进行新程序设计方法的探索,一种新的程序设计方法——面向对象程序设计方法因此而产生。

面向对象的设计方法与传统的面向数据/过程的方法有本质的不同。这种方法可能对问题领域进行自然分解,按照人们习惯的思维方式建立问题领域的模型,模拟客观世界,从而设计出尽可能直接、自然地表现问题求解方法的软件。这样的软件系统由对象组成,对象是能完整地反映现实问题本质的实体。面向对象的程序设计方法注重需求分析和设计反复,回答的是"用何做、为何做"的问题,它使程序员摆脱了具体的数据格式和过程的束缚,可以集中精力研究和设计所要处理的对象。面向对象的程序设计所固有的数据抽象和信息隐蔽等机理,使得对象的内部实现与外界隔离,在创建和组合可重用的软件成分时有很大的灵活性。新的对象类可以通过继承已存在的对象类的性质而产生,因此,这样实现的可重用性是自然的并且是准确的。采用面向对象的方法表示知识,不仅表达的能力强,可以表示相当广泛的知识,能够描述非常复杂的客观事物,而且具有模块性强、结构化程度高、便于分层实现,有利于设计、复用、扩充、修改等一系列优点。

（2）面向对象程序设计中的基本概念

① 类和对象

在面向对象的程序设计中,"对象"是系统中的基本运行实体,是有特殊属性（数据）和行为方式（方法）的实体,即对象由两个元素构成:一组包含数据的属性和允许对属性中包含的数据进行操作的方法。也可以说,"对象"是将某些数据代码和对该数据的操作代码封装起来的模块,是有特殊属性（数据）和行为方式（方法）的逻辑实体。

对象包含了数据和方法,每个对象就是一个微小的程序。由于其他对象不能直接操纵该对象的私有数据,只有对象自身的方法才能得到它,这就使对象具有很强的独立性,因此可把对象当作软件的基本单元,在面向对象的程序设计中,可使用若干对象来建立所需要的各种复杂的应用软件,即通过对象组合,创建具体的应用。

对象的这种软件组件作用使它具有很强的可重用性。用户在开发应用程序时,可以调用系统中的各种对象,作为自己的应用程序的基本单元,这样就使新增代码明显减少,而且增加了程序的可靠性和可维护性。

类是对具有公共的方法和一般特殊性的一组基本相同对象的描述。一个类实质上定义的是一种对象类型,由数据和方法构成,它描述了属于该类型的所有对象的性质。对象是在执行过程中由其所属的类动态生成的,一个类可以生成不同的对象。在面向对象的程序设计中,对象是构成程序的基本单位,每个对象都应该属于某一类。对象也可称为类的一个实例（Instance）。

从理论上讲,类是一个 ADT（抽象数据类型）的实现。信息隐蔽原则表明类中的所有数据是私有的。类的公共接口由两种类型的类方法组成:一种是返回有关实例状态的抽象辅助函数;另一种是用于改变实例状态的变换过程。

一个类可以由其他的已存在的类派生出来,类与类之间按具体情况可以以层次结构组织起来。在这种层次结构中,处于上层的类称为父类,处于下层的类称为子类或派生类。

抽象类(Abstract Class)是一种不能建立实例的类。抽象类将有关的类组织在一起,提供一个公共的根,其他一系列的子类都从这个根派生出来。抽象类刻画了公共行为的特征并将这些特征传给它的子类。通常一个抽象类只描述与这个类有关的操作接口或这些操作的部分实现,完整的实现被留给一个或几个子类,即可用抽象类作为派生类的基类。抽象类的通常用途是用来定义一种协议(或概念)。

② 消息和方法

程序语句操纵一个对象来完成相应的操作,与对象有关的完成相应操作的程序语句称为“方法”(Method)。方法是对象本身内含的执行特定操作的函数或过程。方法的内容是不可见的,用户不必过问,只要执行它就可以了。方法的操作范围只能是对象内部的数据或对象可以访问的数据。

消息(Message)用来请求对象执行某一处理或回答某些信息的请求;消息统一了数据流和信息流。在面向对象的程序设计中是通过消息来请求对象进行操作的,对象间的联系或称相互作用也是通过消息来完成的。消息只包括发送者的请求,不指示接收者具体该如何去处理这些消息。对象接收一个消息后,有该对象所含的方法决定该对象如何处理消息,即对象由消息控制操作。

一个对象可以接收不同形式、不同内容的多个消息;相同形式的消息可以送给不同的对象;不同的对象对于形式相同的消息可以有不同的解释,作出不同的反应。因此,只要给出对象的所有消息模式及对应于每个消息的处理方法,也就定义了一个对象的外部特征。

例如,Windows 是一个多任务的基于消息驱动的图形用户界面的操作系统,每一个 Windows 应用程序的关键是编写一个消息循环,等待消息,即消息循环是 Windows 应用程序的一部分,它的目的是用来接收和处理来自 Windows 的消息。这些消息在它们能被读出并处理之前存储在应用程序消息队列中,当消息循环得到消息时,把消息传给对消息作出决策的函数,消息处理函数的处理过程通常采用庞大而复杂的 switch 语句。

③ 继承性(Inheritance)

面向对象的程序设计语言的许多强有力的功能,来自于将它的类组成一个层次结构(类等级):一个类的上层可以有父类(或称为超类或基类),下层可以有子类(或称为派生类)。这种层次结构的一个重要性质是继承性,一个类直接继承其父类的全部描述(数据和函数),这种继承具有传递性,如果类 C 继承类 B,类 B 继承类 A,则类 C 间接继承类 A。因此,一个类实际上继承了类等级中在其上层的全部基类的所有描述,也就是说,属于某个类的对象除具有该类所描述的性质外,还具有类等级中该类上层全部基类描述的一切性质。继承使得相似的对象可以共享代码和数据,从而大大减少了程序中的冗余信息。在程序执行期间,对对象某一属性的查找是从该对象类所在层次开始,沿类等级逐层向上进行的,并把第一个被找到的属性作为所要属性,因此,底层的属性将屏蔽高层的同名属性。

当需要扩充功能时,派生类的函数可以调用其基类的函数,并在此基础上增加必要的程序代码;当需要完全改变原有的功能时,可以在派生类中实现一个与基类的函数同名但功能不同的函数;当需要增加新的功能时,可以在派生类中实现一个新的函数。面向对象的程序设计语言的继承性使得用户在编写程序时不必从零开始,可以继承原有程序模块的功能,修改和扩充程序时不必修改原有的程序代码,只需增加一些新的代码,因而无须知道原有的程序模块是怎样实现的,从而极大地减少了软件维护的工作量。继承性使得开发者可以用把已有的一般性的解加以具体化的办法,来达到软件重用的目的。首先,使用抽象的类开发出一般性问题的解,然后在派生类中增加少量代码使一般性的解具体化,从而开发出更特定应用的具体解。

④ 封装性(Encapsulation)

任何程序都包含两个部分:代码和数据。在结构化程序中,数据在内存中进行分配,并由子程序和函数代码处理;而在面向对象程序中是将处理数据的代码、数据的声明和存储封装在一起。一个对象中的数据和代码相对于程序的其余部分是不可见的,它能防止那些非期望的交互和非法的访问。

封装就是将对象的属性和方法封装到具有适当定义接口的容器中。对象接口提供的方法和属性应使对象能够如期使用。

封装的功能取决于两个重要概念:模块化和信息隐藏。模块化是对象的自给自足特性,它不会访问定义接口以外的其他对象。信息隐藏指将对象的信息限制在对象接口使用所必须的范围内,删除对象中仅供对象内部操作的信息。

封装是一种信息隐蔽技术,用户只能见到对象封装界面上的信息,对象内部对用户是隐蔽的。封装的目的在于将对象的使用者和设计者分开,使用者不必知道行为实现的细节,只需用设计者提供的消息来访问该对象。

⑤ 多态性(Polymorphism)

所谓多态即是指一个名字可具有多种语义,多态引用表示可引用多个类的实例。多态可为一种对象类定义一种方法的多种实现方案,这些方法是通过类型和可接受的参数来区分的。

多态性可使公共的信息传送给基类对象及所有的派生类的对象,允许每一个基类的对象按适合于其定义的方式响应信息格式。

多态性有时也指方法的重载。方法的重载是指同一个方法名在上下文中有不同的含义,是该类以统一的方式处理不同数据类型的一种手段。它是静态的,这是因为在实现类并编写方法之前要考虑将要遇到的所有数据类型。子类在动态运行时提供了更丰富的多态性。

从对象接收消息后的处理方式看,多态性指的是同一个消息被不同的对象接收时解释为不同意义的能力。也就是说,同样的消息被不同的类对象接收时,产生完全不同的行为。利用多态性,用户能发送一般形式的消息,而将其所有实现的细节留给接收消息的对象去解决。

(3) 面向对象程序设计方法的优缺点

与传统的程序设计方法相比,面向对象的程序设计方法具有许多优点。

① 符合认识论观点

采用"对象"为中心的解题方法,使问题空间和求解问题空间比传统的程序设计方法更趋于基本一致,再现了人类认识事物的思维方式和解决问题的工作方式。

② 能尽量逼真地模拟客观世界及其事物

面向对象程序设计以对象为惟一的语义模型,整个软件任务通过诸对象(类)之间相互传递消息的手段协同完成。因此,以"对象—消息"为基础,整个系统中的信息表示及其处理,在表示形式和使用方式上都是非常一致的,并且采用消息传递机制作为对象之间相互通信的惟一方式,对象间是平等的,只能依靠消息传递来启动执行和相互通信,与传统的"调用—返回"机制不同,当对象发出消息后,由接收者负责处理,接收者可以提供,也可以不提供处理结果。即使提供结果,也不一定非要原发送者接收,使系统可以进行并行处理,并且由于多态性的存在,发送消息的对象还可将同一消息同时发送至多个接收消息的对象中,并允许这些接收同一消息的对象按自身的适应方式加以响应,从而强有力地支持复杂大系统的分析与运行,这些是模拟客观世界所需要的。

③ 先进的开发方法

采用快速原型开发问题和动态链接,使用户的功能需求变化,通常不会涉及对象类的设计与实现,一般只影响对象类的组装形成,而组装工作已被延迟到实现阶段进行,使设计易修改,且不必从头开始重做。

④ 软件适应性广

由对象和类实现了模块化,类继承实现了抽象,以及任一个对象的内部状态和功能的实现的细节对外都是不可见的,引用其功能或询问,改变其内部状态只能通过消息传递这一惟一手段来实现,又很好地实现信息隐藏,使面向对象程序的设计完整地体现了软件工程的思想。同时,继承性提供了结构紧凑,类之间关系清晰,消除冗余和信息共享的方法,再加上丰富的多态性,使其更易于扩充,并且对象类的设计与实现不受具体任务限制,提高了可重用性,使之能很好地适应复杂大系统不断发展与变化的要求。

⑤ 设计观点的改变与更新

传统的程序设计方法采用以过程为中心的程序设计方法,过程对传递给它的数据施行操作和处理,因此,过程是主动的,数据是被动的。面向对象的程序设计采用以对象为中心的程序设计方法,接收消息的对象在自身上完成发送消息对象所请求的操作,因此,对象(即数据)是主动的,方法(即过程)是被动的。

虽然面向对象程序设计方法具有许多优越性,但它仍存在着若干缺陷与问题。

① 描述的局限性

虽然面向对象程序设计方法符合认识论观点,但程序对象毕竟不是现实对象,它是对现实对象的抽象整理后的描述,两者之间仍有一定的差异,并且现今仍不易对无序世界的对象进行描述。同时面向对象语言对于分类知识表示很自然,但对启发式知识却难以表示。

② 具体实现困难

面向对象语言与当今广泛使用的计算机的语义间隙很大,当软件运行时,所需支持面向对象语言的环境随着功能越来越强而越来越庞大和复杂,必须付出极大的开销,并且产生的新类与旧类之间存在相互协调一致的问题,还有类协议描述中功能说明的二义性及不精确性都严重威胁着系统的安全与可靠。在运行时,面向对象语言程序频繁地生成动态数据,这不仅要求系统提供极大容量的存储空间来支持,还直接影响执行的速度,致使程序运行慢速低效,并且消息传递通信方式也比过程调用更耗费时间。

所有这些缺陷与问题都直接影响面向对象程序设计方法进一步的推广应用。

4.1.2　面向对象方法的理论基础

(1) 分类学基础

正如《大英百科全书》"分类学理论"中指出,人类在认识和理解现实世界的过程中普遍运用着三个构造法则:

① 区分对象及其属性。例如,区分一棵树和树的大小或空间位置关系。

② 区分整体对象及其组成部分。例如,区分一棵树和树枝。

③ 不同对象类的形成及区分。例如,所有树的类和所有石头的类的形成和区分。

面向对象的概念和方法是建立在这三个常用法则的基础上的。类作为面向对象中的重要抽象机制,代表一组具有共性的对象,它的一系列抽象能力正是建立在分类学理论上的。这些抽象能力是:

① 分类。分类是将一组具有共同特性的实体结合起来,并以某种抽象机制来描述实体共性的一种抽象手段。存在于实体域中的实体经过分类形成概念。在面向对象方法中,实体对应于对象,具有共同特性的对象经过分类而成为类。类型和继承是重要的分类机制。分类的着眼点不只限于类型和值之间的界限,它可应用于任何类似的实体,也可以将类型当作值一样进行分类。类型将值划分为具有共同属性和操作的等价类,它是一种对值进行分类的机制。多态机制使得类型具有重载值的集合,因而,多态类型可解释为对类进行再分类的机制。继承是一种特殊的多态机制,它是对"相似"类型的集合进行分类时,抽象出它们的共同属性,并对所得出的多态类型提供一个超类型的名字。类型继承用下述方式丰富了分类的表达能力,即将传统语言的简明分类范畴扩充为树状层次结构,以及利用子类型集共享其超类型的公共属性来确定它们之间的关系。

② 聚合。聚合是描述一类对象的结构方面共性的抽象手段。某类外延中所有对象都由某些部分构成,都有某些方面的特性,这些部分和方面统称为该类的属性。类的聚合反映了概念间的属性关系。

③ 泛化和特化。泛化是这样一个抽象过程:从一个或多个类中抽取出某些共同的属性,掩盖和忽略另外一些属性,而形成这些类的一个父类

（或称超类、基类）。特化是一个与泛化相反的过程，在一个类中加入一些
其他属性，就可以得到更具体的类。泛化和特化都是从不同的方面反映
父子类关系的手段。父子类关系，即类的层次关系，可以通过类的继承性
表示出来，子类继承了父类的属性，并加入了自己的属性，父类则是子类
的泛化，忽略了子类的某些属性。

（2）思维科学基础

① 抽象思维过程

马克思主义把抽象思维过程概括成如图 4-1 所示的一个过程。

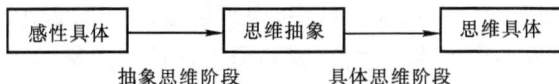

图 4-1　抽象思维过程

从感性具体到思维抽象是抽象思维过程的第一阶段——抽象思维阶
段（又称为知性思维阶段）。思维从丰富的感性材料中对之进行反思，分
解客观对象，抽象出一般规定，形成对客观对象的某些方面、某些属性、某
些特征的普遍认识。这个阶段的起点是感性具体。它是丰富的、多样的，
是具有特殊规定性的特别性，同时，也包含着一般规定性的个别性。思维
从这种感性具体上升到思维中的抽象，扬弃了个别性，抽象出包含在个别
性中的一般性，把这种一般性抽象成各种规定性。这样的抽象的逻辑过
程，明显地表现为个别到一般的进程。正确的抽象思维只能是科学的抽
象，其结果只能是获得对象的本质规定，使认识有可能从思维抽象上升到
思维具体。

抽象思维过程的第二阶段是具体思维阶段（又称为理性思维阶段）。
思维之所以必须从抽象发展到具体，是因为思维的目的是把客观对象的
多样性统一和不同规定综合，全面地把握客观对象的本质和规律以指导
实践，而抽象思维阶段获得的只是客观对象的某些本质属性和特征的抽
象认识，不能全面地把握对象的诸多规定。抽象思维从抽象上升到具体，
本质上就是要把握客观对象的各种规定之间的内在联系，确定每一种规
定在具体客观对象中的作用、地位及其他规律之间的关系，从而完整地、
全面地把握客观对象。为此，思维就必须以已得到的抽象规定作为逻辑
起点。

② 概念建模与抽象思维过程

用面向对象方法进行概念建模，主要是抽象思维活动。概念模型不
可能反映客体的一切特征，而只是对客体的特征和变化规律的一种抽象，

并在它所研究的主题范围内更普遍、更集中、更深刻地描述客体的特征。通过模型而达到的抽象是人们对客体认识的深化,是认识过程中的一次能动飞跃。图 4-2 表示了被模拟系统与模型系统之间的建模活动,将建模与抽象思维过程进行了对应比较。图中,被模拟系统是指所要研究的客观世界,模型系统是指所建立的概念模型,对象也可表述为实体,类表述为实现的概念。

在上述建模过程中发生了 3 个子过程:在被模拟系统中的抽象,在模型系统中的抽象和建模的映射。

在被模拟系统中的抽象过程中,为理解被模拟系统中的诸多复杂状态,亦即客观世界中的实在对象,就必须进行科学抽象,创建概念。综合运用各种抽象方法,经过抽象思维和具体思维两个阶段,产生了思维具体——针对问题的概念。此过程在概念建模中是一个重要步骤,相当于找出类原型的属性和行为。

在建模系统中的抽象是这样的过程:运用综合法和分类法对对象进行抽象,把类组织成类/子类的层次结构或继承关系,以此全面、完整地把握对象。

建模的映射则是将被模拟系统中的针对问题的概念与模型系统中的各概念联系起来,将感性具体映射成为对象。该过程相当于面向对象软件开发过程中将概念/子概念表示为类。

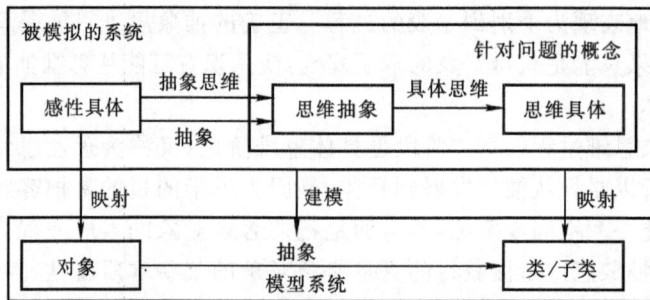

图 4-2　概念建模与抽象思维

(3) 方法学基础

面向对象方法比较自然地模拟了人类认识客观世界的方式,追求解域与问题域结构间的近似和直接模拟,最大程度地消除了语义断层,显示出强大的生命力。

① 面向对象方法的出发点和所追求的原则是,使描述问题的问题空

间和解决问题的方法空间在结构上尽可能一致,也就是使分析、设计和实现系统的方法学原理与人们认识客观世界的过程尽可能一致,如图 4-3 所示。由于解域和问题域结构一致,不仅在系统分析阶段使用户与开发者之间的通信障碍大为减少,而且避免了它在分析、设计和实践 3 个阶段之间复杂的语义转换,从而降低了软件开发的难度和成本,提高了软件的质量和生产率。

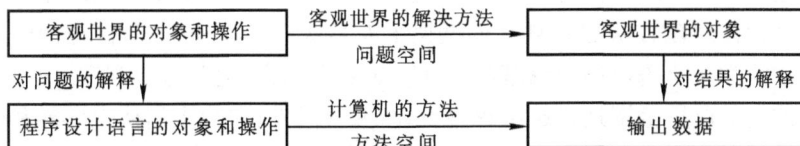

```
┌──────────────────────┐  客观世界的解决方法  ┌──────────────────────┐
│  客观世界的对象和操作   │──────────────────→│    客观世界的对象     │
└──────────────────────┘      问题空间       └──────────────────────┘
    对问题的解释 ↓                                    ↓ 对结果的解释
┌──────────────────────┐  计算机的方法        ┌──────────────────────┐
│ 程序设计语言的对象和操作 │──────────────────→│      输出数据        │
└──────────────────────┘      方法空间       └──────────────────────┘
```

图 4-3　问题空间与方法空间结构一致

　　② 由于面向对象方法是以“对象”为目标的,它一改传统的以“过程”为中心的设计方法,大大提高了软件的稳定性、可靠性和重用性。因为对象是过程的载体,是它的基石,所以以过程为中心的软件设计的稳定性、可靠性和重用性必然较差,而以对象为中心的软件设计,其主体结构则相对稳定得多,其可靠性和重用性因此也高得多。

　　③ 从人们认知事物的思维机制来看,面向对象技术融抽象思维与形象思维于一身,即达到了对象抽象,大大地发展了计算机程序语言。人的认识过程本来就是从特殊到一般又从一般到特殊的不断反复过程,是归纳过程和演绎过程的交互统一。面向对象方法提供了“对象”、“类”、“继承”、“封装”、“多态”等机制。这样,从整个分析、设计、内部构造和实际运行过程来看,面向对象方法综合利用了各种抽象思维方法,并始终贯穿以形象、直观的“对象”,这正是面向对象方法优越于其他方法的根本所在。

　　④ 从内部结构和思维方法上来看,面向对象方法由于较好地实现了“对象”与“过程”的有机结合,所以它真实地模拟了客观事物的固有结构和层次关系,为面向对象方法解决软件危机的软件 IC 和语义断层问题奠定了客观基础。以对象为中心和基础,用对象建构系统进而建立更大的系统的做法,是面向对象方法所固有的。面向对象方法把对象和过程、结构与功能、层次和系统有机地结合起来,它建立对象、构造软件 IC 的过程就比较真实地模拟了客观事物的结构和层次规律,为人们认识和再现物质世界提供了正确有效的途径和工具。因为物质世界本身就是层次与系统、事物的集合与过程的集合体的辩证统一,可以说,这为面向对象方法

成功地解决软件危机提供了客观基础和哲学依据。

⑤ 面向对象方法的发展深化了主客体之间的关系,丰富和发展了辩证唯物主义的认识论。软件作为人类认识事物的方法和工具,它无疑是人和自然之间、主体和客体之间的中介。面向对象方法向我们表明,深化主客体之间的关系,提高主体的认识能力,其惟一正确的途径就是不断加速实现软件的自然化和系统化。这就是面向对象方法启示给我们的客体走进主体,主体长入客体的方法论结论,也是一条重要的认识论结论。

面向对象方法比较自然地模拟了人类认识世界的方式,使得面向对象方法学具有深厚的理论基础。就一定意义来说,它是世界观和方法论。目前它的应用范围远远超出程序设计、系统开发,它为人们认识世界和改造世界指出了行之有效的方法和途径。在这种理论的支持下,人们运用面向对象的思维活动将会处于更加有条理的、活生生的、积极的、主动的、自觉的，必将推动面向对象方法向更高层次发展,向更大应用范围深入。

4.1.3　面向对象程序设计的方法与步骤

面向对象方法认为客观世界是各种"对象"所组成的,任何事物都是对象,每一个对象都有自己的运动规律和内部状态,每一个对象都属于某个对象"类",都是该对象类的一个元素,复杂的对象可以是由相对比较简单的各种对象以某种方式构成,不同对象的组合及相互作用就构成了所要研究、分析和构造的客观系统。

在面向对象的方法学中,问题空间对象的分析直接映射到解空间的对象上,如果也和实现使用相同的语言环境,那么第二次也可直接映射到代码。实际上,系统设计和系统实现使用相同的语言环境可以认为是面向对象方法的极大优点之一。

面向对象的程序设计环境强调从面向对象设计阶段就开始实现阶段,在某种意义上讲高层的自顶向下的设计,可以通过确定库中现存的类,使用继承派生和构造新类的由底向上的方法来实现。这样自顶向下的设计和由底向上的构造并发进行,如图 4 - 4 所示。

面向对象程序设计方法是遵循面向对象方法的基本概念而建立起来的,它主要包括面向对象的分析(OOA—Object Oriented Analysis)、面向对象的设计(OOD—Object Oriented Design)、面向对象的实现(OOI—Object Oriented Implementation)三个阶段。

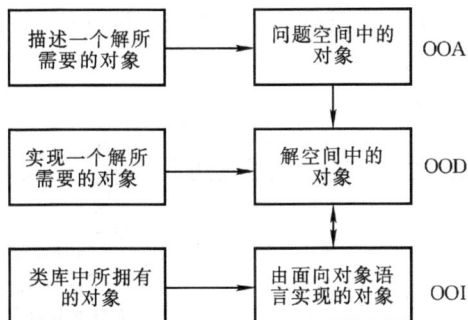

图 4 - 4　面向对象的开发模型

（1）面向对象的分析（OOA）

OOA 的主要目的就是自上而下地进行分析，即将整个软件系统看作是一个对象，然后将这个大的对象分解成具有语义的对象簇和子对象，同时确定这些对象之间的相互关系，在将对象分解成子对象集的过程中，同时概括抽象，这样就形成了整个系统的体系结构。为了将系统初步细化，要反复进行对象分解的过程，同时在分解过程中要确定哪些是在类库中可以直接使用的，哪些是需要对类库中的类稍加修改就可以使用的，哪些是类库中没有而必须加以设计的。在面向对象的技术中，最重要的就是OOA 技术，它是以后 OOD，OOI 的基石。

在 OOA 的分析过程中，对域可进行静态分析，而后进行动态分析。所谓静态分析需将问题空间对象分解成若干子对象，写出应用系统的需求说明；而动态分析则是根据应用系统的需求说明从类库中选择一些功能相近的类来构成原型，并对原型进行评测，在评测过程中可形成应用系统运行时的快照，这可以有三个阶段的时序快照，即开头、中间和结束时的快照，通过观测这些系统运行时类库中的类生成的三个阶段的对象，就可以判定该原型系统是否能很好满足用户的需求。因而面向对象的技术是天生支持快速原型法的技术。以下是 Bailin 提出的 OOA 的七个步骤：

① 确定问题空间中的关键对象；

② 确定何为主动对象何为被动对象；

③ 建立主动对象之间的数据流；

④ 将对象分解成子对象；

⑤ 检查所需要的新对象；

⑥ 在新对象下组织功能；

⑦ 确定适合新对象的领域。

实际上可以将第①步至第③步看作是一步,用一步来完成,而第④步至第⑦步则反复执行,直至满意为止,这样就完成了 OOA 的任务。图 4 - 5 是 OOA 的形式表示。

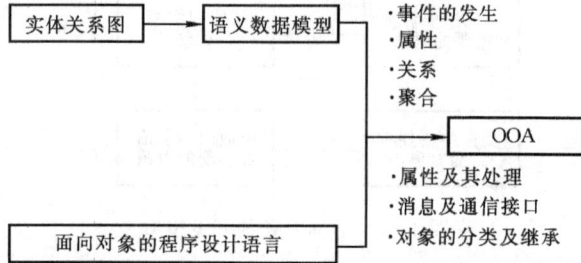

图 4 - 5　OOA 的形式表示

(2) 面向对象的设计(OOD)

OOD 的任务是将对象及其相互关系进行模型化,建立分类关系,解决问题域中的基本构建。因此,OOD 要去查询类库,对那些类库中没有的,需要重新设计或派生的类要进行新的分析和设计,给出这些新类的形式化算法或描述性算法。这样 OOD 实际上是承上启下的一个环节,既要利用下层(即类库)已有的部件,又要对分析中产生的需求加以完成。

对 Booch 提出的五个阶段稍加修改就可以应用于 OOD 了。因此有如下六个步骤:

① 确定对象及其属性;

② 确定影响对象的操作;

③ 建立对象的可视性;

④ 用客户/服务器和继承机制来建立对象之间的关系;

⑤ 建立接口;

⑥ 实现每个对象。

从这里可以看出,系统设计和代码设计已经变得界限不清了。这就是既需要面向对象系统设计来在高层抽象上分析系统,又需要认识到用面向对象的程序设计语言进行设计的最佳方式:利用库来派生新对象以便由底向上地加以实现。这些库类是设计对象或对象类的代码版本,一般而言,类是用于描述解空间对象和设计对象的抽象数据类型,并在编译时进行描述。

自顶向下的分析和由底向上的类设计可看作是整个面向对象软件生命周期的基石,因此必须是并发或至少是交替进行的,为了进行重用,经验证的类必须看作是设计阶段的一部分,而不仅是实现阶段的一部分。

这个分析阶段和类设计与实现有直接的联系。对象的分解可以在实现阶段用分类、聚集和概括的过程来确定。这样就可用数据流图来描述,而其中的节点则变成了对象(即实现阶段的类)。

(3) 面向对象的实现(OOI)

OOI 是软件具体功能的实现,是对对象的必要细节加以刻画,是面向对象程序设计由抽象到具体的实现步骤,即实现最终用面向对象的编程实现该模型。整个过程分成以下七个步骤。

① 确定面向对象系统的需求说明

这一阶段是系统的高层分析,用于确定系统的对象以及其所提供的服务(这类似于系统的功能)。在这一阶段,主要使用 OOA 技术来进行工作,产生的结果是面向对象的需求说明(OORS),包括时间细节、硬件使用、代价评估以及其他有关的文档。

② 确定对象(实体)及其可提供的服务(接口)

在分析和高层设计阶段,必须确定对象、属性以及它们所提供的服务。这里确定了功能特征,但并不需要说明怎样具体实现,因而可使用面向对象的图来描述,而且可以用映射现实世界对象的方法来确定对象,但是,这一层上的抽象并不必分解对象和寻找更基本的对象表示,这些更适于放在详细设计阶段,而在这里还可以使用对象字典作为确定对象的手段。对象的确定不应孤立在需求说明和分析以及设计阶段,因为设计好的对象类将会反复使用。因此对象和最终类的确定还要定义会影响其他对象的操作,以及它所能提供的服务。这样就必须确定显示的接口。

③ 用所提供的服务和所需的服务来建立对象之间的交互

在这一阶段,由于用所需的服务和所能提供的服务来建立对象之间的交互(类似 Bailin 的 EDFD 的数据流),因而使用类似 EDFD(实体数据流图)和实体关系图(ERD)的图形表示来描述对象之间的交互特别有用,在这时也许更合适的是与 DFD 等价的面向对象的 IFD(信息流图)而不是 EDFD。这里的“信息”和消息及消息参数有关,因为在一般情况下,数据包含在对象内部,而不像在功能分解技术中由 DFD 描述的那样流动。这里也可以使用交互式的对象浏览工具来追踪对象的层次结构和对象的关系,这样也就可以检查对象的属性和例程。

④ 使用较低层的 EDFD/IFD 将分析阶段溶进设计阶段

随着分析阶段溶进设计阶段,就需要使用低层的 EDFD 和 IFD 来描述对象的细节,从这一阶段起就要考虑由底向上的设计方法了。这里,重用以前设计的类来设计是面向对象策略的一个重要思想。在一些语言中,类是嵌入在其他类中的,在一个纯面向对象的生命周期(见图 4—4)中,特别是系统分析、设计和实现都用同样语言的生命周期,是否表达嵌入类的决策将反映正在使用的语言,在 Eiffel 中,嵌入是不可能的,而是由类去调用其他类,这样类包含一个给定的属性(即抽象数据),就是对这个定义了抽象数据类型实现的类的一个对象的简单调用。在图形化表示的设计层上,对象仍是单独保留的。但是,在顶层上,高层抽象的对象将由单个的表示块来表示。

⑤ 使用类库由底向上进行设计

这一阶段,要并发地进行由底向上的设计。这里可以使用实体关系图、EDFD、信息流图(IFD)来描述分析好的对象的更详细的内部结构。而对象本身是类库中更基本的对象使用客户/服务器和抽象的概念来构造的。库本身也包含了以前的应用系统中所建立的类。同时这阶段也可以开始一些底层类的实现工作(编码和测试)。

⑥ 根据需要引入层次的继承关系

随着在详细设计中确定越来越多的对象,就需要对类集进行重新评价,反复分析是否需要新的父类和子类,建立继承关系图。这个过程要开发一个对象的逻辑结构而且不能丢失对象。因此这一阶段就可以提供一个结构良好的层次关系,以使将来的项目开发可以重用这个结构而无需重新设计继承图,这对软件系统将来的维护也有极大的好处。这个阶段是在类开发的簇模型概括阶段进行的。

⑦ 对类进行聚集和概括抽象

对类进行聚集和概括,就需要反复考虑所描述系统的 EDFD 和 IFD。这一阶段的原型化能导致将原型的评价反馈回来以便对需求文档进行修改,并进一步开发特定的类。尽管这和传统的生命周期模型相反(这样的回馈本质上是从传统生命周期的一端到另一端),但在面向对象的技术面前就变为可行的了,而且还能提供一个更可靠、健壮和有用的软件系统。

在这一阶段确定和开发的系统类要经历另一个阶段的开发,即遵循簇开发模型来概括。在这一阶段,组成部分要继承开发,直到它足够通用和健壮,这样就能将之放到成分库中,为将来的维护以及以后项目的开发所利用,为长期的利益做准备。

从这里可以看出面向对象方法是类设计、系统设计一步接一步进行的。尽管这里将开发过程分为七步,但实际上,正如在前面所提出的:OOA,OOD 和 OOI 三者是相互交织在一起的,即系统的设计将会影响到类的设计和实现,而类的设计和类的使用反过来又影响着系统的分析和结构的设计,因此这七个阶段是密切相关的。

由于类已不足以描述空间的对象,因而提出了簇概念。簇模型是 Meyef 提出的,作为密切相关的类组的生命周期,主要确定了三个阶段:第一是系统设计人员写的说明,然后是设计和实现(像 Eiffel 一样的一个语言中的过程),最后是验证和概括。注意该模型适合于软件类而不适合于软件系统。类的说明是系统说明提炼而产生的,并且尽可能详细地描述了类的服务和语义,最好用抽象数据类型的形式说明来进行描述,如图 4-6 所示。

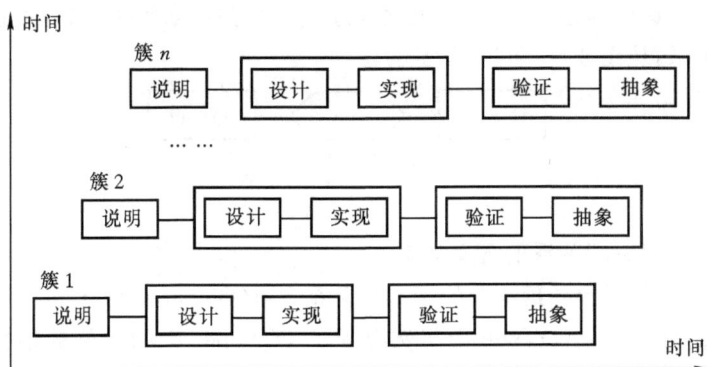

图 4-6   簇的生命周期

4.2   面向对象程序设计中的继承机制

(1) 继承的相关概念

面向对象技术是以对象为基础,通过封装把对象内部的状态及操作隐含起来,只能通过公开的操作来访问;通过类来定义对象的各种状态和行为,即对多个对象的共同属性和方法集合的描述,包括如何在一个类中建立一个新对象的描述;通过继承关系,使子类继承了超类中的结构属性和行为,实现了操作代码的重用,优化了系统,减少重复的劳动,并且利用简单的对象可产生复杂的对象。

在继承关系上,子类型的实例也具有超类型的性质,从而在超类型的实例可出现的地方,可以把这些实例替换为它的子类型的实例,这就是所谓的可替换性。它为程序提供了很大的灵活性。

在现实生活中,一个子类与多个超类存在着某种关系,并且每个超类与子类的关系可以通过将这个超类视为一个单继承来进行讨论,这种情况称之为多继承。

（2）继承的作用

下面讲述面向对象技术中继承的关系和目的。考察下面的情况：

① 具有同样结构、行为的对象都被一个类型所描述；

② 不同类型之间的关系仅为复合关系(part of)。

可以看出，结构或行为上有稍许区别的对象间无联系，它们的类型之间无联系。这样导致了以下的问题：

① 缺乏重用性，特别是操作代码的重用。

② 同一现实实体需要属于多个类型，缺乏灵活性。

解决这种问题，可以在类型之间通过一种关系来解决，这种关系就是继承关系，从图4-7可得以说明。

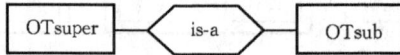

图4-7 "is-a"的关系

图中，"is-a"关系的含义如下：

① 类型间的外延集合的子类型关系：ext(OTsub)⊂ext(OTsuper)；

② 继承关系：OTsub 中实例继承了 OTsuper 中的实例的结构属性和行为；

③ 子类型关系：OTsub 具有 OTsuper 所具有的结构和行为特色，从而 OTSub 中的实例也具有类型 OTsuper；

④ 概念间的联系，一般与特化的关系。

（3）继承的实现——建立类继承

在面向对象的开发方法中，继承是非常关键的，继承性是通过类与类之间的关系来实现的。继承允许为一个类族定义一个协议，实现类之间的共用代码以及冗余代码。一个基类和它的子孙类一起称为一个类继承，它能够将类组织成为一个有逻辑性的结构。

在实际情况中，通常的做法是通过设计几个"单独"类，然后在这些类中寻找下面的共同之处：

• 相近的用途

• 共有的属性

• 共有的行为

把相近的类组合为一组，就可以将它们归纳为一个紧密的类继承。注意：在归纳某个类的同时，不要影响依赖于该类的代码，确保该类的协议不变,即其与外部的接口不变。

图 4-8、图 4-9、图 4-10 给出了具体类的归纳、演变的过程,在项目的开发中,我们经常可以看到这种情况。

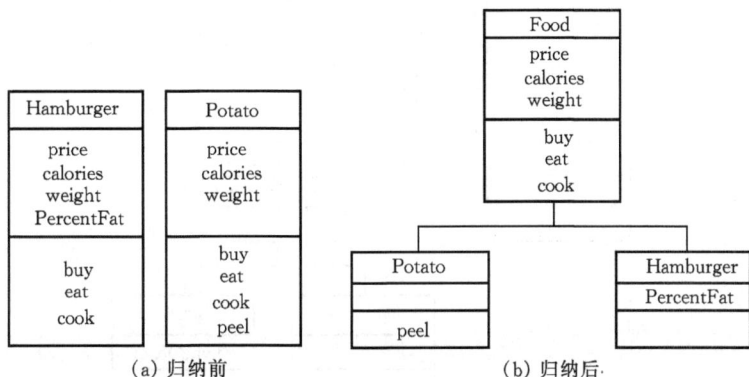

(a) 归纳前　　　　　　　　　(b) 归纳后

图 4-8　在继承中的归纳

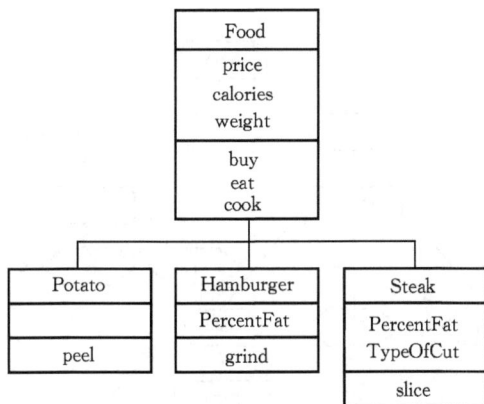

图 4-9　进一步专门化以后

(4) 多继承的讨论

① 多继承的情形

从结构上看,单继承的层次结构是一棵树,如图 4-11 所示,而多继承的层次结构是一个图,它们的子类与超类的关系可以从图 4-12 中的图形中得以表示。

在此,补充说明几点:

· 单继承的三个方面(子类与超类的子集关系,子类型关系,可替换性)也在多继承中体现。

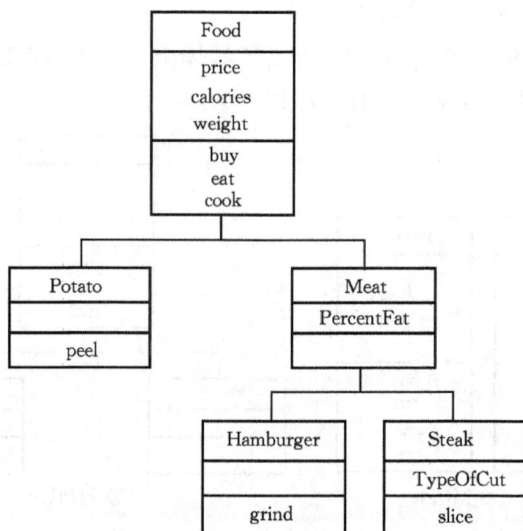

图 4-10　再一次归纳

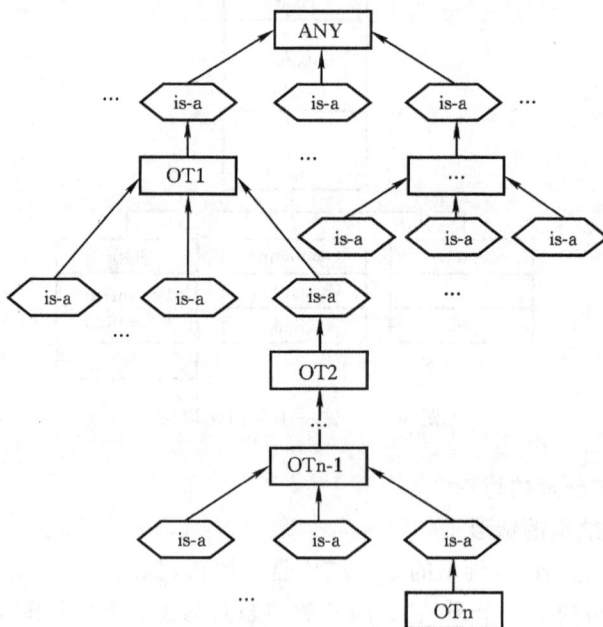

图 4-11　单继承的情况

· 一个类型可以通过多条路径被一个子类型继承,即同一种操作、

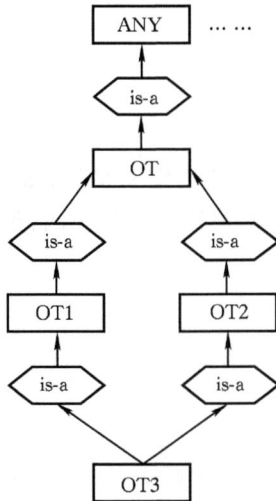

图 4 - 12　多继承的情况

属性被多次继承。

　· 子类型中可能继承到多个同样名字和界面的操作、属性,它们在不同类型中被定义。

　② 二义性的出现及其解决方法

　在多继承的情况下,容易出现一种二义性的错误。在 C++中,即在一个表达式中所引用的一个基类(超类)成员可能表示引用不止一个基类的成员。例如,考察下面的程序。

```
class A
{
    public：
        void f();
};
class B
{
    public：
        void f();
        void g();
};
class C:public A, public B
```

```
{
    public：
        void h();
};
```

在基类 A 和 B 中都声明有名字 f,虽然,每个 f 代表不同的成员函数的实现,可以看出,上面的继承结构是正确的,但错误发生在对名字 f 进行引用时。例如：

```
C c;
c.f();
void C::h()
{
    f();
};
```

这就是所谓二义性问题,解决二义性错误的办法惟一的只能是增加新的机制,即采用支配的规则,它们分别如下：

· 用户指定的超类型之间的优先级

在定义子类型时,给定超类型之间的优先级。如图 4 - 13 所示的结构,其超类型之间的优先级可表示为：

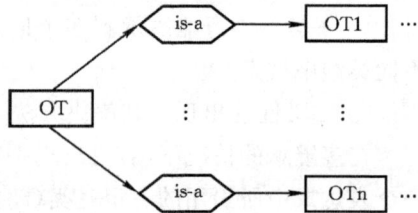

图 4 - 13　子类和超类的继承结构

```
Type OT
    supertypes OT1,..., OTn is ...
```

当要查找 OT 实例的一个操作时,搜索顺序为先检查 OT 中是否定义此操作,如没有则转到

(1) 检查 OT1(包括 OT1 超类型)中有无此操作,若没有,转到 2;

(2) ……

　　⋮

(n) 检查 OTn(包括 OTn 超类型)中有无此操作,若没有,则报错。

· 显式指明

在子类中把超类中发生冲突的操作更换一个名字来避免冲突的发生。下面给出一个抽象的例子：

```
Type OT
```

supertypes OT1(renames OP to OP1)

...

OTm - 1(renames OP to OPm - 1)

OTm is ...

End type OT;

· 赋值兼容规则

赋值兼容规则是指在共有派生情况下,一个派生类的对象可以用于其基类对象可使用的地方。设:

class B {...}b;

class D:public B {...}d;

派生类的对象可以向基类对象赋值:

b=d;

这时,将对象 d 中所含有的 B 类成员的值赋给了对象 b。

派生类的对象可以初始化基类的引用:

B&rb=d;

可以将派生类对象的地址赋给指向基类的指针:

B * pb=&d;

在后两种情况下,利用指针 pb 和引用 rb 只能访问派生类对象 d 从基类 B 中继承来的成员。

上面的这些解决二义性问题的策略并不能处理所有可能出现的二义性情况,特别在强类型中,只有存在类型的一致性,二义性问题才能得到解决,所以,又存在类型冲突的情况。

③ 类型冲突

在实际应用中,往往存在不同的超类型中定义的同名字属性或操作间的类型不一致的情况,称之为类型冲突。在多继承情况中,假设类型 OT1 和 OT2 提供了不相容的类型 AT1 及 AT2 的属性值 A,那么不能通过修改 OT0 或 OT1 来消除冲突,因为 OT0 和 OT1 可能是其他人(并发者)定义的。

有没有好的办法来解决这种冲突呢? 确实没有,除非规定不允许出现这种冲突的超类型。

④ 多替换性的引入

多继承除了出现上述的问题外,可以发现,它导致的另一个问题是把多个超类型的属性、操作混在一起,使得子类型成为一个大杂烩。所以在有些应用中,我们采用了比多继承更好的做法,使原来的超类型在子类型中成为一个成员类型,即变"is a"关系为"part of"关系,从而使子类型实例的结构更为清晰。在此基础上,我们又希望新的类型实例能具有这些成员类型实例的作用,即能够让前者可替换后者。为此在普通对象模型 GOM(Generic Object Model)中,为了实现多替换性,引入了"fashion"的机制,我们看下面的例子。

```
type swissknife
body [knife:knife;
     scissor:scissor];
fashion knife via self.knife;
fashion scissor via self.scissor;
……
end type swissknife;
```

在这里 fashion knife via self. knife 是通过自身的一部分来作为 knife 的实例;fashion scissor via self. scissor 是通过另一部分来作为 scissor 的实例。

可见,"fashion"机制的引入使得在保持类型结构清晰、自然的条件下,仍能保证可替换性。

"fashion"机制的引入把整体对象接受的信息传给它的一部分(子对象)来处理,使得子对象是整个对象的代表,或者说整个对象可像它的子对象一样起作用。

"fashion"机制的引入,可使得在需要一部分时,通过映射给予一部分。看来,"fashion"机制的引入,实现了多替换性解决多继承类型冲突的问题。

继承是类与类之间的数据和行为的传递方法,软件的可重用性、程序成分的可重用性是通过继承类中的属性和操作而实现的。继承是现代软件工程中的重要概念。在许多情况下,多继承是可取的,它可以帮助对程序中的对象精确地建模,能够使得一个新类方便地实现两个或更多其他类的行为,但在如下几种情况下是不太合适的:

① 影响类型的自然分类体系;

② 造成属性和部分的大杂烩;

③ 未预料的冲突等等。

那么用多替换性的"fashion"机制可能更合适?是否有其他的方式来代替多继承呢?在有些语言中,例如,Java 没有多继承,而是通过接口来实现多继承,利用接口可以得到多重继承的许多优点而没有多重继承所带来的问题,避免了多重继承引起的混乱并使语言变得复杂。

4.3　面向对象程序设计中的多态性

4.3.1　多态性的实现方式

"多态"这个概念最早起源于 C. Strachey 的多态函数概念,用于刻画其参数可以取多种类型的函数。多态性是面向对象程序设计语言中的重要概念之一。从广义上来说,所谓多态性是指论域中的某元素有多种解释,具体到面向对象程序设计语言即指对于不同的对象接收到同一消息时会产生不同的效果。在面向对象程序设计语言中,由程序员设计的多态性主要有两种基本形式:编译多态性和运行多态性,其中运行多态性是面向对象程序设计语言的一大特点。编译多态性是指在程序编译阶段即可确定下来的多态性,主要通过重载机制获得;重载机制包括函数重载和运算符重载。强制也是一种多态性表现。运行多态性是指必须等到程序动态运行时才确定的多态性,主要通过继承结合动态绑定获得;要产生运行多态性必须先设计一个类层次,然后在类中使用虚函数(Virtual Function)。虚函数与普通函数的区别在于函数名与函数实现体的绑定方式不同:普通函数使用的是静态绑定,而虚函数使用的是动态绑定。总体上说,运行多态性是真正的多态性,是面向对象程序设计语言的一大特点。

C++是以 C 语言为基础、支持数据抽象和面向对象的程序设计语言。C++对 C 语言的扩充部分汲取了许多著名语言中最优秀的特征,如从 Algol68 中吸取了操作符重载机制等。由于 C++语言具有与 C 语言一样的高执行效率,并容易被熟悉 C 语言的软件人员接受,因而很快得以流行。但这种混合型面向对象的程序设计语言是一种新的程序设计语言,人们对它许多潜在的性能还没有充分地理解和应用,没有充分发挥其优势。本节以 C++为例,重点讨论多态性在程序设计中的应用。

(1) C++中的多态性实现

从广义上说,多态性是指一段程序能够处理多种类型对象的能力。在 C++语言中,这种多态性可以通过包含多态、类型参数化多态、重载多态、强制多态四种形式来实现。类型参数化多态和包含多态统称为一般多态性,用来系统地刻画语义上相关的一组类型。重载多态和强制多态统称为特殊多态性,用来刻画语义上无关联的类型间的关系。

包含多态是指通过子类型化,一个程序段既能处理类型 T 的对象,也能够处理类型 T 的子类型 S 的对象,该程序段称为多态程序段。公有继承能够实现子类型。在包含多态中,一个对象可以被看作属于不同的类,其间包含关系的存在意味着公共结构的存在。包含多态在不少语言中存在,如整数类型中的子集构成一个子类型,每一个子类型中的对象可以被用在高一级的类型中,高一级类型中的所有操作可用于下一级的对象。在C++中公有继承关系是一种包含多态,每一个类可以直接公有继承父类或多个父类。

例如,语句:

```
class D:public P1, public P2
{
    ……
};
```

表示类 D 分别是类 P1 和类 P2 的子类型。

类型参数化多态是指当一个函数(或类)统一地对若干类型参数操作时,这些类型表现出某些公共的语义特性,而该函数(或类)就是用来描述该特性的。在类型参数化多态中,一个多态函数(或类)必须至少带有一个类型参数,该类型参数确定函数(类)在每次执行时操作数的类型。这种函数(或类)也称类属函数(或类)。类型参数化多态的应用较广泛,被称为最纯的多态。

重载是指用同一个名字命名不同的函数或操作符。函数重载是C++对一般程序设计语言中操作符重载机制的扩充,它可使具有相同或相近含义的函数用相同的名字,只要其参数的个数、次序或类型不一样即可。例如:

```
int min(int x, int y);          //求 2 个整数的最小数
int min(int x, int y, int z);    //求 3 个整数的最小数
int min(int n, int a[]);         //求 n 个整数的最小数
```

当用户要求增加比较 2 个字符串大小的功能时,只需增加:

```
char* min(char*, char*);
```

而原来如何使用这组函数的逻辑不需改变,min 的功能扩充很容易,也就是说维护比较容易,同时也提高了程序的可理解性。"min"表示求最小值的函数。

强制是指将一种类型的值转换成另一种类型的值进行的语义操作,从而防止类型错误。类型转换可以是隐式的,在编译时完成,如语句 D=I 把整型变量转换为实型;也可以是显式的,可在动态运行时完成。

从总体上来说,一般多态性是真正的多态性,特殊多态性只是表面的

多态,因为重载只允许某一个符号有多种类型,而它所代表的值分别具有不同的、不相兼容的类型。类似地,隐式类型转换也不是真正的多态,因为在操作开始前,各值必须转换为要求的类型,而输出类型也与输入类型无关。相比之下,子类与继承却是真正的多态。类型参数化多态也是一种纯正的多态,同一对象或函数在不同的类型上下文中统一地使用而不需采用隐式类型转换、运行时检测或其他各种限制。

(2) 多态性的分类

① 包含多态

C++中采用虚拟函数实现包含多态,虚拟函数为 C++提供了更为灵活的多态机制,这种多态性在程序运行时才能确定,因此虚拟函数是多态性的精华,至少含有一个虚拟函数的类称为多态类。包含多态在程序设计中使用十分频繁。

派生类继承基类的所有操作,或者说,基类的操作能被用于操作派生类的对象,当基类的操作不能适应派生类时,派生类需要重载基类的操作,见下例中的 void circle::showarea()。

```cpp
#include <iostream.h>
class point                    //屏幕上的点类
{
    int x, y;
    public:
        point(int x1,int y1)
        {
            x = x1;
            y = y1;
        }
        void showarea()
        {
            cout<<"Area of point is:"<<0.0<<endl;
        }
};
class circle:public point       //圆类
{
    int radius;
    public:
```

```
    circle(int x, int y, int r):point(x, y)
    {
        radius = r;
    }
    void showarea()
    {
        cout<<"Area of circle is:"<<3.14 * radius * radius
        <<endl;
    }
};
void disparea(const point* p)      //多态程序段
{
    p->showarea();
}
void main()
{
    circle c1(1, 1, 1);
    disparea(&c1);
}
```

程序的运行结果为 0.0(正确结果应为3.14)。出错的原因是:表达式 p->showarea()中的函数调用在编译时被绑定到函数体上,使得这个表达式中的函数调用执行 point 类的 showarea()。为此,当程序员在实现一个派生类而变动了基类中的操作实现时,C++提供的虚函数机制可将这种变动告诉编译器,即将关键字 virtual 放在类 point 中该函数的函数说明之前(virtual void showarea()),程序其他部分保持不变(circle::showarea()自动地成为虚函数),编译器就不会对函数调用 p->showarea()进行静态绑定(在编译/链接时进行的绑定)而产生有关的代码,使函数调用与它所应执行的代码的绑定工作在程序运行时进行,这样上述程序的运行结果即为3.14。在程序运行时进行的绑定被称为动态绑定。

利用虚函数,可在基类和派生类中使用相同的函数名定义函数的不同实现,从而实现"一个接口,多种方式"。当用基类指针或引用对虚函数进行访问时,软件系统将根据运行时指针或引用所指向或引用的实际对象来确定调用对象所在类的虚函数版本。

C++语言还增加了纯的虚函数机制用来更好地设计包含多态性的

类层次结构。对于如图 4-14(a)所示结构的类层次,假如每个类中都有一个函数"void display(void);",那么,怎样对它们按多态性进行统一处理呢? 对这类问题应先设计一个抽象的类 A,使它成为所有类的祖先类,如图 4-14(b)所示。设置类 A 的目的是由它说明统一使用该层次中的 display()函数的方法(赋值兼容规则从语法上保证了 A 的子孙类可按 A 说明的方式使用 display()函数;多态性则从语义上保证了在执行时,根据实际的对象访问相应对象类中的 display()函数)。

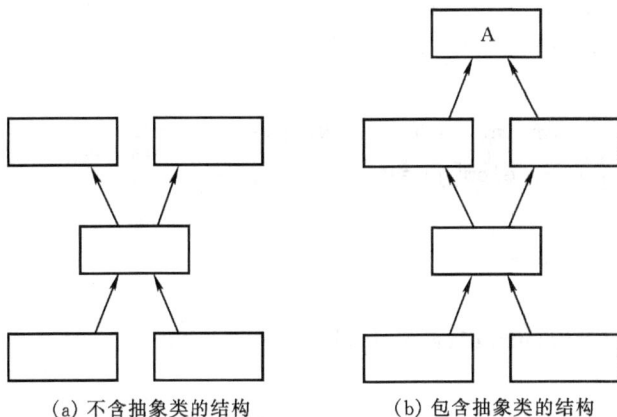

(a) 不含抽象类的结构   (b) 包含抽象类的结构

图 4-14 多态性结构层次

为了保证在类 A 中设置的 display()函数是抽象动作,并能说明类 A 是一个抽象的类,在 C++中,可用纯的虚函数语言机制在类 A 中声明一个成员函数"virtual void display(void)=0;"。请注意,在类 A 的子孙类中要么给出 display()的定义,要么重新将该函数声明为纯虚函数。

从上面的分析可以看出,类 A 的设计尽管是用继承性语法表达的,但是它的主要目的不是为代码共享而设计的,而是为了提高多态性而设计的,它是另一种抽象。

② 类型参数化多态

参数化多态又称非受限类属多态,即将类型作为函数或类的参数,避免了为各种不同的数据类型编写不同的函数或类,减轻了设计者的负担,提高了程序设计的灵活性。

模板是 C++实现参数化多态性的工具,分为函数模板和类模板两种。

类模板中的成员函数均为函数模板,因此函数模板是为类模板服务的。类模板在表示数组、表、矩阵等类数据结构时,显得特别重要,因为这些数据结构的表示和算法的选择不受其所包含元素类型的影响。下面是一个通用数组类模板的定义。

```
template <class T, int N>
class array
{
    T elem [N];
    Public:
    array()
    {
        for(int j = 0; j < N; j++)
            elem[j] = 0;
    }
    T& operator[](int index)
    {
        return elem[index];
    }
    void modi(int index, T value)
    {
        elem[index] = value;
    }
};
```

其中,T 是类型参数,N 是常量参数。T 和 N 的实际值是在生成具体类实例时指定的。类模板的< >可以包括任意个类型参数或常量参数,但至少应有一个参数。在类模板定义中,可在程序中通常使用类型指定的任何地方使用类型参数,可在通常使用特定类型常量表达式的任何地方使用常量参数。

成员函数模板可放在类模板中定义,也可放在类外定义,例如:

```
template <class T, int N>
T& array<T, N>::operator[](int index)
{
    return elem[index];
}
```

当由类模板生成一个特定的类时,必须指定参数所代表的类型(值),

例如，一个元素类型为 int、长度为 100 的数组类使用类型表达式 array＜int，100＞来表示，这个类型表达式被用于说明数组类对象：

array＜int，100＞ a;　　　　　　　　　　　//生成特定类的对象 a

a.modi(1,34);　　　　　　　　　　　　　　//对象 a 访问成员函数

类模板一旦生成了对象和指定了参数表中的类型，编译器在以后访问数据成员和调用成员函数时完全强制为这些类型。

在 C＋＋中可以重载定义多个同名的函数模板，也可以将一个函数模板与一个同名函数进行重载定义。例如：

template ＜class T＞

T min(T a，T b){return a＜b? a:b;}

template ＜class T＞

T min(T a，T b，T c){T x = min(a，b); return min(x,c);}

int min(int a，int b){return a ＜ b? a:b;}

调用 min(3，7)，则调用第 3 个函数；调用 min(3.8，5.9)，编译器将根据带 2 个参数的模板生成新函数 min(double，double)；调用 min(4，90，76)，则编译器根据带 3 个参数的模板生成新函数 min(int，int，int)；而调用 min(56.3，48，71)，编译将给出错误信息，说明无法从上面的模板中生成函数 min(double，double，double)，因为编译器在类型推导时，不存在类型强制。

模板描述了一组函数或一组类，它主要用于避免程序员进行重复的编码工作，大大简化、方便了面向对象的程序设计。

③ 重载多态

重载是多态性的最简形式，而且把更大的灵活性和扩展性添加到程序设计语言中，它分成操作符重载和函数重载。

C＋＋允许为类重定义已有操作符的语义，使系统预定义的操作符可操作类对象。C＋＋语言的一个非常有说服力的例子是 cout 对象的插入操作(＜＜)。由于其类中定义了对位左移操作符"＜＜"进行重载的函数，使 C＋＋的输出可按同一种方式进行，学习起来非常容易。并且，增加一个使其能输出复数类的功能(扩充)也很简单，不必破坏原输出逻辑。

C＋＋规定将操作符重载为函数的形式，既可以重载为类的成员函数，也可以重载为类的友员函数。用友员重载操作符的函数也称操作符函数，它与用成员函数重载操作符的函数不同，后者本身是类中的成员函数，而它是类的友员函数，是独立于类的一般函数。注意重载操作符时，

不能改变它们的优先级，不能改变这些操作符所需操作数的个数。

重定义已有的函数称为函数重载。在 C++中既允许重载一般函数，也允许重载类的成员函数。如对构造函数进行重载定义，可使程序有几种不同的途径对类对象进行初始化。还允许派生类的成员函数重载基类的成员函数，虚函数就属于这种形式的重载，但它是一种动态的重载方式，即所谓的"动态联编（绑定）"。

④ 强制多态

强制也称类型转换。C++语言定义了基本数据类型之间的转换规则，即：

char－＞short－＞int－＞unsigned－＞long－＞unsigned long－＞float－＞double－＞long double

赋值操作是个特例，上述原则不再适用。当赋值操作符的右操作数的类型与左操作数的类型不同时，右操作数的值被转换为左操作数的类型的值，然后将转换后的值赋值给左操作数。

程序员可以在表达式中使用三种强制类型转换表达式：

- static＿cast＜T＞(E)；
- T(E)；
- (T)E。

其中任意一种都可改变编译器所使用的规则，以便按自己的意愿进行所需的类型强制。其中 E 代表一个运算表达式，T 代表一个类型表达式。第三种表达形式是 C 语言中所使用的风格，在 C++中，建议不要再使用这种形式，应选择使用第一种形式。例如，设对象 f 的类型为 double，且其值为 3.14。则表达式 static＿cast＜int＞(f)的值为 3，类型为 int。

通过构造函数进行类类型与其他数据类型之间的转换必须有一个前提，那就是此类一定要有一个只带一个非缺省参数的构造函数，通过构造函数进行类类型的转换只能从参数类型向类类型转换，而想将一个类类型向其他类型转换是不行的。类型转换函数就是专门用来将类类型向其他类型转换的，它是一种类似显式类型转换的机制。转换函数的设计有以下几点要特别注意：

- 转换函数必须是类的成员函数；
- 转换函数不可以指定其返回值类型；
- 转换函数的参数行不可以有任何参数。

例如：

```
class integer
```

```
{
    int i;
    public：
        integer(int a)    //转换构造函数,把 int a 转换为类对象
        {i = a;}
        operator int()    //转换运算符函数,把类对象转换为整
                          型数
        {return i;}
};
```

上例可以在 integer 类对象与整型数之间相互转换。

```
Integer i1(10)，i2(20);
int a = i1;          //使用转换运算符函数,将类对象 i1 转换为
                     int 后,再进行赋值;
i1 = a;              //使用转换构造函数,将 int a 转换为 integer
                     类对象后赋给 i1;
i2 = 10 + i1 * 2;    //由于没有重载 * 运算符,所以首先把 i1 通过
                     转换运算符函数转换为 int 后与 2 进行整数乘
                     法运算,然后与整数 10 进行整数加法运算,最
                     后使用转换构造函数把最终结果转换为 inte-
                     ger 类对象后赋给 i2。
```

强制使类型检查复杂化,尤其在允许重载的情况下,导致无法消解的二义性,在程序设计时要注意避免由于强制带来的二义性。

4.3.2　多态性在程序设计中的应用

利用虚函数与抽象类可以构造多态数据结构,即在数据结构中存放的数据元素可以是多种类型的。如下列程序实现了在用于图形处理的堆栈中存放三角形、圆形的多态数据结构。

```
//程序：figstack.h
#include <graphics.h>
enum BOOLEAN{FALSE, TRUE};
class FIGURE
{
    public：FIGURE(int x, int y);
    virtual void show() = 0;
```

```cpp
        virtual void hide() = 0;
        void move _ to(int x, int y);
        virtual void expand(int delta) = 0;
        void contract(int delta);
        BOOLEAN is _ visible();
        protected:
        int x _ pos, y _ pos;
        BOOLEAN visible;
};
class TRIANGLE: public FIGURE
{
        public:
        TRIANGLE(int x, int y, int length);
        virtual void show();
        virtual void hide();
        virtual void expand(int delta);
        protected:
        int length;
};
class RECTANGLE: public FIGURE
{
        public:
        RECTANGLE(int x, int y, int len, int wid);
        virtual void show();
        virtual void hide();
        virtual void expand(int delta);
        protected:
        int length, width;
};
class CIRCLE: public FIGURE
{
        public:
        CIRCLE(int x, int y, int r);
```

```cpp
        virtual void show();
        virtual void hide();
        virtual void expand(int delta);
        protected:
        int radius;
};
class STACK
{
    public:
    STACK();
    void push(FIGURE * fig_ptr);
    void pop();
    FIGURE * get_top();
    int is_empty();
    void show();
    void hide();
    private:
    struct NODE
{
FIGURE * element;
NODE * link;
};
NODE * top;
};
//程序:figure.cpp
# include "figstack.h"
FIGURE::FIGURE(int x, int y)
{
    x_pos = x;
    y_pos = y;
    visible = FALSE;
    return;
}
void FIGURE::move_to(int x, int y)
```

```cpp
{
    hide();
    x_pos = x;
    y_pos = y;
    show();
    return;
}
void FIGURE::contract(int delta)
{
    expand(-delta);
    return;
}
BOOLEAN FIGURE::is_visible()
{
    return visible;
}
//程序:triangle.cpp
#include "figstack.h"
TRIANGLE::TRIANGLE(int x, int y, int len):FIGURE(x, y)
{
    length = len;
    return;
}
void TRIANGLE::show()
{
    if(! is_visible())
    {
        visible = TRUE;
        line(x_pos, y_pos, x_pos + length, y_pos);
        line(x_pos, y_pos, x_pos + length/2, y_pos -
length);
        line(x_pos + length/2, y_pos - length, x_pos +
length, y_pos);
```

```
    }
    return;
}
void TRIANGLE::hide()
{
    int temp_color;
    if(is_visible())
    {
        temp_color = getcolor();
        setcolor(getbkcolor());
        visible = FALSE;
        line(x_pos, y_pos, x_pos + length, y_pos);
        line(x_pos, y_pos, x_pos + length/2, y_pos -
length);
        line(x_pos + length/2, y_pos - length, x_pos +
length, y_pos);
        setcolor(temp_color);
    }
    return;
}
void TRIANGLE::expand(int delta)
{
    hide();
    if(delta>0)
        length = length * delta;
    else if(delta<0)
        length = length / ( - delta);
    show();
    return;
}
//程序:circle.cpp
# include "figstack.h"
CIRCLE::CIRCLE(int x, int y, int r):FIGURE(x, y)
```

```
{
    radius = r;
    return;
}
void CIRCLE::show()
{
    if(! is_visible())
    {
        visible = TRUE;
        circle(x_pos, y_pos, radius);
    }
    return;
}
void CIRCLE::hide()
{
    int temp_color;
    if(is_visible())
    {
        temp_color = getcolor();
        setcolor(getbkcolor());
        visible = FALSE;
        circle(x_pos, y_pos, radius);
        setcolor(temp_color);
    }
    return;
}
//程序:stack.cpp
# include "figstack.h"
# include <process.h>
# include <iostream.h>
STACK::STACK()
{
    top = NULL;
```

```cpp
        return;
}
void STACK::push(FIGURE * fig_ptr)
{
    NODE * temp;
    temp = new NODE;
    if(temp = = NULL)
    {
        cout<<"Error: No enough memory.\n";
        exit(1);
    }
    temp->link = top;
    temp->element = fig_ptr;
    top = temp;
    return;
}
void STACK::pop()
{
    NODE * temp;
    if(top = = NULL)
    {
        cout<<"Error: Pop from empth stack.\n";
        exit(1);
    }
    temp = top;
    top = top->link;
    delete temp;
    return;
}
FIGURE* STACK::get_top()
{
    if(top = = NULL)
    {
```

```cpp
        cout<<"Error: Get top from empty stack.\n";
        exit(1);
    }
    return top->element;
}
int STACK::is_empty()
{
    return(top == NULL);
}
void STACK::show()
{
    NODE * loop;
    loop = top;
    while(loop ! = NULL)
    {
        loop->element->show();
        loop = loop->link;
    }
    return;
}
void STACK::hide()
{
    NODE* loop;
    loop = top;
    while(loop! = NULL)
    {
        loop->element->hide();
        loop = loop->link;
    }
    return;
}
//程序:demopoly.cpp
# include "figstack.h"
```

```
#include <conio.h>
int main()
{
    int graphdriver = DETECT, graphmode;
    TRIANGLE triangle(100, 200, 100);
    CIRCLE circle(150, 225, 20);
    STACK house;
    initgraph(&graphdriver, &graphmode,"");
    house.push(&circle);
    house.push(&triangle);
    house.show();
    getch();
    house.hide();
    house.pop();
    house.pop();
    getch();
    house.hide();
    closegraph();
    return 0;
}
```

程序在 DOS 图形模式下的运行结果如图 4 - 15 所示。

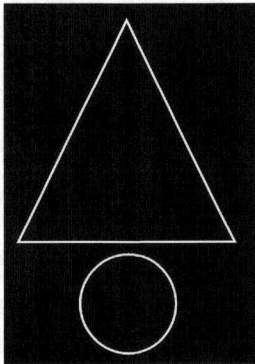

图 4 - 15　程序运行结果

　　多态性是面向对象程序设计的有力工具。充分利用多态性,特别是采用动态绑定方式,可以在很大程度上提高程序的独立性。

4.4　面向对象程序设计方法的软件模式

由于《设计模式:可复用面向对象软件的基础》是论述软件模式的第一本著作,也是面向对象设计理论著作中最流行的一本,因此有些人常常使用设计模式(Design Pattern)一词来指所有直接处理软件的架构、设计、程序实现的任何种类的模式。另外一些人则强调要划分三种不同层次的模式:架构模式(Architectural Pattern)、设计模式(Design Pattern)、成例(Idiom)。成例有时被称为代码模式(Coding Pattern)。

这三者之间的区别在于三种不同的模式存在于它们各自的抽象层次和具体层次上。架构模式是一个系统的高层次策略,涉及到大尺度的组件以及整体性质和力学。架构模式的好坏可以影响到总体布局和框架性结构。设计模式是中等尺度的结构策略。这些中等尺度的结构实现了一些大尺度组件的行为和它们之间的关系。模式的好坏不会影响到系统的总体布局和总体框架。设计模式定义出子系统或组件的微观结构。代码模式(或成例)是特定的范例和与特定语言有关的编程技巧。代码模式的好坏会影响到一个中等尺度组件的内部、外部的结构或行为的底层细节,但不会影响到一个部件或子系统的中等尺度的结构,更不会影响到系统的总体布局和大尺度框架。

4.4.1　代码模式

代码模式(或成例)是较低层次的模式,并与编程语言密切相关。代码模式描述怎样利用一个特定的编程语言的特点来实现一个组件的某些特定的方面或关系。

较为著名的代码模式的例子包括双检锁(Double-Check Locking)模式等。标准的单件模式(Singleton pattern)并不适用于多线程和并行处理环境下。双检锁模式在"临界"代码需要获取锁,并且要保证线程安全的情况下,降低了竞争和同步的开销。

在介绍双检锁模式之前,我们先介绍一下标准的单件模式。

单件模式保证一个类只能有一个实例,并且给这个实例提供一个全局的访问点。在C++程序中,因为C++全局静态对象的初始化顺序定义的不是十分完美,经常会用到动态分配单件对象。除此之外还有一个好处就是,动态分配不会初始化一个从来都不会使用的单件对象。

下面的代码直接定义了一个单件对象。

```
class Singleton
```

```
{
public：
    static Singleton ＊ instance (void)
    {
        // 在初始化单件对象.之前，检查实例个数，保证实例唯一
        if (instance_ ＝ ＝ 0)
        // 临界区
            instance_ ＝ new Singleton;
        return instance_；
    }
    void method (void);
    // 其他的方法或者成员变量

    private：
    static Singleton ＊ instance_；
};
```

上述代码中注释所标注的临界区指的是遵循以下原则的代码块：当一个线程/进程在临界区运行的时候，不能有其他的线程/进程在临界区内运行。在需要使用这个单件对象的时候，使用静态的单件 instance 方法来获取这个单件的引用。示范性代码如下：

```
// ...
Singleton：：instance () － ＞method ();
// ...
```

虽然单件模式在大多数情况下，很好地解决了一个类只能建立唯一实例这个问题。但是单件模式在多线程和并行环境下并不适用。例如，如果在一个并行机上执行的一个多线程程序在初始化之前同时调用了 Singleton：：instance，Singleton 构造器可能会被调用多次，因为可能会有多个线程执行临界区中的 new Singleton 操作。破坏临界区的属性轻则可能会导致内存泄漏，重则可能会导致灾难性的后果

解决这个问题的一个办法就是使用双检锁模式。代码如下：

```
class Singleton
{
public：
    static Singleton ＊ instance (void)
```

```
    {
        // 第一重检查
        if (instance_ = = 0)
        {
        // 保证 serialization (guard constructor acquires lock_).
            Guard<Mutex> guard (lock_);

            // 第二重检查
            if (instance_ = = 0)
                instance_ = new Singleton;
        }
        return instance_;
        // 保证析构函数释放 lock_.
    }

private:
    static Mutex lock_;
    static Singleton * instance_;
};
```

　　获取了 lock_ 的第一个线程将会构造 Singleton 实例,然后把指针赋给 instance_。随后需要调用 instance 的线程会发现 instance_! =0,然后跳过初始化这一步。第二个锁保证不会发生多个线程同时初始化 Singleton 的情况,这可以解决多个线程并行执行可能会产生的异常情况。随后的线程将会排队获取 lock_。当排队的某个线程获得了互斥资源 lock_,会发现 instance_! =0,然后跳过 Singleton 的初始化。上面代码中 Singleton::instance 的实现只会在 Singleton 第一次初始化的时候,对那些在 instance 内部处于活动状态的线程增加额外的锁开销。在随后对 Singleton::instance 的调用中,singleton_ 不为 0,也不会获取或释放 lock_。

　　使用双检锁机制在增加了一个互斥资源和一个第二重条件检查之后,标准的单件实现可以保证线程安全,并且在初始化之后不会增加任何锁浪费。

　　当应用具有以下特征时,需要使用双检锁模式:

　　·应用中包括一个或多个必须序列化执行的代码临界区;

　　·多个线程可能会同时执行临界区代码;

- 临界区只能执行一次；

- 在临界区的入口处获取锁会导致系统负荷增大；

- 可以使用轻量级,但是可靠的条件测试来代替锁。

4.4.2　设计模式

一个设计模式提供一种提炼子系统或软件系统中的组件的,或者它们之间的关系的纲要设计。设计模式描述普遍存在的在相互通信的组件中重复出现的结构,这种结构解决在一定的背景中的具有一般性的设计问题。

设计模式常常划分成不同的种类,常见的种类有:

创建型设计模式,如工厂方法(Factory Method)模式、抽象工厂(Abstract Factory)模式、原型(Prototype)模式、单件(Singleton)模式,建造(Builder)模式等

结构型设计模式,如合成(Composite)模式、装饰(Decorator)模式、代理(Proxy)模式、享元(Flyweight)模式、门面(Facade)模式、桥梁(Bridge)模式等

行为型模式,如模版方法(Template Method)模式、观察者(Observer)模式、迭代子(Iterator)模式、责任链(Chain of Responsibility)模式、备忘录(Memento)模式、命令(Command)模式、状态(State)模式、访问者(Visitor)模式等等。

以上是三种经典类型,实际上还有很多其他的类型,比如 Fundamental 型、Partition 型,Relation 型等等

设计模式在特定的编程语言中实现的时候,常常会用到代码模式。比如单件模式的实现常常涉及到双检锁模式等。

在面向对象的编程中,工厂模式是一种经常被使用到的模式。根据工厂模式实现的类可以根据提供的数据生成一组类中某一个类的实例,通常这一组类有一个公共的抽象父类并且实现了相同的方法,但是这些方法针对不同的数据进行了不同的操作。

为了理解工厂模式是如何工作的,让我们来看一下图 4 - 16。

在图 4 - 16 中,X 是基类,Xy 和 Xz 继承了 X 类。而工厂类能够根据程序传递给它的数据决定生成哪一个子类的实例。在右边定义了一个 getClass 方法,该方法需要参数 a 并返回一个 X 类的实例。对于程序员来说,返回的究竟是 Xy 还是 Xz 的实例并不重要,因为它们有相同的方法,只不过这些方法的内部实现不同罢了。

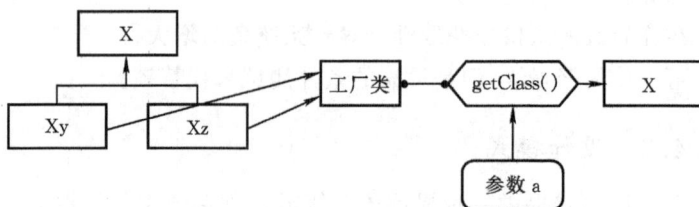

图 4 - 16　工厂模式的工作原理

　　在什么情况下会使用到工厂模式呢？让我们来看一个简单的例子。在一些网上的调查表中，经常要求填写姓名。有些人填写时姓放在前面，名放在后面(例如中国人填写姓名的习惯)；而有些人填写时采用"名　姓"或者"姓，名"的格式(西方大多数文化中都这样填写姓名)。现在让我们假设通过判断姓名中是否包含了"，"和空格就可以判断到底是姓在前面还是名在前面。下面我们先定义一个基类 Namer：

```
class Namer {
    protected String last; //姓
    protected String first; //名

    public String getFirst() {
        return first;
    }
    public String getLast() {
        return last;
    }
}
```

　　在基类中我们将姓和名保存在两个不同的变量中，并且提供了 get-First()和 getLast()方法。由于子类需要使用到保存姓名的变量，因此我们将它们设定为 Protected。

　　现在我们可以实现两个类来区分上面提到的两种情况。在 WithoutComma 类中，我们假设如果读入字符串中没有空格，则第一个字符是姓，剩下的字符是名；否则第一个空格之前是名，其后是姓：

```
class WithoutComma extends Namer {
    public WithoutComma(String s) {
        int i = s.lastIndexOf("");
```

```
        if (i > 0) {
            // 空格左边是名
            first = s.substring(0, i).trim();
            // 空格右边是姓
            last = s.substring(i + 1).trim();
        }
        else {
            // 没有空格,则第一个字符是姓,以后的字符是名
            last = s.substring(0,1);
            first = s.substring(1).trim();
        }
    }
}
```

对于姓名中包含逗号的情况,代码如下:

```
class WithComma extends Namer {
    public WithComma (String s) {
        int i = s.indexOf(",");
        if (i > 0) {
            // 逗号左边的是姓
            last = s.substring(0, i).trim();
            // 逗号右边的是名
            first = s.substring(i + 1).trim();
        }
        else {
            // 没有逗号,将字符串作为名,姓设为空
            last = s;
            first = "";
        }
    }
}
```

接下来就需要实现工厂类了。在工厂类中,我们只需要根据输入的
名称中是否带有逗号来生成不同的类的实例。

```
class NameFactory {
    public Namer getNamer(String entry) {
```

```
        int i = entry.indexOf("、"); //检测是否存在"、"
        if (i>0)
            return new WithComma(entry);
        else
            return new WithoutComma (entry);
    }
}
```

下面我们来看一看在程序中如何使用工厂类。

在程序中，首先需要初始化工厂类：

```
NameFactory nfactory = new NameFactory();
```

然后当要获取姓名的时候，调用 computeName()方法，而该方法又调用工厂类的 getNamer()方法获得 Namer 的实例，并将姓和名显示出来：

```
Namer nmr;
nmr = nf.getNamer(jTextFieldName.getText());
jTextFieldFirstName.setText(nmr.getFirst());
jTextFieldLastName.setText(nmr.getLast());
```

通过上面的例子我们可以看到工厂模式中最基本的开发过程。首先需要定义一个基类，该类的子类通过不同的方法实现了基类中的方法。然后需要定义一个工厂类，工厂类可以根据条件生成不同的子类实例。当得到子类的实例后，开发人员可以调用基类中的方法而不必考虑到底返回的是哪一个子类的实例。

当遇到下面的情况时，开发人员可以考虑采用工厂模式：

- 在编码时不能预见需要创建哪一种类的实例。
- 一个类使用它的子类来创建对象。
- 开发人员不希望创建了哪个类的实例以及如何创建实例的信息暴露给外部程序。

除了上面提到的例子，工厂模式的实现方式还允许有一些小小的变化，例如：

- 基类可以是一个抽象类，在这种情况下，工厂类必须返回一个非抽象类。
- 基类提供了一些缺省方法，只有当这些缺省方法不能满足特殊需求的情况下才在子类中重写这些方法。
- 可以直接通过传递给工厂类的参数决定应该返回哪一个子类的实

例。

4.4.3　架构模式

一个架构模式描述软件系统里的基本的结构组织或纲要。架构模式提供一些事先定义好的子系统,指定它们的责任,并给出把它们组织在一起的法则和指南。有些作者把这种架构模式叫做系统模式。

一个架构模式常常可以分解成很多个设计模式的联合使用。显然,MVC 模式就是属于这一种模式。MVC 模式常常包括调停者(Mediator)模式、策略(Strategy)模式、合成(Composite)模式、观察者(Observer)模式等。

此外,常见的架构模式还有:

- Layers(分层)模式,有时也称 Tiers 模式;
- Blackboard(黑板)模式;
- Broker(中介)模式;
- Distributed Process(分散过程)模式;
- Microkernel(微核)模式。

架构模式常常划分成如下的几种:

① From Mud to Structure 型。帮助架构师将系统合理划分,避免形成一个对象的海洋(A Sea of Objects)。包括 Layers(分层)模式、Blackboard(黑板)模式、Pipes/Filters(管道/过滤器)模式等。

② 分散系统(Distributed Systems)型。为分散式系统提供完整的架构设计,包括像 Broker(中介)模式等。

③ 人机互动(Interactive Systems)型,支持包含有人机互动界面的系统的架构设计,例子包括 MVC(Model-View-Controller)模式、PAC(Presentation-Abstraction-Control)模式等。

④ Adaptable Systems 型,支持应用系统适应技术的变化、软件功能需求的变化。如 Reflection(反射)模式、Microkernel(微核)模式等。

下面我们简要地介绍一种架构模式——MVC 模式。

(1) MVC 设计思想

MVC 模式最早是 Smalltalk 语言研究组提出的,应用于用户交互应用程序中。Smalltalk 语言和 Java 语言有很多相似性,都是面向对象语言,很自然地 SUN 在 petstore(宠物店)事例应用程序中就推荐 MVC 模式作为开发 Web 应用的架构模式。

MVC 是把一个应用的输入、处理、输出流程按照 Model、View、Controller 的方式进行分离,这样一个应用被分成三个层——模型层、视图层、控制层。

视图(View)代表用户交互界面,对于 Web 应用来说,可以概括为 HTML 界面,但有可能为 XHTML、XML 和 Applet。随着应用的复杂性和规模性,界面的处理也变得具有挑战性。一个应用可能有很多不同的视图,MVC 设计模式对于视图的处理仅限于视图上数据的采集和处理,以及用户的请求,而不包括在视图上的业务流程的处理。业务流程的处理交予模型(Model)处理。比如一个订单的视图只接受来自模型的数据并显示给用户,以及将用户界面的输入数据和请求传递给控制和模型。

模型(Model):就是业务流程/状态的处理以及业务规则的制定。业务流程的处理过程对其他层来说是黑箱操作,模型接受视图请求的数据,并返回最终的处理结果。业务模型的设计可以说是 MVC 最主要的核心。目前流行的 EJB 模型就是一个典型的应用例子,它从应用技术实现的角度对模型做了进一步的划分,以便充分利用现有的组件,但它不能作为应用设计模型的框架。它仅仅告诉你按这种模型设计就可以利用某些技术组件,从而减少了技术上的困难。对一个开发者来说,就可以专注于业务模型的设计。MVC 设计模式告诉我们,把应用的模型按一定的规则抽取出来,抽取的层次很重要,这也是判断开发人员是否优秀的设计依据。抽象与具体不能隔得太远,也不能太近。MVC 并没有提供模型的设计方法,而只告诉你应该组织管理这些模型,以便于模型的重构和提高重用性。我们可以用对象编程来做比喻,MVC 定义了一个顶级类,告诉它的子类你能做这些,但没法限制你只能做这些。这点对编程的开发人员非常重要。

业务模型还有一个很重要的模型那就是数据模型。数据模型主要指实体对象的数据保存(持续化)。比如将一张订单保存到数据库,从数据库获取订单。我们可以将这个模型单独列出,所有有关数据库的操作只限制在该模型中。

控制(Controller)可以理解为从用户接收请求,将模型与视图匹配在一起,共同完成用户的请求。划分控制层的作用也很明显,它清楚地告诉你,它就是一个分发器,选择什么样的模型,选择什么样的视图,可以完成什么样的用户请求。控制层并不做任何的数据处理。例如,用户点击一个连接,控制层接受请求后,并不处理业务信息,它只把用户的信息传递给模型,告诉模型做什么,选择符合要求的视图返回给用户。因此,一个模型可能对应多个视图,一个视图可能对应多个模型。

　　模型、视图与控制器的分离,使得一个模型可以具有多个显示视图。如果用户通过某个视图的控制器改变了模型的数据,所有其它依赖于这些数据的视图都应反映到这些变化。因此,无论何时发生了何种数据变化,控制器都会将变化通知所有的视图,导致显示的更新。这实际上是一种模型的变化-传播机制。模型、视图、控制器三者之间的关系和各自的主要功能,如图 4 - 17 所示。

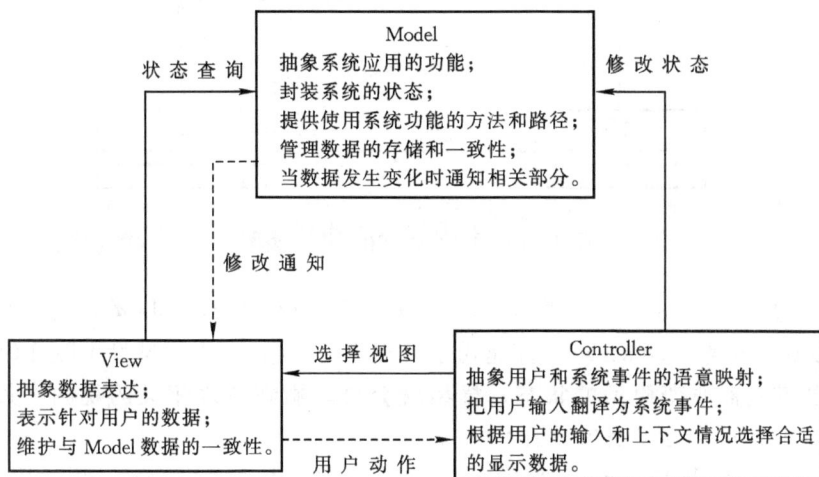

图 4 - 17　MVC 关系图

　　(2) MVC 设计模式的实现

　　模型-视图-控制器(Model-View-Controller,MVC)模式就是为那些需要为同样的数据提供多个视图的应用程序而设计的。它很好地实现了数据层与表示层的分离,特别适用于开发与用户图形界面有关的应用程序。

　　本节所使用的 Java 应用程序是当用户在图形化用户界面输入一个球体的半径时,程序将显示该球体的体积与表面积。我们首先利用基本 MVC 模式实现以上程序,然后利用不同数量的模型、视图、控制器结构来扩展该程序。使用 MVC 模式开发 Web 应用程序与本例在结构上基本类似。

　　① 基本 MVC 模式

　　该程序主要由三个类构成,分别为 Sphere 类、TextView 类及 SphereWindow 类。其中 Sphere 类扮演 Model 的角色,TextView 类为 View 角色,SphereWindow 类为 Controller 角色。

Java 通过专门的类 Observable 及 Observer 接口来实现 MVC 编程模式。其 UML 类图及 MVC 模式的实现方式见图 4-18。

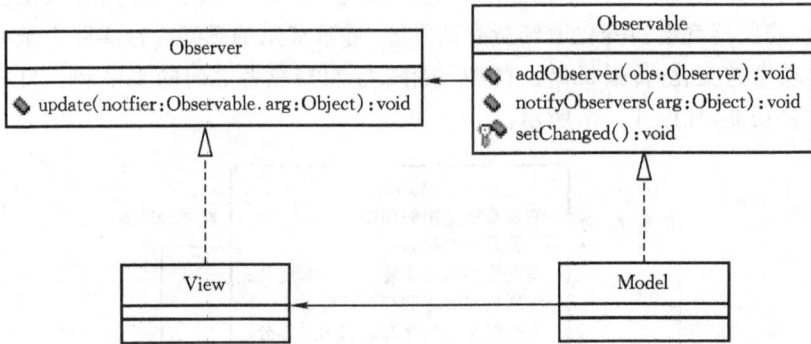

图 4-18   MVC 模式的 UML 类图

从图 4-18 中可以看出,Model 类必须继承 Observable 类,View 类必须实现接口 Observer。正是由于实现了上述结构,当模型发生改变时(当控制器改变模型的状态),模型就会自动刷新与之相关的视图。其 UML 序列图可以表示为图 4-19。

Model 类 Sphere,必须扩展 Observable 类,因为在 Observable 类中,

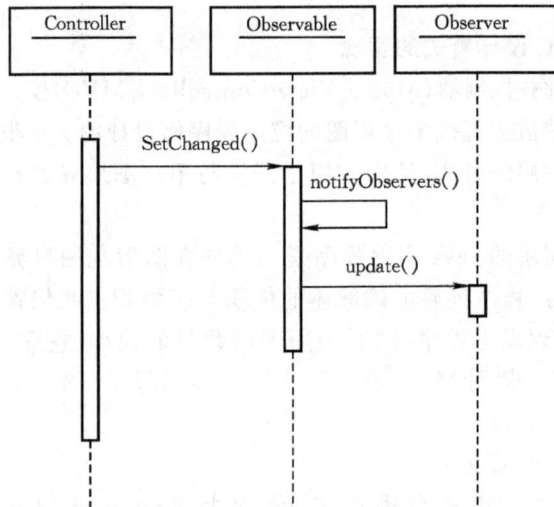

图 4-19   MVC 模式的 UML 序列图

方法 addObserver()将视图与模型相关联,当模型状态改变时,通过方法 notifyObservers()通知视图。其中实现 MVC 模式的关键代码为:

```
import java.util.Observable;
class Sphere extends Observable
{
....
public void setRadius(double r)
 {
  myRadius = r;
  setChanged();              // 指出模型已改变
  notifyObservers();
 }
....
}
```

View 类的角色 TextView 类必须实现接口 Observer,这意味着类 TextView 必须是 implements Observe,另外还需实现其中的方法 update(),有了这个方法,当模型 Sphere 类的状态发生改变时,与模型相关联的视图中的 update()方法就会自动被调用,从而实现视图的自动刷新。View 类的关键代码如下:

```
import java.util.Observer;
import java.util.Observable;
public class TextView extends JPanel implements Observer
{
......
 public void update(Observable o, Object arg)
 {
  Sphere balloon = (Sphere)o;
  radiusIn.setText("" + f3.format(balloon.getRadius()));
  volumeOut.setText("" + f3.format(balloon.volume()));
  surfAreaOut.setText("" + f3.format(balloon.surfaceArea
()));
  }
......
 }
```

SphereWindow 类作为 Controller,它主要新建 Model 与 View,将 View 与 Model 相关联,并处理事件,其中的关键代码为:

```
public SphereWindow()
{
  super("Spheres: volume and surface area");
  model = new Sphere(0, 0, 100);
  TextView view = new TextView();
  model.addObserver(view);
  view.update(model, null);
  view.addActionListener(this);
  Container c = getContentPane();
  c.add(view);
}
public void actionPerformed(ActionEvent e)
{
  JTextField t = (JTextField)e.getSource();
  double r = Double.parseDouble(t.getText());
  model.setRadius(r);
}
```

该程序是通过 Java 中的 MVC 模式编写的,具有极其良好的可扩展性。它可以轻松实现以下功能:

- 实现一个模型的多个视图;
- 采用多个控制器;
- 当模型改变时,所有视图将自动刷新;
- 所有的控制器将相互独立工作。

这就是 Java 编程模式的好处,只需在以前的程序上稍做修改或增加新的类,即可轻松增加许多程序功能。以前开发的许多类可以重用,而程序结构根本不再需要改变,各类之间相互独立,便于团体开发,提高开发效率。

②一个模型、两个视图和一个控制器

下面我们讨论如何实现一个模型、两个视图和一个控制器的程序。当用户在图形化用户界面输入一个球体的半径,程序除显示该球体的体积与表面积外,还将图形化显示该球体。该程序的 4 个类之间的示意图可见图 4 - 20。

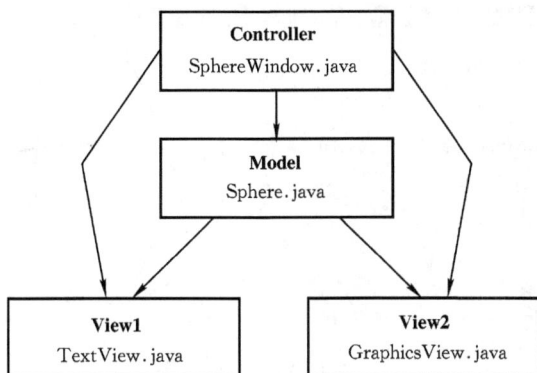

图 4-20　一个模型、两个视图和一个控制器的基本结构

其中 Model 类及 View1 类根本不需要改变,与前面的完全一样,这就是面向对象编程的好处。对于 Controller 中的 SphereWindows 类,只需要增加另一个视图,并与 Model 发生关联即可。其关键实现代码为:

```
public SphereWindow()
  {
    super("Spheres: volume and surface area");
    model = new Sphere(0, 0, 100);
    TextView tView = new TextView();
    model.addObserver(tView);
    tView.addActionListener(this);
    tView.update(model, null);
    GraphicsView gView = new GraphicsView();
    model.addObserver(gView);
    gView.update(model, null);
    Container c = getContentPane();
    c.setLayout(new GridLayout(1, 2));
    c.add(tView);
    c.add(gView);
  }
```

其程序输出结果见图 4-21。

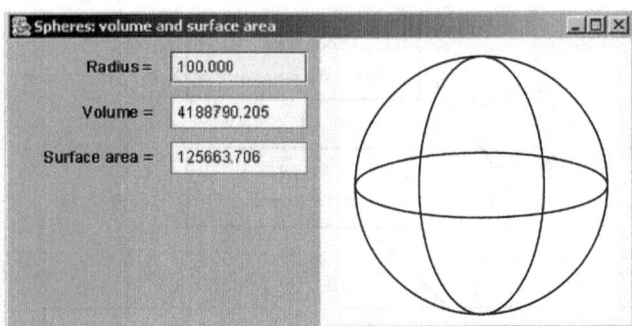

图 4 - 21　输出结果

③ 一个模型、两个视图和两个控制器

在上面的程序中,我们只能通过键盘输入球体半径,现在我们修改以上程序,利用鼠标放大、缩小右边的球体图形及可改变球体的半径,从而获得球体半径的输入。此时的 MCV 模式为一个模型、两个视图和两个控制器,其结构可以见 4 - 22,其 UML 类图可以表示为 4 - 23。

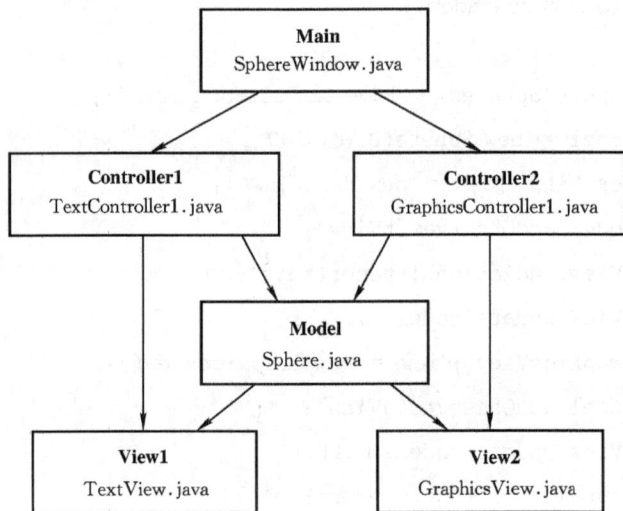

图 4 - 22　一个模型、两个视图和两个控制器的基本结构

其中 Sphere、TextView 与 GraphicsView 类与前面完全一样。在主程序 SphereWindows 中,该类这时不是直接作为 Controller,它控制 Controller1 与 Controller2 的新建。该程序的关键代码为:

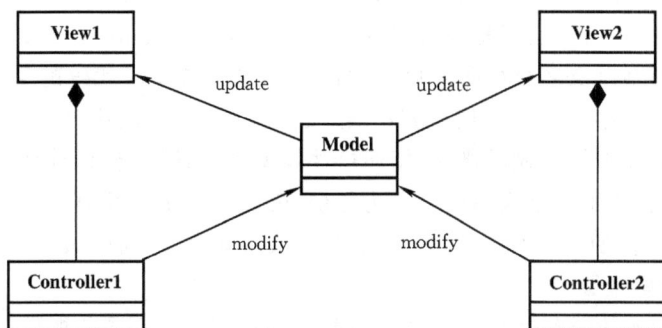

图 4-23　一个模型、两个视图和两个控制器的 UML 类图

```
public SphereWindow()
  {
    super("Spheres: volume and surface area");
    Sphere model = new Sphere(0, 0, 100);
    TextController tController = new TextController(model);
    GraphicsController gController = new GraphicsController
(model);
    Container c = getContentPane();
    c.setLayout(new GridLayout(1, 2));
    c.add(tController.getView());
    c.add(gController.getView());
  }
```

　　当程序 SphereWindow 运行时,将鼠标移动到球体的外圆处,点击拖动即可实现球体的放大与缩小,同时球体半径、表面积与球体积也同时变化。

　　(3) MVC 的优点

　　大部分用过程语言比如 ASP、PHP 开发出来的 Web 应用,初始的开发模板就是混合层的数据编程。例如,直接向数据库发送请求并用 HTML 显示,开发速度往往比较快,但由于数据页面的分离不是很直接,因而很难体现出业务模型的样子或者模型的重用性。产品设计弹性力度很小,很难满足用户的变化性需求。MVC 要求对应用分层,虽然要花费额外的工作,但产品的结构清晰,产品的应用通过模型可以得到更好地体现。

　　首先,最重要的是应该有多个视图对应一个模型的能力。在目前用户需求的快速变化下,可能有多种方式访问应用的要求。例如,订单模型可能有本系统的订单，也有网上订单，或者其他系统的订单，但对于订单的处理都是一样，也就是说订单的处理是一致的。按 MVC 设计模式，一个订单模型以及多个视图即可解决问题。这样减少了代码的复制，即减少了代码的维护量，一旦模型发生改变，也易于维护。其次，由于模型返回的数据不带任何显示格式，因而这些模型也可直接应用于接口的使用。

再次，由于一个应用被分离为三层，因此有时改变其中的一层就能满足应用的改变。一个应用的业务流程或者业务规则的改变只需改动 MVC 的模型层。

控制层的概念也很有效，由于它把不同的模型和不同的视图组合在一起完成不同的请求，因此，控制层可以说是包含了用户请求权限的概念。

最后，它还有利于软件工程化管理。由于不同的层各司其职，每一层不同的应用具有某些相同的特征，有利于通过工程化、工具化产生管理程序代码。

（4）MVC 的不足

MVC 的不足体现在以下几个方面：

① 增加了系统结构和实现的复杂性。对于简单的界面，严格遵循 MVC，使模型、视图与控制器分离，会增加结构的复杂性，并可能产生过多的更新操作，降低运行效率。

② 视图与控制器间的过于紧密的连接。视图与控制器是相互分离，但确实联系紧密的部件，视图没有控制器的存在，其应用是很有限的，反之亦然，这样就妨碍了它们的独立重用。

③ 视图对模型数据的低效率访问。依据模型操作接口的不同，视图可能需要多次调用才能获得足够的显示数据。对未变化数据的不必要的频繁访问，也将损害操作性能。

④ 目前，一般高级的界面工具或构造器不支持 MVC 模式。改造这些工具以适应 MVC 需要和建立分离的部件的代价是很高的，从而造成使用 MVC 的困难。

4.5　面向对象方法与结构化方法的比较

结构化程序设计方法在解决中等复杂程度的问题时表现了卓越的性能，但随着程序规模与复杂度的增加及软件行业的产业化，要求加强软件的重用性和研究对象的完整性，程序中的数据结构与这些数据的操作同样重要。20 世纪 80 年代日渐成熟的面向对象的程序设计方法逐渐显示出其生命力，成为人们普遍看好的软件问题解决方案。

　　结构化程序设计方法的理论基础完善,历史相对悠久,而且为大多数早期的程序设计人员所掌握。随着计算机技术的发展和软件平台的改变,面向对象程序设计逐渐为人们看好。于是,如何尽快地完成程序设计方法的转变成为亟待解决的问题。本节将对这两种程序设计方法进行比较。

　　(1) 特性比较

　　传统的结构化程序设计方法强调结构化特性,包括结构化系统分析、系统设计及程序设计,这是软件开发人员从开发软件的立场出发,为提高软件的结构化、模块化和可读性而确立的方法,是以系统中的数据及对数据进行处理的过程为研究中心的,即所谓"程序＝数据结构 ＋ 算法"。其基本成分是算法——解决问题的方法和步骤,基本思想是详细分析解决问题的方法、步骤,并将解决问题的步骤分解成三种相互关联的结构形式——顺序结构、选择结构和循环结构,并利用子程序(过程/函数)进行程序设计。顺序结构是指按照命令或语句先后次序逐条执行的程序结构形式;选择结构是指根据条件的成立与否或情况的不同决定程序的走向的程序结构形式;循环结构是指根据条件的成立与否决定是否重复执行某些命令或语句的程序结构形式;子程序(过程/函数)是利用上述三种基本结构将应用程序中功能相对独立的部分组织成一个"小程序"。

　　面向对象程序设计技术的分析、设计及实现系统的方法同人们认识世界的过程相一致,是以封装了数据的操作对象及不同对象间相互关系为中心的,其核心与基本成分是对象。对象具有对象名、状态、行为三大特征。对象间的通信通过遵循特定协议的消息来传递。面向对象的程序设计语言具有封装性、多态性、继承性三个特性。①封装性。封装是一种机制,它将某些代码和数据连接起来使之安全独立,以防止外界干扰及误用,这样就形成了一个自包含的黑盒子,即对象,这是面向对象程序设计中的一个基本成分,相当于结构化程序设计中的自定义或构造型的变量。②多态性。即一个接口多种形式。面向对象程序设计支持多态性,其主要优点在于通过一个相同的接口,可由通用类不同的动作来访问,程序设计人员只要记住接口,不需要选择情况(这个工作由编译器完成),从而降低了问题的复杂性。例如,要实现压栈操作,定义几个不同方式的栈(如一个存放整数,一个存放字符,一个存放浮点数),由多态性可以创建三个函数集,每个函数集均包含压栈 Push() 等函数,且每个集合均与一种数据类型相对应,通用的接口是向一个栈中压入数据,而每个函数都定义了一种与数据类型相对应的动作,当往栈中压数据时,先确定数据类型,然后调用相应的压栈函数 Push()。③继承性。多态性增加了编码的灵活性和可重用性,而继承是子类对父类属性和函数的重用。通过继承,一个对象可获得另一个对象的属性,继承允许一个对象支持多层分类的概念,作为子类可以继承父类中所有的属性,还可以加入自己所独有的性质,即只需在通用类特征的基础上加上该对象的一些专有特性。

(2) 软件开发步骤比较

结构化程序的开发步骤是,首先要明确问题,确定用户需求,用物理模型来描述;然后确定逻辑模型,根据功能、过程划分子系统,并完成功能模块的细分,进一步对每个功能模块进行算法刻画,并进行优化;之后,进行程序编码工作,再进行调试,包括程序调试、功能调试、系统调试;最后,投入运行,并进行软件维护工作。

面向对象程序的开发步骤则是,首先明确问题,确定用户的需求,用简洁的描述语言表达用户需求;以上述表达为根据,以用户需求描述中的名词为主线,标识每一个对象及其属性;以其中的动词为主线,定义出与每个对象相关的数据操作,把系统规格说明分解成仅包含一个或几个对象类的若干块;通过封装每个对象类的属性和操作来声明并定义每个对象类,通过标识对象类对申请的响应和请求的服务来标识相互作用对象类之间的消息传递,根据对象之间的依赖关系标识继承关系和类的继承,为拟建的系统创建一个逻辑面向对象图,该图要反映出对象间的相互关系,为每个对象类数据操作开发算法以处理对象类的数据,制定开发策略,选用一种合适的面向对象的编程语言编制程序模块,准备调试、交付使用和维护方案。

例如,要在屏幕上模拟数字式时钟的动作,即每秒钟在屏幕上显示一次时间,显示时间的格式为 hh:mm:ss。要解决这个问题,应该建立一个时钟类 CLOCK,包括三个内部数据:时、分、秒,并且至少包括更新时间 update() 与显示时间 show() 操作。由于时、分、秒的取值范围分别为 0~23,0~59 和 0~59,所以,可构造经常采用的循环计数器作为类型。这也揭示了面向对象程序设计方法的一个特点,即通过各类对象互相作用、共同完成某一任务,并且在构造程序的过程中尽可能重用已有代码。

下列程序 1 和 2 定义了时钟类 CLOCK,程序 3 演示了该类的用法。采用文件模块组织类,类界面存放在 CLOCK. H 中,类实现存放在 CLOCK. CPP 中,利用类 CLOCK 完成模拟数字时钟工作的程序存放在 TIMEDEMO. CPP 中。假设循环计数器类为 CIRCULAR,该类中有:时、分、秒三个变量,还有一些操作这些变量的方法。

该系统的主要程序如下:

```
//程序 1
//程序:CLOCK.H
//功能:时钟类的头文件设为 cirnum.hpp
# include "crinum.h"
//类名:CLOCK
//功能:实现一个简单的时钟类
class CLOCK
{
    public:
        CLOCK(int hh, int mm, int ss);      //设置时间的当前值
        void update();                       //刷新时间
        voids show();                        //显示时间
    private:
        CIRCULAR hour;                       //时
        CIRCULAR minute;                     //分
        CIRCULAR second;                     //秒
}
//程序 2
//程序:CLOCK.CPP
//功能:简单时钟类的实现文件
# include "clock.hpp"
# include <iostream.h>
//设置时钟的当前值
CLOCK::CLOCK(int hh, int mm, intss):hour(0,23,hh),minute(0,
59,mm),second(0,59,ss)
{
    return;
}
void CLOCK:update()
{
    second.increment();
    if(second.getvalue() = = 0)
    {
        minute.increment();
```

```
        if(minute.getvalue() = = 0)
            hour.increment();
    }
    return;
}
void CLOCK::show()
{
    cout<<hour.getvalue()<<"."<<minute.getvalue()<<"."
        <<second.getvalue()<<"\n";
    return;
}
//程序 3
//程序:timedemo.cpp
//功能:使用类 TIMER 模拟数字式时钟
# include "clock.hpp"
# inctude <iostream.h>
int main()
{
    int loop;
    //创建两个时钟对象并初始化
    CLOCK rolex(4, 15, 30);
    CLOCK cima(14, 0, 0);
    //显示 rolex 对象
    cout << "rolex:\n";
    for(loop = 1; loop < = 100; loop ++ )
    {
        rolex.update();
        rolex.show();
    }
    //显示 cima 对象
    cout<<"cima:\n";
    for(loop = 1; loop< = 100; loop ++ )
    {
        cima.update();
```

```
        cima.show();
    }
    return();
}
```

(3) 综合性能的比较

结构化程序设计方法的主要技术是自顶向下,逐步求精,采用单入口/单出口的控制结构。自顶向下是一种分解问题的技术,与控制结构无关;逐步求精是指结构化程序的连续分解,最终成为三种基本控制结构的组合。结构化程序设计的结果是使一个结构化程序最终由若干个过程组成,每一过程完成一个确定的功能。

面向对象程序设计建立在结构化程序设计基础上,最重要的改变是程序围绕被操作的数据来设计,而不是围绕操作本身。面向对象程序设计以类作为构造程序的基本单位,具有封装、数据抽象、继承、多态性等特点。结构化程序设计方法和面向对象程序设计方法的综合性能比较如表4-1所示。

表 4-1　结构化程序设计方法和面向对象程序设计方法的综合性能比较

项目	结构化程序设计方法	面向对象程序设计方法
基本组成部分	函数和过程	对象
处理对象	程序模块中数据与过程分开	对象的状态、行为封装在一起
传递机制	程序员负责调用过程实现参数传递	通过消息传递实现并激活操作
描述形式	客观世界被描述成逻辑实体控制流	由对象来反映,相对来说更贴切
抽象方法	使用过程抽象	使用类抽象和对象抽象
结构单元	语句或表达式	类或类族
分解方法	使用功能分解	使用面向对象的分解
使用语言	使用面向过程程序设计语言	使用面向对象程序设计语言
安全性	程序员确保数据及操作是正确的	封装性和消息传递防止非法访问
基于平台	大多要求基于 DOS 平台	基本要求基于 Windows 平台
维护工作量	软件维护工作量大,需修改程序	维护工作量较少,改变对象操作

现在面向对象技术已广泛应用于计算机领域,但这并不意味着结构化程序设计方法一无是处,相反,由结构化程序设计方法到面向对象程序设计方法的过渡,并不是一概抛弃,而是继承性的发展。面向对象程序设

计与结构化程序设计是解决问题的两种不同的思维方式,前者注重事物的结构,后者注重事物表现的行为。在程序设计技术迅速发展的今天,上述两种程序设计方法与语言都必须掌握。

4.6　面向对象技术的未来发展

(1) 面向对象技术当前面临的问题

面向对象技术确实提供了真实世界较为自然的模型,为提高软件开发生产率提供了诱人的前景,然而面向对象技术不是万能的,作为一项新兴的技术在实现上还存在着某些欠缺,归纳起来有以下几方面的问题:

① 运行效率问题

面向对象技术是针对当前的软件开发危机产生的,它在提高编程效率方面所起的作用是毋庸置疑的,但用面向对象技术开发的程序通常较结构化方法开发的程序在运行时的效率要低,虽然随着 CPU 速度的提高、内存容量的增加,对一般规模的面向对象系统其运行速度是可以接受的,但是,当系统规模较大时,这一问题是不容忽视的。

② 类库的化简问题

面向对象语言通常都提供了一个具有丰富功能的类库,用户可以有选择地使用它们进行程序开发,从而缩短软件开发的周期。要成为一名高效的面向对象编程的程序员就必须能熟练地运用类库,掌握类库中各个类提供的功能,但是由于类库都过于庞大,程序员对它们的掌握要有一个时间过程,从普及、推广的角度,类库应在保证其功能完备的基础上进行相应的缩减。

③ 类库的可靠性问题

虽然类库中提供的类都是经过精心设计、测试过的,但如此庞大的系统谁也无法保证类库中的每个类在各种环境中百分之百正确。如果应用程序中使用了类库中某个存在问题的类,当经过几层继承后错误才显现出来,这时程序员对此将束手无策,有可能要推翻原来的全部工作,虽然这种情况出现的概率很低,但国外确曾有过这方面的报道。

以上谈及的这些问题,不应该成为阻碍面向对象技术发展的障碍。随着软、硬件技术的发展及面向对象技术自身的完善,必将给软件开发技术、观念带来革命性的转变,使软件生产进入一个新的时代。

(2) 面向对象技术的发展趋势

面向对象已经成了一个新颖独特的词组频频出现在有关软件工程和信息系统的书籍、杂志和各种国际学术会议上。综合目前的研究状态可以看出面向对象方法已经涉及到以下领域：

- 面向对象编程语言
- 面向对象设计
- 面向对象数据库
- 面向对象分析

面向对象编程语言和面向对象设计相对来说已经较成熟，而在面向对象数据库和面向对象分析领域中，虽然已有为数不少的文章涉及，但仍不成熟，仍是两个活跃的有待开发的领域。下面介绍面向对象技术可能的发展趋势。

① 在软件工程和编程语言方面

更多的软件工程将采取面向对象技术来进行开发，Microsoft 公司的 Windows 软件系列已嵌入了对象概念，其他如 CAD 软件和三维动画软件、字处理软件 Microsoft Word 和电子表格软件 Excel、新型的办公室自动化软件均已结合了对象的概念，用户用鼠标或触摸式屏幕可以轻而易举地提取对象库中所需要的对象，随即嵌入到一段文字报告或一份报表中。除已出现的面向对象编程语言 C＋＋，Smalltalk 等，其他语言如 Cobol，Pascal，Fortran，Basic 也都结合对象概念进行了改造。在面向对象的编程语言领域中热门的研究课题是：传统的功能风格和面向对象风格的聚合，面向对象语言和逻辑编程，正规方法之间的关系，用有关封装对象的编程语言间的小型接口形成的混合式语言环境，全新的纯面向对象的高效率编程语言的研究。随着计算机硬件价格的日渐下降，对垃圾收集和动态绑定的研究会加强。

面向对象分析（OOA）将日趋成熟，传统的结构化方法将更多地融进对象概念，支持面向对象方法的 CASE 工具正开始出现，现存的 CASE 工具将用面向对象的编程语言重新改写。由于对象概念的出现，原型法将会成为软件工程和系统开发的一个规范化方法。

② 在模型库的构造方面

模型库的构造和管理是决策支持系统的一个核心部分，多年来由于一直缺乏有效的模型库管理系统 MBMS（Model Base Management System），使模型库的构造和管理成为开发决策支持系统的瓶颈之所在。

现在从面向对象的观点来看，结构化模型实际上可以被看作为一组对象，用 Smalltalk 语言我们可以将这组对象分类为：

- 元素；
- 种类；

- 模块；
- 字典；
- 根树。

最底层也是最基本的对象是元素。元素又分为三类：属性、实体和函数。元素之间建立一种互为依赖的关系表，并有其调用顺序。类似地，和类、模块和根树都可以建立它们各自之间的调用关系。此外，许多关于模型的操作都可以通过 Smalltalk 语言中的协议经消息传递来进行。这样，模型库以对象的概念来表示后，即可以借助于管理对象的方法来管理模型库，因而在模型库的构造和管理方面可能会取得突破性进展。

③ 在专家系统应用方面

专家系统在解决不确定性决策方面正发挥日益重要的作用，并且专家系统可以起到一种粘接剂作用，将许多分离的小系统综合成为一种集成系统，例如计算机集成制造系统 CIMS(Computer Integrated Manufacturing System)。然而，目前的专家系统、专家系统生成的工具都还不能很好地结合对象概念，现在市场上盼望一种能综合人工智能、语义数据建模和面向对象编程语言的专家系统产品。

随着市场竞争的日益激烈，内外环境因素的日趋复杂，企业领导人决策中的不确定性越来越突出。因而，管理不确定性成了决策支持系统中的关键性问题。概率理论和模糊集理论是处理不确定性问题的两种理论。目前都是借助非面向对象性的编程语言来处理这类问题的。以面向对象方法来解决不确定性决策问题虽然已有人开始探索，但仍有大量问题有待解决。

④ 在开放式系统方面

开放式系统已经成为衡量一个系统是否适应外界变化的一个重要标志，而开放式系统需要真正的开放式思维和产品的出现。如果没有软件的可重用性、可伸展性和语法的丰富性，真正的开放式和分布式系统是无法达到的。

我们已经看见各种标准的出现，用户不管使用何种机器或网络，系统间能彼此较好地相连。语言的无缝集成、集成式的软件等正促使系统间更多地分享数据。而面向对象数据库支持对象识别、语义信息、复杂的数据类型和版本控制，是高效分享数据的有力工具，仅此意义上说，真正的开放式系统意味着是面向对象的系统。

⑤ 在并发处理和并行处理硬件方面

所谓并发性是指在同一时间内发生二个或多个事件；所谓并行计算

是指在计算机内部同时执行两个或多个处理。可见并行计算实际上是并发性在计算机领域的具体形式。并行计算的模型常常涉及到消息传递的概念,虽然这是一种实际的消息之间的传递,和面向对象技术中的隐喻的消息有某种不同,但相似性是如此明显以至于人们想到可以将面向对象技术运用于此。面向对象技术支持对象的分簇,而这种分簇之间可以友好地交流来帮助并发应用,在支持并行和分布式处理的能力方面,原先的并发控制分享存储器模型赶不上对象封装模型。

并发的面向对象的系统应该指明对象相对于其他方法是同步的或异步的,也就是说,当对象发出或接受消息后是否将继续处理。封装了数据和方法的对象是分布式系统中很自然的一种分布式单元。

此外,面向对象的并发编程语言也是一个新的研究领域。分布式和主从式结构涉及到并发性,因而也涉及到面向对象的并发编程语言,因而这种语言的地位在未来的发展中也占据重要地位。

其实硬件的操作系统自身的设计无论是传统的还是并行的都已受到面向对象技术的影响,只是目前对并行机器广泛接受和应用的主要障碍出在其兼容性上,随着系统的开放性增强,这一障碍将会逐步消除。

⑥ 在大规模减少硬件成本方面

虽然计算机硬件的价格不断下跌,但它仍是构造一个新系统花费的重要组成部分;大型机和工作站虽然功能强大但其价格贵。现在找到了一个较好的折中方案,即采用主从式的基地局域网络,既有强大的功能,价格又比较低廉,完全可能减少硬件成本达 1～2 个数量级。但是这种局域网要真正能很好地工作,面向对象的技术是不可少的。因为只有采用面向对象技术,才能真正发挥软件的可重用性、可伸展性、语义的丰富性,建立对象及类库,结合原型法和开放系统的方法构成,也才能真正降低系统的维护成本和分析成本,并可加强系统对外界动荡环境的适应,从而真正使硬件成本大幅度下降。

小　结

(1) 面向对象的设计方法与传统的面向数据/过程的方法有本质不同,这种方法可能对问题领域进行自然分解,按照人们习惯的思维方式建立问题领域的模型,模拟客观世界,从而设计出尽可能直接、自然地表现问题求解方法的软件。

(2) 面向对象方法比较自然地模拟了人类认识世界的方式,使得面向对象方法学具有深厚的理论基础。就一定意义来说,它是世界观和方法论。

(3) 面向对象程序设计方法是遵循面向对象方法的基本概念而建立起来的,它主要包括面向对象的分析(OOA—Object Oriented Analysis)、面向对象的设计(OOD—Object Oriented Design)、面向对象的实现(OOI—Object Oriented Implementation)三个阶段。

(4) 面向对象技术是以对象为基础,通过封装把对象内部的状态及操作隐含起来,只能通过公开的操作来访问;通过类来定义对象的各种状态和行为,即对多个对象的共同属性和方法集合的描述,包括如何在一个类中建立一个新对象的描述;通过继承关系,使子类继承了超类中的结构属性和行为,实现了操作代码的重用,优化了系统,减少重复的劳动,并且利用简单的对象可产生复杂的对象。

(5) 在面向对象程序设计语言中由程序员设计的多态性主要有两种基本形式:编译多态性和运行多态性。编译多态性是指在程序编译阶段即可确定下来的多态性,主要通过重载机制获得。运行多态性是指必须等到程序动态运行时才确定的多态性,主要通过继承结合动态绑定获得。

(6) 在面向对象程序设计和开发中,在不同的开发阶段可以采用不同的模式:架构模式、设计模式和代码模式。能够熟练而正确地使用相应模式,可以节省开发时间,降低开发难度,增强代码重用性。

(7) 面向对象程序设计与结构化程序设计是解决问题的两种不同的思维方式,前者注重事物的结构,后者注重事物表现的行为。

第5章 组件化程序设计方法

5.1 组件化程序设计的基本思想

5.1.1 组件化程序的标准

(1) 组件的概念

随着计算机硬件和软件的飞速发展,计算机应用的功能愈来愈强大,实现也愈来愈灵活。然而,人们在兴奋之余也看到,这些强大与灵活,给应用开发者、软件提供商和用户带来同样多的问题:

① 现代软件应用过于庞大而复杂,开发周期长,维护困难,维护成本高;

② 应用单一,集成了许多功能,使大多数功能无法单独升级或替换;

③ 一个应用的数据和功能不能用于另一个应用;

④ 开发方式不统一,编程模型因应用所在位置的不同而变化非常大。

为解决面临的问题,开发人员尝试了各种方法。从传统的模块化设计,到长期被认可为最佳解决方案的面向对象方法,到最终的组件化程序设计方法,终于找到一种解决现代软件所面临的问题的最佳方法。

组件技术正引发着一场新的革命。所谓组件就是可以自行进行内部管理的一个或多个类所组成的群体。除了群体提供的外部操作界面外,其内部信息和运行方式外部不知道,使用它的对象只能通过接口操作它。每个组件包含一组属性、事件和方法,组合若干组件就可以生成设计者所需要的特定程序。组件往往设计成第三方厂家可以生产和销售的形式,并能集成到其他软件产品中。应用程序开发者可以购买现成的组件,他们只要利用现有的组件,再加上自己的业务规则,就可以开发出一个应用软件。总之,组件开发技术使软件设计变得更加简单和快捷,并极大地增强了软件的重用能力。

几年以前,当 Microsoft 公司首先使用 OLE(对象链接和嵌入,Object Linking and Embedding)的时候,其初衷是为了增强软件的互操作性。然而在使用过程中,人们逐渐认识到这一技术背后的实质性内容和它在软件开发中所扮演的重要角色。组件技术将以前所未有的方式提高软件产业的生产效率,这一点已逐步成为软件开发人员的共识。传统的客户/服务器结构、群件和中间件等大型软件系统的构成形式,都将在组件的基础上重新构造。

组件技术使近二十年来兴起的面向对象技术进入到成熟的实用化阶段。在组件技术的概念模式下,软件系统可以被视为相互协同工作的对象集合,其中每个对象都会提供特定的服务,发出特定的消息,并且以标准形式公布出来,以便其他对象了解和调用。

组件间的接口通过一种与平台无关的语言——接口定义语言 IDL (Interface Define Language)来定义,而且是二进制兼容的,使用者可以直接调用执行模块来获得对象提供的服务。早期的类库提供的是源代码级的重用,只适用于比较小规模的开发形式;而组件则封装得更加彻底,更易于使用,并且不限于 C++之类的语言,可以在各种开发语言和开发环境中使用。

由于组件技术的出现,软件开发的方式有了很大的变化,可以把软件开发的内容分成若干个层次,将每个层次封装成一个个的组件,在构建应用系统时,将这些个组件有机地组装起来就成为一个系统,就像是用零件组装出一台机器一样。我们可以按需要设计出许多组件,在构建应用系统时可以根据自己的应用需求选择需要的组件,若发现某个组件有问题,只需要对它进行修改或替换掉就行了,而不必像传统开发方法那样对整个系统进行重构;同时,一个组件可以被多个应用系统使用。可以看出,组件技术的应用,可以使软件的可维护性和可重用性大大提高,显著地减少了应用软件开发的复杂度,避免了软件资源的极大浪费。

(2) 组件技术的特点

① 真正的软件重用和高度的互操作性

组件是完成通用或特定功能的一些可互操作的和可重用的模块,应用开发者可以利用它们在不同应用领域的知识来自由组合生成合适的应用系统。

② 接口的可靠性

组件接口是不变的,一旦被发表,它们就不能被修改。也就是说,一旦组件使用者通过某接口获得某项服务,则总可从这个接口获得此项服务。因此,组件封装后,只能通过已定义的接口来提供合理的、一致的服务。这种接口定义的稳定性使客户应用开发者能构造出坚固的应用。

③ 可扩充服务

每个组件都是自主的,有其独自的功能,只能通过接口与外界通信。

通过消息传送互相提供服务,基本组件的互操作是交互服务的。当一个组件需要提供新的服务时,可通过增加新的接口来完成,不会影响原接口已存在的用户。用户也可重新选择新的接口来获得服务。

④ 具有强有力的基础设施

为了使组件有机地胶合(glued)在一起,实现无缝连接,需要功能很强的基础设施。这些基础设施是获得重用性、可移植性和互操作性的有效工具。这样就可知道如何找到组件提供的服务,并能在应用程序编译时进行静态绑定,用户必须在编译时就知道要访问的服务器接口;或在应用程序执行时进行动态绑定,在动态机制中,客户可以不知道可用的服务器和接口信息,而是在运行时间内搜索可用服务器,找到服务器接口,构造请求并发送,最后收到应答。

⑤ 具有构建和胶合组件的工具

在设计与其他应用软件的接口时,利用构建和胶合组件的工具,可以方便地增加和替换应用中的组件,充分发挥可重用的优势,实现客户应用程序的组装和升级。

(3) 常用的组件模型

组件对象模型技术的发展非常迅速,国际上已形成众多的组件模型标准和规范。例如,对象管理组织 OMG(Object Management Group)提出的公共对象请求代理机制 CORBA(Common Object Request Broker Architecture)、Microsoft 公司提出的组件对象模型 COM(Component Object Model)/分布式组件对象模型 DCOM(Distributed Component Object Model)和 SUN 公司提出的企业 JavaBean 模型 EJB(Enterprise JavaBeans)。下面就以这些标准和规范为主线来介绍组件技术。

① OMG 的 CORBA 规范

OMG 创建于 1989 年。它包括 IBM,HP,SUN,3COM 等计算机厂商,目前会员已达 800 多家。OMG 致力于面向对象技术和分布式计算的研究并制订标准以实现在不同网络与计算机环境下独立开发的应用软件的互用性,保证组件对象的可重用性、可移植性和互操作性,基于成熟的对象技术集成分散的应用软件。1990 年,该组织公布了对象管理体系结构 OMA(Object Management Architecture),给出了相应的

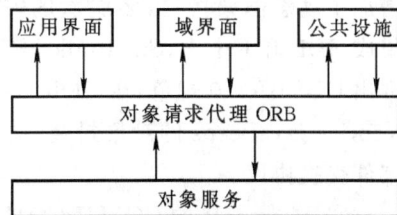

图 5-1　OMA 参考模型

参考模型,如图 5 - 1 所示。

- 对象服务(Object Services)

定义系统级的对象框架,包括安全服务、属性服务、时间服务及查询服务等。

- 对象请求代理 ORB(Object Request Broker)

定义了分布异构环境下对象透明地发送请求和接收响应的基本机制,建立了分布式对象之间联系的纽带,是 CORBA 的核心通信部件。

- 公共设施(Common Facilities)

分为水平和垂直两种应用框架,水平方向公共设施面向对象,包括用户界面、信息管理、系统管理和任务管理;垂直方向公共设施面向应用领域,如金融、账务、计算机辅助制造等特定领域。

- 域界面

为了使用领域服务而提供的接口,提供一组对于专门领域有共享价值的对象,例如专门处理医疗保健、金融保险等面向行业的对象工具。

- 应用界面

该界面用于传统的应用表示,由单个厂商提供。

1991 年,OMG 发布了 CORBA1.0,主要内容包括:CORBA 对象模型,接口定义语言 IDL,动态请求管理和动态调用管理的 API 集合和接口仓库。1992 年,OMG 发布了 CORBA1.1,引入对象适配器(Object Adapter)概念,并提供基本接口。它的主要功能包括:创建 CORBA 对象和对象应用;识别客户向 CORBA 对象的发送和请求;将请求发送到服务方的对象实现;激活 CORBA 对象。1995 年,CORBA2.0 正式发布。该版本的突出贡献是引入通用 ORB 间协议 GIOP(General Inter-ORB Protocol)和 Internet ORB 间协议 IIOP(Internet Inter-ORB Protocol),提供标准传输语法和消息格式集合以实现 ORB 产品在任何面向连接的协议上的互操作,弥补早期版本不同厂商 ORB 产品无法互操作的漏洞,同时增加了动态框架接口,多层次的安全和事务处理服务;与 COM/DCOM 集成;IDL 和 C++,Smalltalk 语言的映射等功能。目前,OMG 组织已推出 CORBA3.0 规范,在 CORBA2.2 的基础上,该规范又增加了对 Enterprise JavaBeans 的对象封装,它可以加载各种组件以及传输、事务和邮件交换协议。

② Microsoft 的 COM/DCOM

COM/DCOM 是在 Microsoft 1990 年发布的 OLE1.0 为核心的复合文档技术基础上发展而来的。最初,Microsoft 使用动态数据交换协议

DDE(Dynamic Data Exchange)来支持和简化剪贴板 Cut&Paste 操作，同时包含链接对象和嵌入对象功能，除了对象的数据外，复合文档中还存储了对象的类型和控制信息。随着技术的发展，Microsoft 的开发人员意识到复合文档对象实际上是软件组件的一种特例，因此，Microsoft 的OLE2.0 开始引入 COM 模型。COM 是基于对象的程序设计模型，目标是让多个组件彼此能够协同工作，即使它们来自不同厂商、由不同语言编写或是在不同操作系统上运行。COM 定义了二进制互操作标准及结构独立的网络协议，从而支持组件的互操作、软件的进化、异构环境下的分布式对象计算等特性。COM 规范主要包括 COM 核心、持久存储、统一数据传输和智能名字。COM 最基本的组件是对象，每一对象可以有多个接口，对象之间以及与系统之间通过接口进行互操作。COM 为 Client(客户应用程序)与 Server(运行组件对象的服务器)之间建立联系，一旦链接建立之后，Client 与组件对象之间直接进行交互，如图5－2所示。

　　1995 年，Microsoft 推出了DCOM。DCOM 是 COM 对于网络和分布计算的扩展和改进，把组件对象技术应用扩展到 Internet/Intranet。 DCOM中各个组件不仅仅局限于单机，而是扩展到整个网络，同时

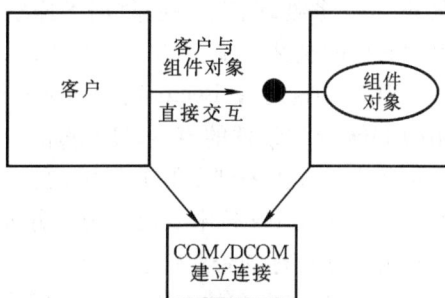

图 5－2　COM/DCOM 模型

Microsoft 与 Software AG 公司联合开发 DCOMFTE(DCOM for the Enterprise)，从而将 DCOM 扩展到从低端桌面 PC 到高端工作站、大型主机的企业级范围，弥补了只适用于 Windows/Intel 平台的缺点。随后，Microsoft 发布建立在 COM/DCOM 之上的 ActiveX，MTS(Microsoft Transaction Server)白皮书，进一步完善组件对象服务和事务处理机制，提供 COM/DCOM 与 Internet/Intranet 的全面集成。

　　目前，组件对象技术正广泛地应用于分布式系统中的图形用户界面、传统电信系统的改造升级以及正在迅速发展的电子商务系统之中，一场由组件对象技术引发的软件技术革命正在兴起。

　　③ SUN 的 EJB(Enterprise JavaBeans)

　　1998 年 3 月在旧金山召开的 JavaOne 98 开发者大会上，SUN 公司正式发布了业界期待已久的 EJB1.0 版规范说明，在众多的大公司和开

发人员中引起了巨大的反应,这标志着用 Java 开发企业级应用系统将变得简单。这次 JavaOne 大会也被称之为"EJB 展览会",许多公司纷纷表示要推出有关 EJB 的产品,已经推出或正准备推出 EJB 产品的公司有:SUN,IBM,Inprise,BEA,Gemstone,Informix,NCR,Netscape,Novell,Oracle,Persistence Progress,Secant,Sybase,Symantec 等。目前,EJB 已成为 Java 企业计算平台的核心技术。

Enterprise JavaBeans 技术自问世以来很受好评。下面这段话就是一个例子:

"自从两年多以前问世以来,Enterprise JavaBeans 技术在平台供应商和企业的开发小组中,同样都保持着空前的发展势头。这是因为 EJB 的服务器端组件模型简化了中间件组件的开发,这些中间组件都是事务性的、可伸缩的和可移植的。Enterprise JavaBeans 服务器通过为中间件服务(如事务处理、安全性、数据库连接及其他)提供自动支持,降低了开发中间件的复杂程度。"(来自 SUN Microsystems 网站)

Enterprise JavaBeans 这一名称利用了 Java Bean 这种可移植、可重用的 Java 软件组件的声望。Enterprise JavaBeans 技术把 Java 组件的概念从客户机域扩展到了服务器域,这是 Java 技术成长过程中有重大意义的一步,它使 Java 技术发展成为一种强健的、可伸缩的环境,能够支持以任务为关键目标的企业信息系统。

SUN 公司发布的 EJB 规范说明中对 EJB 的定义是:EJB 是用于开发和部署多层结构的、分布式的、面向对象的 Java 应用系统的跨平台的组件体系结构。采用 EJB 可以使得开发商业应用系统变得容易,应用系统可以在一个支持 EJB 的环境中开发,开发完之后部署在其他的环境中,随着需求的改变,应用系统可以不加修改地迁移到其他功能更强、更复杂的服务器上。

在分布式应用系统的开发中,采用多层体系结构的方法有很多优点,如增加了应用系统的可伸缩性、可靠性、灵活性等。因为服务器端组件可以根据应用需求迅速地加以修改,且组件在网络中的位置和应用无关,因此系统管理员可以很容易重新配置系统的负载。多层体系结构非常适合于大数据量的商业事务系统,特别是在基于 Web 的应用中,需要多层体系结构支持瘦客户机及浏览器的快速 Applet 下载。

通常一个多层体系结构的企业级应用系统的开发非常复杂,因为涉及到很多事务处理、姿态管理、多线程、资源调度、安全性操作以及其他许多底层的细节。EJB 简化了多层体系结构应用系统的开发过程,使企业计算的开发人员专注于应用系统的解决方案,而不需将过多的精力放在底层的计算细节。

　　一个开发商可以开发一个新的支持 EJB 的执行系统,但通常的做法是供应商对已有的系统进行改进以支持 EJB。可以进行改进以支持 EJB 的系统包括:

- 数据库管理系统,如 Oracle,Sybase,DB2 等;
- Web 应用服务器,如 Java Web Server, Netscape enterprise Server,Oracle Application Server 等;
- CORBA 平台,如 Iona Orbix/OTM,Borland VisiBroker/IT3 等;
- 事务处理监控器,如 IBM TX Series(CICS and Encina),BEA 公司的 Tuxedo 等;
- 组件事务服务器,如 Sybase Jaguar CTS 或 Microsoft Transaction Server 等。

　　对用户和这一技术的实现者来说,将会获得如下收益:

- 生产效率

使用这一技术,企业开发人员将会进一步提高生产效率。他们不仅能够获得在 Java 平台上的开发成果,而且能够将注意力集中于商务逻辑,从而使效率倍增。

- 业内支持

试图建立 EJB 系统的客户会获得一系列可供选择的解决方案。企业 JavaBeans 技术已经被很多公司所接受、支持和应用。

- 投资保护

企业 JavaBeans 技术建立在企业现存系统之上。事实上,许多 EJB 产品都将建立在已有的企业系统之上。今天企业所使用的系统,明天将会运行企业 JavaBeans 组件。

- 结构独立

企业 JavaBeans 技术将开发人员和底层中间件相隔离,开发人员看到的仅仅是 Java 平台。EJB 服务器厂商在不干扰用户的 EJB 应用程序的前提下,有机会改进中间件层。

- 服务器端仅写一次,即可随处运行(Server-Side Write Once,Run Anywhere)

通过对 Java 平台的支持,EJB 技术将“仅写一次,随处运行”的概念提高到了一个新的水平。它可以保证一个 EJB 应用程序可运行于任何服务器,只要这个服务器能够真正提供企业 JavaBeans APIs。

（4）组件对象技术研究重点

当前，对组件对象模型技术的研究主要有 4 个方向。

① 组件对象软件过程

这里组件对象软件过程是指一系列基于面向对象和文档模型技术实现组件对象的相互联系和应用领域相关的活动。它们提供给用户不同的数据类型和统一管理这些数据类型的应用程序。这些技术成功地产生了新一代的可视化编程工具，如 IBM 的 Visual Age，Microsoft 的 Visual Basic 等。

② 组件对象软件的规范和基于知识的方法

组件对象软件的规范就是要解决组件对象标准化问题，由于目前存在着多种分布式对象标准，并且组件对象本身也没有统一的定义，这给异种组件对象之间实现组装带来了许多问题。基于知识的方法研究主要是在学术界进行的，典型代表如由 Professor Kalinichenko 提出的 SYNNTHESIS 方法。其目的是在领域知识的基础上实现软件系统构建过程的自动化，通过规范的或半规范的方法来描述组件对象和组件对象的组装过程。

③ 基于框架的软件构建

这一方向是向系统开发者提供特定领域应用程序的框架和参考体系结构。基于组件对象的应用程序不仅仅是一些普通部分简单拼凑，而通常是面向特定领域的，因此需要一个可将组件对象装配到一起的体系结构，否则，组件对象之间不具有互操作性。因而不同领域的体系结构的研究就变得极为重要，直接关系到组件对象的质量和组件对象的可重用程度。参考体系结构描述了组件对象和一个特定领域系统之间的相互关系，框架则提供了运行一系列组件对象的有组织的环境，这样，在构建一系列组件对象时可有一致的设计和实现。欧洲 ITHACA 研究项目和 HP 的 Hybrid Kits 程序中都运用了框架方法。

④ 基于组件对象设计的安全性、可靠性的研究

这一问题一方面是应用环境（如操作系统和网络环境）引起的，另一方面是由组件对象本身的安全性和可靠性引发的。由于越来越多的分布式系统是基于组件对象设计的，因而基于组件对象设计的安全、可靠性受到了软件工作者的广泛重视。目前这一方面的研究主要涉及数据的检查和备份、组件对象的定位、客户端的重新连接以及组件对象软件的容错运行等，如 AT&T 实验室的 Y. M. Wang 提出的 InterCOM Project。

5.1.2　组件技术与面向对象技术的比较

组件技术是在面向对象技术的基础上逐渐发展起来的一种新技术，对象是人们提出重用性方面的第一个尝试。由于面向对象开发环境本质上不够完善，缺乏解决对象互操作性的公共基础设施等原因，妨碍了它们成为主流产品。对于组件技术和面向对象技术之间的关系有以下几种观点：

· 组件技术抽象了许多面向对象技术的实现概念，是将面向对象技术应用于系统设计级上的一种自然的延伸。

· 组件技术是面向对象技术的一个简单化的版本，它注重封装性，但忽略了继承性和多态性。

· 组件技术是构造系统的体系结构级的方法，并且组件可以采用面向对象方法很方便地实现组件。

这三种观点各有所长，都不全面，但对我们理解组件技术和面向对象技术之间的关系却很有意义。表 5 - 1 对比了组件技术和面向对象技术的关系。

表 5 - 1　组件技术与面向对象技术的比较

	组件技术	面向对象技术
目标	应用程序间的更大范围的组件的重用	应用程序内的更大行为的重用
基本关系	请求/响应的关系	行为的继承关系
重点	组件接口不变	可扩展的类的层次关系
最终目的	应用程序具有定义良好的接口，可以很容易地替换其中的组件	应用程序通过对象、类的层次关系的扩展来改变行为

有时一个组件就是一个对象，但一般意义上组件好比是"化合物"，而对象好比是"原子"，组件能被直接使用，而不必关心构成它们的原子。在面向对象中实现软件重用一般是要提供原代码的，而用组件实现则完全不用了解它是如何实现的。

5.1.3　组件化程序的开发方法

当人们意识到长期依赖的面向对象方法也难以适应不断发展的现代软件系统时，组件化程序设计思想得到了迅速的发展。

组件化程序的开发方法模拟了硬件设计的思想。在该方法中，一个应用是由若干个可重用的组件组合而成的,与结构化方法中的模块和面向对象方法中的对象不同,一个组件是一个大粒度的、自包容和基于标准的软件部件,每个组件提供一个或多个接口。接口是组件与客户和其他组件之间通信的惟一途径。

一个组件同一个微型应用程序类似,都是已编译、链接好的二进制代码,应用程序由多个这样的组件打包而成。各个定制的组件可以在运行时同其他组件链接而构成某个应用程序,在需要对应用程序进行修改时,只需将构成此应用程序的某个组件用新版本替换掉即可,可见,组件在应用程序中完全是动态的。

从重用的角度看,结构化方法中的模块是面向本系统的功能单位,是特定为本系统服务的,加上基于过程的不稳定性,几乎没有重用的可能。面向对象方法在重用性方面有了较大的提高,通过继承和使用类库可以较好地实现代码重用。但以面向对象方法中的类和对象作为重用单位存在着粒度太细的缺点,并且由于继承所引起的对象之间的依赖性,限制了具有独立性要求的重用。组件建立在面向对象之上并超越了面向对象的思想,组件本身可以用面向对象的方法实现,完成一项独立的业务逻辑,它实现的是对象重用。组件不存在继承的概念(可模拟继承),更强调封装的独立性,为重用提供了更好的支持。组件的内部实现细节是隐藏的,它通过提供一个或多个接口,向外展示它的服务,组件客户通过接口使用组件所提供的服务,而无须知道这些服务是如何实现的。

按照组件化程序设计思想,同样是将单独的、庞大而复杂的应用程序分成多个模块,但这里每一个模块不再是一个简单的代码集,而是一个自给自足的组件。这些组件能很好地支持分布式应用,在组件化程序的开发过程中,应用由多个组件动态地组合而成,组件的物理位置是透明的,一个组件可以分布在网络上,同时为多个应用提供服务,所有通信都由组件协议完成,对组件客户和组件开发者保持透明。

在许多相对成熟的工程领域中,组件的概念是十分广泛的。在一个理想化的组件系统中,用户通常并不了解组件内部的知识,然而他们却可以通过配置组件完成所需的工作。

为了做一个具体的类比,让我们看一看汽车发动机。一辆汽车实际上是组件(即部件)的集合,这些放在一起的组件提供了全部的功能(即将人从一地运到另一地),发动机是这些组件之一。发动机完成特定的功能,它负责提供使汽车运动的动力。发动机是独立的,它的内部工作原理对汽车的其他任何部件是无关紧要的,但发动机必须提供定义明确的接口,无论是安装六缸发动机还是四缸发动机,都必须有一个共同的机制,汽车的其余部分都能使用这个机制来利用由发动机提供的动力。比如,不同厂家生产的发动机,马力和扭矩特征不同,所用的材料也不同,但只要这些发动机有标准的安装螺栓、尺寸,它们就可以在同一辆汽车中使用。同时,发动机这个组件本身也可由其他组件构成,每个组件都完成它自己的功能,从而共同提供发动机功能。

使用组件开发软件产品具有许多优点。下面给出它的几个优点和竞争优势:

① 组件易替换

在庞大复杂的企业级应用程序中,如果使用组件技术将程序分成一个个组件模块,在进行程序修改或版本升级时,就可以只修改或替换相关的组件。

② 适应业务需求更改

软件的业务需求通常像流水一样不确定,开发期间和软件配置之后,新的需求会不断涌现。在组件软件中,可以将业务规则放在少数几个组件中。当业务规则发生改变时,只需修改原组件或重建并发布新组件即可。更新是局部的,程序中出错的机会也就限制在这个局部,使得程序的调试和测试更为方便。

③ 可实现二进制代码重用

组件之间可以在二进制级别上进行集成和重用,这样只需一次编写代码就可多处应用。例如,可以建立一个处理所有字符串函数的组件,有助于并行开发。一个大应用系统由许多组件组成,这些组件的实现可以并列进行。比如,应用可能包含一个字符串处理组件、一个计算组件和一个数据读取组件,这些组件可以同时建立,只要接口设计正确,则建立这些组件之后它们将能顺利配合。

5.2　CORBA 组件模型

5.2.1　CORBA 的相关概念

CORBA 是为了实现分布式计算而引入的。只有 CORBA 是真正跨平台的,平台独立性正是 CORBA 的初衷之一。CORBA 通过 IDL 接口定义语言,能做到与语言无关,也就是说,任何语言都能制作 CORBA 组件,而 CORBA 组件能在任何语言下使用。

因此,可以这样理解 CORBA:CORBA 是一种异构平台下的与语言无关的对象互操作模型。

CORBA 的体系结构如图 5-3 所示：

CORBA 上的服务用 IDL 描述，IDL 将被映射为某种程序设计语言如 C++或 Java，并且分成两份，在客户端叫 IDL Stub(桩)，在服务器端叫 IDL Skeleton(骨架)。两者可以采用不同的语言。服务器端在 Skeleton 的基础上编写对象实现(Object Implementation)，客户端要访问服务器对象上的方法，则要通过客户桩，而双方又要通过 ORB 总线通信。

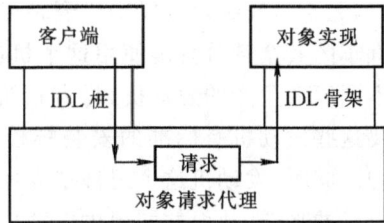

图 5-3　CORBA 体系结构

与传统的客户/服务器模式(称为双重客户/服务器模式)不同，COR-BA 是一种多重客户/服务器结构，更确切地说，是一种三重客户/服务器模式。双重客户/服务器模式存在的问题是两者耦合太紧，它们之间采用一种私有协议通信，服务器的改变将影响到客户端。多重客户/服务器与此不同，两者之间的通信不能直接进行，而需要通过中间的一种叫代理的方式进行。在 CORBA 中这种代理就是 ORB，通过它，客户和服务器不再关心通信问题，它们只需关心功能上的实现。从这个意义上讲，COR-BA 是一种中间件(Middleware)技术。

下面列出 CORBA 中的一些重要概念，或者说 CORBA 中的几个重要名词，有助于了解 CORBA 的一些重要的方面。

(1) ORB

CORBA 体系结构的核心就是 ORB，如图 5-4 所示。可以这样简单理解：ORB 就是使得客户应用程序能调用远端对象方法的一种机制。

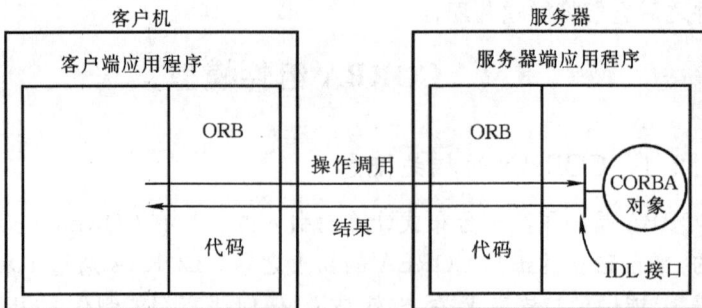

图 5-4　ORB 模型

　　具体来说就是：当客户程序要调用远程对象上的方法时，首先要得到这个远程对象的引用，之后就可以像调用本地方法一样调用远程对象的方法。当发出一个调用时，实际上 ORB 会截取这个调用（通过客户 Stub 完成），因为客户和服务器可能在不同的网络、不同的操作系统上甚至用不同的语言实现，ORB 还要负责将调用的名字、参数等编码成标准的方式（称为 Marshaling）通过网络传输到服务器端（实际上在同一台机器上也如此），并通过将参数 Unmarshaling 的过程，传到正确的对象上（这整个过程叫重定向，Redirecting），服务器对象完成处理后，ORB 通过同样的 Marshaling/Unmarshaling 方式将结果返回给客户。

　　因此，ORB 是一种功能，它具备以下能力：

　　① 对象定位（根据对象引用定位对象的实现）；

　　② 对象定位后，确信 Server 能接受请求；

　　③ 将客户端请求通过 Marshaling/Unmarshing 方式重定向到服务器对象上；

　　④ 如果需要，将结果以同样的方式返回。

　　(2) IDL

　　IDL，接口定义语言，是 CORBA 体系中的另一个重要概念。如果说 ORB 使 CORBA 做到平台无关，那么 IDL 则使 CORBA 做到语言无关。

　　正像其名字中显示的那样，IDL 仅仅定义接口，而不定义实现，类似于 C 中的头文件。实际上它不是真正的编程语言，要用它编写应用，需要将它映射到它相应的程序设计语言上去，如映射到 C＋＋或 Java 上去。映射后的代码叫 Client Stub Code 和 Server Skeleton Code。

　　IDL 的好处是使高层设计人员不必考虑实现细节而只需关心功能描述。IDL 可以说是描述性语言。设计 IDL 的过程也是设计对象模型的过程，它是编写 CORBA 应用的第一步，在整个软件设计过程中至关重要。

　　IDL 的语法很像 C＋＋，当然也像 Java。很难想象一个程序设计人员是不懂 C 或 Java 的，所以，几乎所有的程序设计人员都能迅速理解 IDL，而这正是 IDL 设计者所希望的。

　　下面是一个 IDL 定义的 2-D grid 的简单例子：

```
// grid.idl
module simpleDemo
{
    interface grid
    {
```

```
readonly attribute short height; //grid 的高度
readonly attribute short width; // grid 的宽度
// IDL 操作
//设置 grid 的 element[row,col]值
void set(in short row, in short col, in long value);
//获取 grid 的 element[row,col]值
long get(in short row, in short col);
};
};
```

Module 类似于 Java 中包(Package)的概念,实际上 module simple-Demo 映射到 Java 正是 package simpleDemo。而 Interface 类似于C++中的类(class)声明,或是 Java 中的 Interface 定义。关于 IDL 的全部语法信息,请查阅相关的规范。

（3）Stub Code 和 Skeleton Code

Stub code 和 Skeleton Code 是由 IDL Complier 自动生成的,前者放在客户端,后者放在服务器端。不同厂商的 IDL complier 生成的 Stub 和 Skeleton 会略有区别,但影响不大。

如上面的 grid.idl,编译后,Stub Code 包含以下文件：

```
grid.java
_gridStub.java
gridHelper.java
gridHolder.java
gridOperations.java
```

Skeleton Code 则包含以下文件：

```
gridOperations.java
gridPOA.java
gridPOATie.java
```

（在 Stud Code 中也包含 gridOperations.java,是因为在使用 Call back 机制时会用到。）

（4）GIOP 和 IIOP

客户和服务器是通过 ORB 交互的,那么,客户端的 ORB 和服务器端的 ORB 又是通过什么方式通信呢? 通过 GIOP。也就是说,GIOP 是一种通信协议,它规定了两个实体客户和服务器 ORBs 间的通信机制,如图 5-5 所示。

图 5-5　ORBs 通信机制

　　GIOP 在设计时,应该尽可能简单,开销最小,同时又具有最广泛的适应性和可扩展性,以适应不同的网络。

　　GIOP 定义了以下几个方面:

　　① The Common Data Representation (CDR) definition

　　通用数据表示定义。它实际上是 IDL 数据类型在网上传输时的编码方案。它对所有 IDL 数据类型的映射都作了规定。

　　② GIOP Message Formats

　　它规定了客户和服务器两个角色之间要传输的消息格式,主要包括请求(Request)和响应(Reply)两种消息。

　　一个 Request 消息由以下几部分组成:

　　A GIOP message header

　　A Request Header

　　The Request Body

　　相应地,一个 Reply 消息则包括

　　A GIOP message header

　　A Reply Header

　　The Reply Body

　　GIOP1.1 规定 GIOP message header 格式如下:

```
// GIOP 1.1
struct MessageHeader _ 1 _ 1
{
    char magic [4];
    Version GIOP _ version;
    octet flags; // GIOP 1.1 change
    octet message _ type;
    unsigned long message _ size;
};
```

Request Header 格式如下：

```
// GIOP 1.1
struct RequestHeader _ 1 _ 1
{
    IOP::ServiceContextList service _ context;
    unsigned long request _ id;
    boolean response _ expected;
    octet reserved[3]; // Added in GIOP 1.1
    sequence <octet> object _ key;
    string operation;
    Principal requesting _ principal;
};
```

Request Body 则按 CDR 规定的方式编码，它主要对方法调用的参数进行编码，如方法：

```
double example (in short m, inout Principal p);
```

可表示成：

```
struct example _ body
{
    short m;
    Principal p;
};
```

③ GIOP Transport Assumptions：

主要规定在任何面向连接的网络传输层上的一些操作规则。如：Asymmetrical connection usage, Request multiplexing, Overlapping requests, Connection management 等。

另外，因为 CORBA 是基于对象的，GIOP 还需定义一套 Object Location 的机制。GIOP 因为是一种通用协议，所以不能直接使用，在不同的网络上需要有不同的实现。目前使用最广的便是 Internet 上的 GIOP，称为 IIOP。IIOP 基于 TCP/IP 协议。IIOP 消息格式定义如下：

```
module IIOP                 // version 1.1
{
    struct Version
    {
        octet major;
```

```
        octet minor;
    };
    struct ProfileBody _ 1 _ 0
    {
        Version iiop _ version;
        string host;
        unsigned short port;
        sequence <octet> object _ key;
    };
    struct ProfileBody _ 1 _ 1
    {
        Version iiop _ version;
        string host;
        unsigned short port;
        sequence <octet> object _ key;
        sequence <IOP::TaggedComponent> components;
    };
};
```

(5) 动态调用接口和动态骨架接口

动态调用接口（Dynamic Invocation Interface，DII）和动态骨架接口（Dynamic Skeleton Interface，DSI）是用来支持客户在不知道服务器对象的接口的情况下也能调用服务器对象。

(6) Object Adapter（对象适配器）

对象适配器是 ORB 的一部分。它主要完成对象引用的生成、维护、对象定位等功能。对象适配器有各种各样。Basic Object Adapter（BOA，基本对象适配器）实现了对象适配器的一些核心功能，而 Portable Object Adapter(POA，可移植对象适配器)则力图解决对象实现在不同厂商的 ORBs 下也能使用的问题。最新的 ORB 产品一般都支持 POA。

还有其他一些专有领域的对象适配器如 Database Object Adapter 等。

5.2.2　CORBA 中面向对象分析的方法与 Java IDL 程序实例

(1) CORBA 中面向对象的分析方法

通过对 CORBA 的基本了解和 CORBA 内部实现结构的分析，我们

对传统的面向对象建模方法进行改进,将其应用于基于 CORBA 组件的开发过程中,得出以下步骤:

① 明确系统需求,产生系统的任务说明书,在这个阶段主要明确以下几个方面的问题:

· 系统要完成的任务以及要解决的问题;

· 各个任务执行的实体和环境;

· 数据的安全性;

· 系统中需要具备扩展性的部分。

② 应用任务说明书建立系统的抽象模型

抽象模型中包括根据任务说明书提出的任务、实体以及相互之间的约束。建立抽象模型有助于整个软件系统的实现、维护、扩充以及重用。

③ 在抽象模型的基础上建立系统的对象模型

将抽象模型中的人物作为操作,实体作为对象,然后将操作和相应的对象联系起来,在其上加上约束条件,并对对象和操作进行分组,就可以得出 CORBA 分布式系统的对象模型。这样得出的模型是原始对象模型,必须对其进行进一步的加工和改进,以形成最终简单实用的对象模型。对对象模型改进可以充分利用 CORBA 系统中对象的特点,例如:接口的继承性,操作和属性自身的特点等。

④ 用 OMG IDL 来描述该对象模型,得出 IDL 接口文件,从而形成整个 CORBA 系统的框架模型。

在 CORBA 中,接口定义了一类对象的属性和行为,其中包括这些对象中进行的各类操作,因此将对象模型转化为 OMG IDL 接口文件是可行的。同时这也是一个交互的过程,在转化的过程中,程序员可以对 IDL 文件和对象模型进行进一步的改动,以得到最佳的转化结果。整个面向对象系统分析过程如图 5-6 所示。

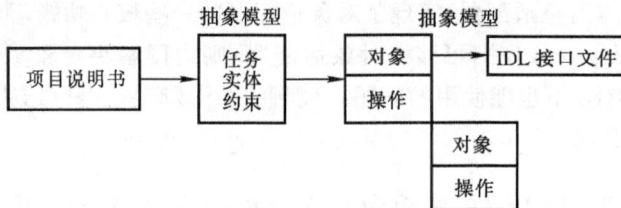

图 5-6　面向对象系统分析过程

（2）Java IDL 编程实例

Java JDK 1.2 提供了对 CORBA 的支持，Java IDL 即 idltojava 编译器就是一个 ORB，可用来在 Java 语言中定义、实现和访问 CORBA 对象。Java IDL 支持的是一个瞬间的 CORBA 对象，即在对象服务器处理过程中有效。实际上，Java IDL 的 ORB 只是一个类库而已，并不是一个完整的平台软件，但它对 Java IDL 应用系统和其他 CORBA 应用系统之间提供了很好的底层通信支持，实现了 OMG 定义的 ORB 基本功能。

下面将以"Hello World!"客户/服务器应用为例，详细说明 Java IDL 的实际编程方法，使用的 JDK 版本是 JDK1.3。在本例中，客户端向服务端提出服务请求，服务端回送"Hello World!"，然后在客户端的屏幕上显示出来。

① 定义并编译对象接口

定义 IDL 接口文件 hello.idl 内容如下：

```
module HelloApp
{
    interface Hello
    {
        string sayHello();
    };
};
```

然后运行 Java IDL 编译器来编译该接口文件：

```
idlj － fserver hello.idl
```

经 idlj（附带参数 - fserver）编译后自动建立了一个文件目录 HelloApp，并在该目录下生成 3 个 Java 文件：_ HelloImplBase.java，Hello.java 和 HelloOperations.java。

```
idlj － fserver hello.idl
```

经 idlj（附带参数－fclient）编译后在 HelloApp 目录下生成另外 3 个 Java 文件：_ HelloStub.java，HelloHelper.java 和 HelloHolder.java。

这些文件的说明如下：

_ HelloImplBase.java 就是服务端的 skeleton 类，它实现了服务端的 Hello.java 接口，为服务端对象提供了 CORBA 服务功能。

_ HelloStub.java 是客户端的 stub 类，为客户端提供 CORBA 服务功能，它实现了客户端的 Hello.java 接口。

Hello.java 是 IDL 接口的 Java 语言实现，是方法 sayHello() 的实

现。

　　HelloHelper. java 类提供了许多辅助功能的方法,主要是 narrow() 方法,它将 CORBA 对象引用转化成适合的类型。

　　HelloHolder. java 提供了有关参数操作的实现,这些参数在 COR-BA 中使用,但 Java 语言中没有直接的对应。

　　HelloOperations. java 是用 Java 语言描述 IDL 的接口。

　　下面将要利用这 6 个文件编写实际应用的 Java 程序。

　　② 编写客户端应用程序

　　· 引入要使用的包:

```
import HelloApp. * ;              //本应用的 stub 类
import org. omg. CosNaming. * ;    //要使用 CORBA 的名字服务
import org. omg. CORBA. * ;        //使用 CORBA 服务
```

　　· 声明客户应用类:

```
public class HelloClient {
// main 方法
}
```

　　· 定义客户应用类的 main 方法:

```
public static void main(String args[])
{
    try
    {
        //方法功能代码
    } catch (Exception e)
    {
        System. out. println("ERROR : " + e);
        e. printStackTrace(System. out);
    }
}
```

以下几步将编写 try 块中的内容。

　　· 建立 ORB 对象:

```
ORB orb = ORB. init(args, null);
```
　　　　　　　　　　//args 为客户程序启动时的命令行参数

　　· 使用 ORB 的名字服务寻找 Hello 对象:

```
org. omg. CORBA. Object objRef = orb. resolve _ initial _ refer-
```

```
ences("NameService");                                    //启动
    NamingContext ncRef = NamingContextHelper. narrow(objRef);
                                                         //类型变换
    NameComponent nc = new NameComponent("Hello", "");      //注册服务类
    NameComponent path[] = {nc};
    Hello helloRef = HelloHelper. narrow(ncRef. resolve(path));
```

· 调用 sayHello 操作,把服务端返回的内容显示在屏幕上:

```
    String Hello = helloRef. sayHello();
    System. out. println(Hello);
```

完整的客户应用 Java 程序 HelloClient 如下:

```
import HelloApp. * ;
import org. omg. CosNaming. * ;
import org. omg. CORBA. * ;
public class HelloClient
{
    public static void main(String args[])
    {
      try
      {
        ORB orb = ORB. init(args, null);
        org. omg. CORBA. Object objRef = orb. resolve _ initial _
        references("NameService");
        NamingContext ncRef = NamingContextHelper. narrow(ob-
        jRef);
        NameComponent nc = new NameComponent("Hello", "");
        NameComponent path[] = {nc};
        Hello helloRef = HelloHelper. narrow (ncRef. resolve
        (path));
        String Hello = helloRef. sayHello();
        System. out. println(Hello);
      }catch(Exception e)
      {
        System. out. println("ERROR:" + e);
        e. printStackTrace(System. out);
```

```
        }
    }
}
```

③ 编写服务端应用程序

· 引入要使用的包：

```
import HelloApp. * ;                      //本应用的 stub 类
import org. omg. CosNaming. * ;           //要使用 CORBA 的名字服务
import org. omg. CORBA. * ;               //使用 CORBA 服务
import org. omg. CosNaming. NamingContextPackage. * ;
                                          //名字服务的例外处理
```

· 声明服务应用类：

```
public class HelloServer
{
    //main 方法
}
```

· 定义服务应用类的 main 方法：

```
public static void main(String args[])
{
    try
    {
        //方法功能代码
    } catch (Exception e)
    {
        System. out. println("ERROR:" + e);
        e. printStackTrace(System. out);
    }
}
```

然后，开始编写服务端 main 方法中 try 块的内容。

· 建立 ORB 对象：

```
ORB orb = ORB. init(args, null);
HelloServant helloRef = new HelloServant();
orb. connect(helloRef);
```

· 使用 ORB 的名字服务寻找 Hello 对象(在 main()方法的 try 块中)：

```
org.omg.CORBA.Object objRef = orb.resolve _ initial _ refer-
ences("NameService");                              //启动
    NamingContext ncRef = NamingContextHelper.narrow(objRef);
                                            //类型变换
    NameComponent nc = new NameComponent("Hello", "");//注册服务类
    NameComponent path[] = {nc};
    ncRef.rebind(path, helloRef);
```

• 等待客户调用(在 main()方法的 try 块中)：

```
java.lang.Object sync = new java.lang.Object();
synchronized(sync) { sync.wait();}
```

• 定义 sayHello 服务类(独立在 HelloServer 类之外)。该类实现本例的服务内容,它向客户端返回"Hello World!"：

```
class HelloServant extends _ HelloImplBase
{
    public String sayHello()
    {
        return "\n\nHello World! \n\n";
    }
}
```

下面是完整的服务应用 Java 程序 HelloServer：

```
import HelloApp. * ;
import org.omg.CosNaming. * ;
import org.omg.CosNaming.NamingContextPackage. * ;
import org.omg.CORBA. * ;
public class HelloServer
{
    public static void main(String args[])
    {
        try
        {
            ORB orb = ORB.init(args, null);
            HelloServant helloRef = new HelloServant();
            orb.connect(helloRef);
            org.omg.CORBA.Object objRef = orb.resolve _ initial _
```

```
        references("NameService");
        NamingContext ncRef = NamingContextHelper. narrow(ob-
        jRef);
        NameComponent nc = new NameComponent("Hello", "");
        NameComponent path[] = {nc};
        ncRef. rebind(path, helloRef);
        java. lang. Object sync = new java. lang. Object();
        synchronized(sync){sync. wait(); }
    } catch(Exception e)
    {
        System. out. println("ERROR:" + e);
        e. printStackTrace(System. out);
    }
    }
}
class HelloServant extends _HelloImplBase
{
    public String sayHello()
    {
        return "\n\nHello World! \n\n";
    }
}
```

④ 编译和运行应用程序

· 编译应用程序

`javac * . java HelloApp/ * . java`

· 运行应用系统

启动名字服务器:

`tnameserv - ORBInitialPort nameserverport`

其中,nameserverport 是 ORB 名字服务器的服务端口号(缺省值是 900),可以自选,在本例中使用 5555(在 UNIX 系统下,非 root 用户只能使用大于 1 024 的服务端口号)。所以实际的命令为:tnameserv - ORBInitialPort 5555。

启动服务程序:

`java HelloServer - ORBInitialHost nameserverhost - ORBIni-`

tialPort nameserverport

其中,nameserverhost 是 ORB 名字服务器所在主机名,假设为"xjtuec"。所以实际的命令为:java HelloServer – ORBInitialHost xjtuec – ORBInitialPort 5555。

启动客户程序:

java HelloClient – ORBInitialHost xjtuec – ORBInitialPort 5555。

客户程序启动后,将会在屏幕上显示:

Hello World!

从上例可以看出,与传统的客户/服务应用开发完全不同,使用 CORBA 后,开发人员再不必关心客户和服务之间的通信问题,也不必处理客户和服务之间的协调问题,客户系统和服务系统可以在不同的机器系统中运行,并且可以用不同的语言来实现(如本例中的服务端程序完全可以用 C++来编写),这些都由 CORBA 负责解决,对应用开发者来说都是透明的。

5.2.3 CORBA 技术的新发展

(1) CORBA 与 Java 的结合

CORBA 与 Java 对象代码可在 Internet 上随意移动,客户/服务器程序模块都能在互联网上动态传输;Java 扩展并简化了 CORBA 的对象生存期服务;Java 补充了 CORBA 的代理结构,为 CORBA 提供了移动式存储容器。正源于此,OMG 在 CORBA2.2 规范中颁布了 OMGIDL 与 Java 的映射,大多数厂家厂商都已经将自己的 CORBA 产品升级到 Java 平台上。

Java 开发包包含一组纯粹由 Java 所发展的 CORBA ORB。这组 ORB 是 Joe 的一小部分,全部以 Java 开发的 ORB 将会包含在 Sun 的 NEO 这项产品中。此外,JDK 会支持 Java IDL,Java IDL 是一套能从 IDL 中产生出 CORBA 识别标签及程序框架的开发环境。JDK 同时也将包含一组完全用 Java 所开发的 CORBA 命名服务。Java 远程方法调用 RMI(Remote Method Invocation)将运行在 CORBA/IIOP 结构上。

在低端的市场方面,用户不仅可以从 JDK 提供厂商(即使是 Microsoft 也有可能)获得免费的 CORBA/Java ORB,同时还可取得 IDL 开发环境。在高端的市场方面,用户将能取得具备交易功能的 JavaBeans。交易功能为 Beans 带来 ACID 四种保护功能,亦即不可分割性(Atomic)、一致性(Consistent)、隔离性(Isolated)以及持久性(Durable)。这个功能同时具有连接组件的功能,用户可利用这个功能使各个厂商所开发的Beans 达到同步化。

现在已经有三家公司推出了符合这些条件的 ORB,它们分别是 Sun的 Joe,Iona 的 OrbixWeb 以及 Visigenic/Netscape 的 VisiBroker for Java。这三个 ORB 都得到了许多厂商的强力支持。Joe 会包含在 JDK 中。OrbixWeb 是 ORB 开发厂商的龙头老大 Iona 所推出的产品。VisiBroker for Java 这套产品目前不但随着 Netscape Communicator 及 Enterprise Server 一起推出,而且也即将附加在 Oracle 的网络计算结构(Network Computing Architecture,NCA),Sybase 的 Jaguar,以及 Novell 的InternetWare 等三项产品中。除了这些纯粹由 Java 所发展的 ORB 之外,许多由 C++所开发出来的 ORB 现在也提供了与 Java 的结合能力,例如 Expersoft 的 PowerBroker,IBM 的 Component Broker 及 BEA 的ObjectBroker 等就是这样的产品。

(2) CORBA 与 WWW 的结合

WWW 技术迅速发展,它已不再仅仅是超媒体信息的浏览工具,已逐步成为人们进行事务处理的前端。由于分布对象的计算技术,特别是CORBA 技术对于提高 Web 的网络计算能力有着无可比拟的巨大作用,CORBA 与 WWW 技术迅速融合,产生诱人的技术前景。

CORBA 与 WWW 结合,构架出真正的三层体系结构。这种三层的体系结构,以分布对象技术为基础构架,增加了应用层,将客户层与资源层隔开,降低了 Web 服务器的负载,避免了 Web 服务器的性能缺陷对整个性能的影响。并且具有连接缓冲、负载均衡、安全管理等功能,从而提高了 Web 应用整体的灵活性、可伸缩性和可扩展性。

该结构中,CORBA 客户端程序从 Web 服务器上下载执行,与应用服务器上的 CORBA 应用对象通过 IIOP 协议进行通信,调用其指定的操作。CORBA 应用对象首先对客户的请求进行认证和解释,根据客户请求的内容,或是直接访问资源层的数据库,或是与网络上的其他 CORBA对象交互,共同完成客户请求。CORBA-Web 体系与 ActiveX,Java RMI比较起来,有明显优势。

在 CORBA 与 Web 的结合技术上,Java 是 CORBA 结合 Web 的一个很好的切入点。CORBA 规范中定义了 IDL/Java 的映射,CORBA 产品提供商则根据规范开发了 Java ORB。

Java ORB 不仅能开发分布式的 Java 应用,更重要的是它能够开发

Web 的 CORBA 应用。

Java ORB 是基于 CORBA 的 Java 应用的中心，Java 客户，包括 Applet 和 Application，通过桩(Stub)代码向本地的 Java ORB 发出请求，本地 ORB 再与服务器端的 Java ORB 进行 IIOP 通信，服务方 ORB 根据请求的内容调用相关的骨架(Skeleton)代码由指定的对象实现来完成请求，并将请求结果按原路返回给客户。Java ORB 作为信息中介的桥梁，负责远程对象请求的生成、编码、传输等工作。

(3) CORBA 与电子商务

电子商务是分布式软件的最佳实例，如何从纷繁的网络中自动提取、归纳、整理商务信息，如何进行分布式软件的快速集成，这些都与 CORBA 技术密切相关。未来的分布式软件是符合 CORBA 结构，采用 Java、Web 等技术的精彩世界。

为了使分布式软件能够服务于电子商务，这些软件必须满足以下要求：

① 随时可用(Availability)

无论何时，只要买卖双方希望进行交易，分布式商务软件都应该能够响应。显然当用户企图抛售自己的股票时，绝对不愿意发现自己的股票交易系统拒绝提供服务。

② 性能良好(Performance)

在电子商务时代，所有客户都显得缺乏耐性，如果响应时间频繁超过"2"秒，恐怕就会有人抱怨商务软件性能过于糟糕了。

③ 记忆持久(Durability)

在电子商务时代，的确可以进入无纸办公。但是软件系统必须有"经久不忘"的记忆力。当系统接收一份订单后，在相当长的时间内应该"能够回想起有关内容"，当完成一笔交易后恐怕需要"铭记终生"。

④ 具有预见能力(Predictability)

商务软件的执行结果应该符合商务逻辑，可以预见。显然，没有客户愿意在支付货款后被告知因为软件失误厂家没有收到订单；也没有厂家希望在交付商品后发现因为软件失误客户没有付款。

⑤ 安全可靠(Security)

我们相信，软件系统、买卖双方、所有有关机构都希望确保自己正在进行的活动、操作安全可靠。

⑥ 容易扩充升级(Scalability)

随着商务活动的扩展，我们可能需要扩充软件系统的负载能力、功能。因此,分布式软件开发过程中就应该考虑这些未来问题。

⑦ 适应性强(Adaptability)

商场如战场,瞬息万变。电子商务中真正获取利润的是商务经营策略。商务软件是商务经营策略的技术支持,因此也必须适合经营策略的千变万化。如果每改变一下商务经营策略就需要重新开发商务软件,显然会捉襟见肘。

⑧ 灵活性强(Flexibility)

不可否认,分布式商务软件开发者的预见是有限的,但是,商机是无限的。如果客户希望同一些未预见的商务系统进行交易,那么,有关商务系统之间应该能够灵活集成、灵活交互,否则必然造成“商机有界”。

显然,分布式商务软件的上述要求不可能采用一种技术或语言完成,必须制订一定的软件标准,规定一定的软件体系结构使其得以实现。CORBA 就是为此目的设计的分布式软件开发方式及分布式软件开发标准。

自 1991 年 OMG 推出 CORBA 的第一个版本以来,人们不断地把一些新技术引入 CORBA 中,CORBA 技术在面向对象的分布式系统领域中不断完善和发展,展现了其旺盛的生命力和在分布式领域中强大的竞争力,但仍存在不足,需人们做进一步研究和完善。

5.3　COM 组件对象模型

5.3.1　COM 的相关概念

COM 组件技术是一种技术标准。它由 Microsoft 公司创建,提供了使多个应用程序或组件对象协同工作并相互通信的能力。COM 组件是遵循 COM 规范编写、以 Win32 动态链接库(DLL)或可执行文件(EXE)的形式发布的可执行二进制代码。遵循 COM 的规范标准,使组件与应用、组件与组件之间可以相互操作,极其方便地建立可伸缩的应用系统。从工程应用的角度看,组件在应用开发方面具有以下特点:

・组件与开发的工具语言无关

开发人员可以根据需要和爱好选择特定语言工具实现组件的开发。常用的开发工具是 VB,VC 和 DELPHI。将组件编译成 DLL 或 EXE 置于服务器端,可有效保护商业秘密。

・通过接口有效保证了组件的复用性

一个组件具有若干个接口,每个接口代表组件的某个属性或方法,其他组件或应用程序可以设置或调用这些属性和方法来进行特定的逻辑处理。组件和应用程序的链接是通过其接口实现的。负责集成的开发人员无须了解组件功能如何实现,而只须创建组件对象与其接口建立链接。在保证接口一致性的前提下,可以调换组件、更新版本,也可以将组件应用在不同的系统中。

　　· 组件运行效率高,便于使用和管理

　　因为组件是二进制代码,比脚本运行效率高,所以核心的商务逻辑计算任务必须由组件来担任。而且组件在网络上的位置可被透明分配,组件和使用它的程序既能在同一进程中运行,也可在不同进程中或不同机器上运行。组件之间是相互分离、独立的,利用 MTS 或 COM＋对组件管理更加简便。

　　下面列出 COM 中的一些重要概念,或者说 COM 中的几个重要名词,有助于了解 COM 的一些重要的方面。

　　(1) COM 对象和接口

　　类似于 C＋＋语言中对象的概念,COM 对象是 COM 类的实例。每个 COM 对象包含一个或多个接口,而每个接口又由一组相关的属性和方法构成。COM 对象通过接口提供服务,对象接口的内部实现对外是隐藏的。这和 C＋＋对象的封装有所不同,C＋＋对象是源代码级上的封装,只是语义上的封装;而 COM 对象则是二进制代码级上的封装。

　　组件接口即 COM 对象接口,简称 COM 接口(接口名以"I"为前缀)。按照 COM 规范,COM 接口必须能够自我描述。这意味着 COM 接口定义应该不依赖于具体实现,将实现与接口定义分离开来,彻底消除了接口调用者与实现者之间的耦合关系,增强了信息的封装性。同时,这也要求 COM 接口必须使用一种与实现无关的语言进行定义,目前 COM 接口采用 IDL 语言进行定义。

　　按照 COM 规范,COM 对象和接口必须被惟一地标识。两者都由一个 128 位的全局惟一标识符 GUID 来标识。GUID 用概率方法产生,可以保证全球范围内的惟一性。对象标识符称为 CLSID,接口标识符称为 IID。当一个客户要使用一个 COM 对象时,它首先通过 CLSID 来创建 COM 对象,再由 IID 获得 COM 对象的一个接口指针,该接口指针指向接口的实现代码(接口的方法和属性),通过接口指针,客户调用 COM 对象所提供的服务。从这个过程中可以看出,客户与 COM 对象只通过接口打交道,对象对于客户来说只是一组接口。

(2) IUnknown 接口

所有 COM 对象必须从一个特别接口 IUnknown 中派生而来,因而它们都支持 IUnknown 接口的三个方法:QueryInterface,AddRef 和 Release。

QueryInterface 方法负责向客户提供指向 COM 接口的指针。当客户将一个 IID 传送给 IUnknown 时,QueryInterface 对这一接口进行查询,如果 COM 对象支持这一接口,它就返回该接口的指针;如果不支持,它就返回一个错误。QueryInterface 是一种功能非常强大的内部机制,它使得独立创建的客户和组件能够以一种通用的方式进行通信,同时,它也是解决接口版本问题的关键。为了建立一个接口的版本,需增加一个新的接口。当与一个新的组件交谈时,新客户可以实现对这一新接口的支持,并可以访问新功能。如果一个新客户碰巧访问到一个旧组件,它可以利用 QueryInterface 方法安全地检测出这个不支持新接口的旧组件。

COM 对象的生存期则由 AddRef 和 Release 通过访问计数的方法来管理。当创建一个指向某对象的接口指针时,创建者负责调用 AddRef 方法将对象的访问计数加 1。当一个客户结束了对一个接口指针的使用时,它调用 Release 方法将对象的访问计数减 1。当访问计数变成 0 时,该对象知道所有客户都已结束了对它的使用,这时它就可以销毁其自身。这种方法既干净利索地解决了单个客户有多个接口指针的问题,又解决了单个接口指针有多个独立客户的问题。

(3) COM 对象的创建

实际上,COM 对象的创建是由 COM 库和类工厂一起完成的。COM 库为创建类对象定义了一个标准的 API 函数,即 CoGetClassObject;为了与类对象进行通信,还定义了一个标准接口,即 IClassFactory (类工厂),每个 COM 对象必须实现这一特殊接口。IClassFactory 接口最重要的方法是 CreateInstance。该方法可以创建一个 COM 对象,并返回一个特定的接口指针。这样,客户要创建一个 COM 对象,只需调用 CoGetClassObject 来获得一个 IClassFactory 接口指针,再调用 IClassFactory 的 CreateInstance 方法来获得一个指向该对象的接口指针,然后释放 IClassFactory 的接口指针。

图 5 - 7 说明了创建一个 COM 对象时,运行时要进行的工作。客户调用 CoGetClassObject,用于指定一个 CLSID,COM 库确定所请求的类工厂对象的位置。如果它找不到该类工厂对象,就查看系统注册表(组件在使用前必须注册),以找到某段特定的程序代码,该程序代码知道怎样

创建所请求的类工厂对象,并且执行所有必要的操作。一旦 COM 库有了一个类工厂对象,即向客户返回一个 IClassFactory 接口指针。现在客户就能够调用 IclassFactory 的 CreateInstance 方法,实际创建该对象,并返回指定的接口指针。

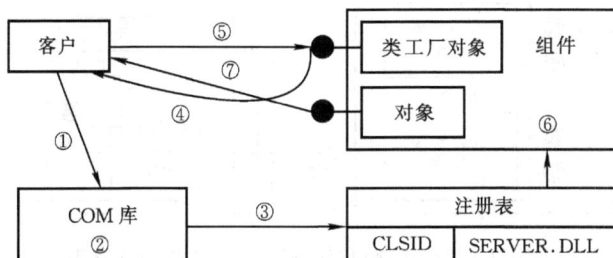

图 5-7　创建一个 COM 对象

①客户调用 CoGetClassObject;

②找到请求的类对象;

③启动组件;

④类对象被创建,将 IclassFactory 接口指针返回到 COM 库;

⑤调用 IClassFactory 的 CreateInstance;

⑥对象被创建;

⑦将接口指针返回给客户。

(4) 组件与客户之间的通信

按照组件相对于客户位置的不同,可将它们分为:进程内组件(DLL),与相应客户在同一个进程内运行;进程外(或本地)组件(EXE),与相应客户在同一台机器上运行,但在不同的进程内;远程组件(EXE 或 DLL),与相应客户在不同的机器上运行。

组件的一个重要特性就是位置透明性,即在客户看来,进程内、进程外和远程组件都是一样地调用,如图 5-8 所示。对于进程内组件,客户对其直接调用;对于进程外和远程组件,COM 利用进程内代理和占位程序,分别通过本地过程调用 LPC 和远程过程调用 RPC,来实现客户与组件之间的通信。

图 5-8 中的代理和存根程序(proxy-stub DLL)除了完成 LPC 或 RPC 调用外,还需要对组件接口方法的参数和返回值进行翻译和传递。客户调用的参数,首先经过代理 DLL 的处理,把参数以及其他的一些调用信息打包传递给组件进程,这个过程称为参数列集(marshaling);组件进程接收到数据包后,要进行解包操作,把参数信息提取出来,这个过程

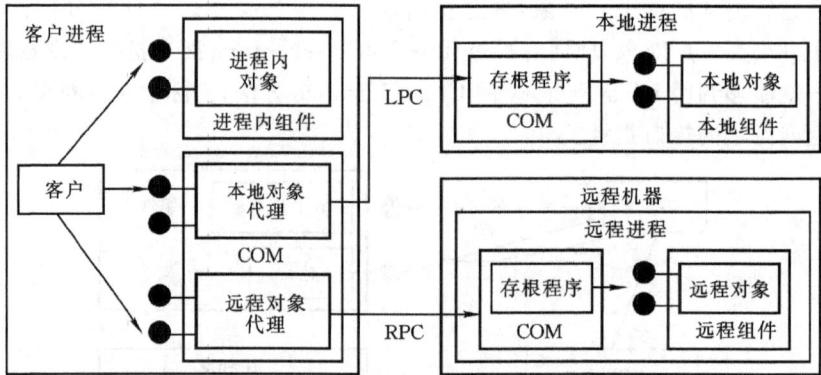

图 5-8　利用代理和存根程序实现组件位置透明性

称为散集(unmarshaling);然后再进行实际的接口功能调用。方法的返回值和输出参数在返回的过程中也要进行列集和散集操作,只是在存根一端进行列集,在代理一端进行散集,最后把散集后的结果返回给客户,完成一次功能调用。

5.3.2　COM 组件开发方法与程序实例

（1）COM 组件的开发方法

按照一定的方法开发 COM 组件是提高系统开发效率、缩短系统开发周期的关键。以下主要讲述组件必要性分析、组件设计、组件实现、组件测试与部署,如图 5-9 所示。

在图 5-9 的左侧是传统软件生命周期法,右侧是 COM 组件开发的大部分方法。可以看出,COM 组件开发是系统开发的重要部分。

① 组件分析

组件分析是指标识一个组件及判定组件功能与性能的过程。

在实际应用过程中,由于一些复杂的数据关系及网络速度等原因,可能会导致一个事务处理的时间太久,造成事务处理非正常中断,甚至出现数据不一致性。特别是基于分布式对象技术的系统中,在进行数据库设计时,考虑到数据冗余等因素,会按照某种关联关系将可能属于一个整体事物的信息存放于多个数据表中或多个数据库中,甚至存放于多个不同的服务器上,这些都客观上造成一个事务必须完成很多任务。在这种情况下,对于过多的任务,可以按照某些原则设法对事务做一些分解处理,将一个事务分成几个阶段处理,这样每一个阶段的事务就不会太长。如

```
           系统分析
              │
      ┌───────┴───────┐
      ▼               ▼
  ┌───────┐      ┌───────┐        ┌───────┐
  │其他分析│      │需求分析│───────▶│  组件  │
  └───────┘      └───────┘        │必要性分析│        ┌───┐
      │                           └───────┘        │组│
      ▼                               │            │件│
   系统设计                           ▼            │开│
      │                           ┌───────┐        │发│
  ┌───┴───┐                       │组件设计│◀───────│阶│
  ▼       ▼                       └───────┘        │段│
┌───────┐┌───────┐                    │            └───┘
│其他设计││数据库设计│                  ▼
└───────┘└───────┘                 ┌───────┐
      │                            │组件实现│
      ▼         组件集成           └───────┘
   系统实现                           │
      │                              ▼
      ▼                          ┌───────┐
   系统测试                       │  组件  │
                                 │测试与部署│
                                 └───────┘
              │
              ▼
      ┌──────────────────┐
      │系统运行、评价与维护 │
      │（包括组件评价与维护）│
      └──────────────────┘
```

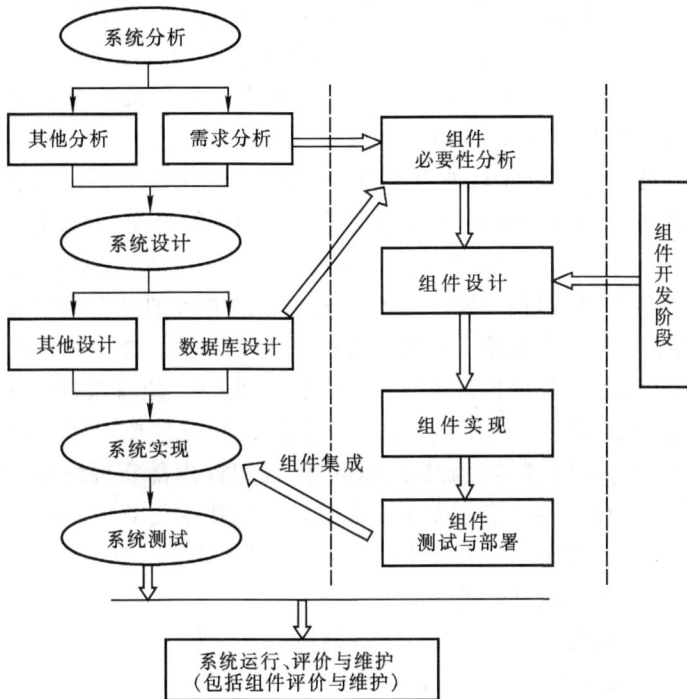

图 5-9 COM 组件的开发方法

果出现某一阶段事务失败，就表示整体事务处理失败，则应立刻回退整个事务，结束事务；只有等到最后一个事务处理成功后，才能确定整个事务处理成功，然后再提交，并在事务结束后给用户以提示。所以，在设计组件时，应该将相关信息处理定义在同一事务中，不要放入与其无关的信息，这样可以缩短事务和事务处理的时间，减少死锁的概率。

根据对系统的需求分析及系统详细设计，特别是在数据库设计的基础上，对事务进行合理划分与设计，然后确定所需定制的 COM 组件，并根据数据库表结构进一步确定组件的对外接口，即组件支持的事件、方法和属性，指明在何时、何处调用哪个组件即可。

② 组件设计

组件设计是指在对组件分析的基础上，完成标识组件功能、接口的过程。

组件设计原则有：对数据库的增加、删除、修改、查询等操作由组件完成，并将访问权限授予 COM 组件，以保证数据库的安全性；把对每个用户的连接变成和 COM 组件的连接，用 MTS 管理，以避免数据库资源的浪费和崩溃的危险。组件粒度不宜过大，争取每一个 COM 组件实现某一个或一类相似的应用请求，而不要追求其功能的过分庞大。保证每个组件对象完成的商务逻辑功能相对单一，有助于重用机制的发挥。COM 组件对外接口应尽量简单、友好。

组件接口是存在于软件组件和用户之间的一种强加的契约或通信途径。它提供一组相对较小、有用并且语义上相关的操作，为系统开发人员提供一套具体的规则，创建可调节的组件软件。COM 组件明确规定不允许修改接口，所以接口设计是否合理，不仅影响组件本身的可重用性和可移植性，而且还影响整个系统的可扩充性与兼容性，缩短系统的生命周期。所以，确定组件的接口要按照一定的原则进行：组件接口应具有较高的通用性，以提高整个应用系统的复用能力，同时还要兼顾简单和实用性。组件接口同内部实现细节的隔离性，即组件内部实现细节不能反映到接口中，这样组件或应用发生变化对接口的影响将很小。在设计组件的接口时，还要尽量估计到将来可能出现的各种情况，力争设计出具有高复用性、适应性和灵活性的接口。

③ 组件实现

组件实现是指开发人员定制系统所需组件的过程。对于开发人员来说，组件实现方式有五种。

- 所利用的技术中本身包含所需的组件。
- 所利用的开发工具或环境中附加所需组件。
- 向第三方开发商购买。
- 向第三方开发商定制开发。
- 内部开发小组编写、编译的组件。

④ 组件测试与部署

组件测试是验证组件所声明的接口及功能特性的过程。组件测试的方法主要有两种：一种是系统测试；一种是本地测试。

系统测试是指开发人员编译好 COM 组件后，将其在注册表中注册，然后在系统环境中测试。

本地测试是指系统开发人员利用开发环境所提供的配套开发工具对组件进行测试。

组件部署首先是将组件编译好，并且通过测试在系统注册表中注册，然后将其在 MTS 中注册，将组件分布到多台服务器上，以便维护整个系统的负载平衡。组件部署的关键是如何有效地将组件分布到多台 MTS 服务器上，以提高整个系统的可靠性。对于此，Microsoft 公司声明在将来版本的 MTS 中会加入动态负载平衡的机制,以使 MTS 能自动选择最空闲服务器执行组件,并且自动修复错误。

(2) COM 组件的程序实例

以下讨论最简单的一种 COM 服务器——进程内服务器(in-process)。"进程内"意思是服务器被加载到客户端程序的进程空间。进程内服务器都是 DLLs,并且与客户端程序同在一台计算机上。

进程内服务器在被 COM 库使用之前必须满足两个条件或标准:

· 必须正确在注册表的 HKEY_CLASSES_ROOT\CLSID 键值下注册。

· 必须输出 DllGetClassObject()函数。

这是进程内服务器运行的最小需求。在注册表的 HKEY_CLASSES_ROOT\CLSID 键值下必须创建一个键值,用服务器的 GUID 作为键名字,这个键值必须包含两个键值清单,一是服务器的位置,二是服务器的线程模型。COM 库对 DllGetClassObject()函数进行调用是在 CoCreateInstance()API 中完成的。

还有三个函数通常也要输出:

· DllCanUnloadNow():由 COM 库调用来检查是否服务器被从内存中卸载。

· DllRegisterServer():由类似 RegSvr32 的安装实用程序调用来注册服务器。

· DllUnregisterServer():由卸载实用程序调用来删除由 DllRegisterServer()创建的注册表入口。

另外,只输出正确的函数是不够的,还必须遵循 COM 规范,这样 COM 库和客户端程序才能使用服务器。

① 服务器生命期管理

DLL 服务器的一个与众不同的方面是控制它们被加载的时间。"标准的"DLLs 是被动的,并且是在应用程序使用它们时被随机加载或卸载的。从技术上讲,DLL 服务器也是被动的,因为不管怎样它们毕竟还是 DLL,但 COM 库提供了一种机制,它允许某个服务器命令 COM 卸载它。这是通过输出函数 DllCanUnloadNow()实现的。这个函数的原型如下:

```
HRESULT DllCanUnloadNow();
```

当客户应用程序调用 COM API CoFreeUnusedLibraries()时,通常处于其空闲处理期间,COM 库遍历这个客户端应用已加载的所有 DLL 服务器,并通过调用它的 DllCanUnloadNow()函数查询每一个服务器。

另一方面,如果某个服务器确定它不再需要驻留内存,它可以返回 S_OK 让 COM 将它卸载。

服务器通过简单的引用计数来确定它是否能被卸载。下面是 DllCanUnloadNow() 的实现:

```
extern UINT g_uDllRefCount;  // 服务器的引用计数
HRESULT DllCanUnloadNow()
{
    return (g_uDllRefCount > 0) ? S_FALSE: S_OK;
}
```

② 实现接口

因为 IUnknown 包含了两个 COM 对象的基本特性——引用计数和接口查询。当编写组件对象类时(coclass),还要写一个满足自己需要的 IUnknown 实现。以实现 IUnknown 接口的组件对象类为例,下面这个例子是最简单的一个组件对象类,并且将在一个叫做 CUnknownImpl 的 C++类中实现 IUnknown。下面是这个类的声明:

```
class CUnknownImpl: public IUnknown
{
    public:
        //构造函数和析构器
        CUnknownImpl();
        virtual ~CUnknownImpl();
        //IUnknown 方法
        ULONG AddRef();
        ULONG Release();
        HRESULT QueryInterface( REFIID riid, void** ppv );
    protected:
        UINT m_uRefCount; //对象的引用计数
};
```

构造器和析构器管理服务器的引用计数:

```
CUnknownImpl::CUnknownImpl()
{
    m_uRefCount = 0;
    g_uDllRefCount ++;
```

```
}
CUnknownImpl::~CUnknownImpl()
{
    g_uDllRefCount--;
}
```

当创建新的 COM 对象时,构造器被调用,它增加服务器的引用计数以保持这个服务器驻留内存。同时它还将对象的引用计数初始化为零。当这个 COM 对象被摧毁时,它减少服务器的引用计数。

AddRef()和 Release()方法用于控制 COM 对象的生命期。AddRef()只增加对象的引用计数并返回更新的计数:

```
ULONG CUnknownImpl::AddRef()
{
    return ++m_uRefCount;
}
ULONG CUnknownImpl::Release()
{
    ULONG uRet = --m_uRefCount;
    if ( 0 == m_uRefCount )      //判断是否释放了最后的引用
        delete this;
    return uRet;
}
```

除了减少对象的引用计数外,如果没有另外的明确引用,Release()将摧毁对象。Release()也返回更新的引用计数。注意 Release()的实现假设 COM 对象是在堆中创建的,如果在全局栈上创建某个对象,当对象试图删除自己时就会出问题。

QueryInterface()简称 QI(),由客户端程序调用这个函数,从 COM 对象请求不同的接口。在例子代码中因为只实现一个接口,QI()会很容易使用。QI()有两个参数,一个是所请求的接口 IID,一个是指针的缓冲大小,如果查询成功,QI()将接口指针地址存储在这个缓冲指针中。

```
HRESULT CUnknownImpl::QueryInterface ( REFIID riid, void **
ppv )
{
    HRESULT hrRet = S_OK;
```

```
//标准 QI()初始化,置 * ppv 为 NULL
* ppv = NULL;
//如果客户端请求提供的接口,给 * ppv.赋值
if (IsEqualIID (riid, IID _ IUnknown))
{
    * ppv = (IUnknown * ) this;
}
else
{
    //不提供客户端请求的接口
    hrRet = E _ NOINTERFACE;
}
//如果返回一个接口指针,调用 AddRef()增加引用计数
if (S _ OK = = hrRet)
{
    ((IUnknown * ) * ppv) - >AddRef();
}
return hrRet;
}
```

在 QI()中做了三件不同的事情：

· 初始化传入的指针为 NULL[* ppv=NULL;]。

· 检查 riid,确定组件对象类(coclass)实现了客户端所请求接口,语句如下：

```
if ( IsEqualIID ( riid, IID _ IUnknown));
```

· 如果确实实现了所请求的接口,则增加 COM 对象的引用计数,语句如下：

```
((IUnknown * ) * ppv) - >AddRef();
```

要创建新的 COM 对象引用,就必须调用这个函数通知 COM 对象这个新引用成立。在 AddRef()调用中的强制转换(IUnknown *)看起来好像多余,但是在 QI()中初始化的 * ppv 有可能不是(IUnknown *)类型,所以最好对其进行强行转换。

上面已经讨论了一些 DLL 服务器的内部细节,接下来看一看客户端的调用 CoCreateInstance()。

③ 深入 CoCreateInstance()

CoCreateInstance() 的作用是当客户端请求对象时, 用它来创建对象。从客户端的立场看, 它是一个黑盒子。只要用正确的参数调用它即可得到一个 COM 对象。它只是在一个过程中加载 COM 服务器, 创建请求的 COM 对象并返回所要的指针。

下面讲述一下这个过程。

• 客户端程序调用 CoCreateInstance(), 传递组件对象类的 CLSID 以及所要接口的 IID。

• COM 库在 HKEY _ CLASSES _ ROOT\CLSID 键值下查找服务器的 CLSID 键值, 这个键值包含服务器的注册信息。

• COM 库读取服务器 DLL 的全路径并将 DLL 加载到客户端的进程空间。

• COM 库调用服务器中 DllGetClassObject() 函数, 为所请求的组件对象类请求类工厂。

• 服务器创建一个类工厂并将它从 DllGetClassObject() 返回。

• COM 库在类工厂中调用 CreateInstance() 方法, 创建客户端程序请求的 COM 对象。

• CreateInstance() 返回一个接口指针到客户端程序。

④ COM 服务器注册

COM 服务器必须在 Windows 注册表中正确注册以后才能正常工作。注册表中的 HKEY _ CLASSES _ ROOT\CLSID 键中有很多子键, 它们就是在这个计算机上注册的 COM 服务器。当某个 COM 服务器注册后(通常是用 DllRegisterServer() 进行注册), 就会以标准的注册表格式在 CLSID 键下创建一个键, 它名字为服务器的 GUID。下面是一个这样的例子:

{067DF822 – EAB6 – 11cf – B56E – 00A0244D5087}

大括弧和连字符是必不可少的, 字母大小写均可。

这个键的默认值是人可识别的组件对象类名, 使用 VC 所带的 OLE/COM 对象浏览器可以查看到它们。

在 GUID 键的子键中还可以存储其他信息。需要创建什么子键依赖于 COM 服务器的类型以及 COM 服务器的使用方法。对于本文例子中这个简单的进程内服务器, 只需要一个子键: InProcServer32。

InProcServer32 键包含两个串, 这两个串的缺省值是服务器 DLL 的全路径和线程模型值(Threading Model)。这里指的是单线程服务器, 用的模式为 Apartment(即单线程公寓)。

⑤ 创建 COM 对象——类工厂

客户端调用 CoCreateInstance()创建新的 COM 对象。下面讲述此时在服务器端是如何工作的。

每次实现组件对象类的时候,都要写一个旁类负责创建第一个组件对象类的实例,这个旁类就叫这个组件对象类的类工厂(Class Factory),其惟一目的是创建 COM 对象。之所以要一个类工厂,是因为语言无关的缘故。COM 本身并不创建对象,因为它不是独立于语言的,也不是独立于实现的。

当某个客户端想要创建一个 COM 对象时,COM 库就从 COM 服务器请求类工厂,然后类工厂创建 COM 对象并将它返回客户端。它们的通信机制由函数 DllGetClassObject()来提供。

类工厂创建了 COM 对象,而不是 COM 类所为。将"类工厂"改称为"对象工厂"可能会更有助于理解。

当 COM 库调用 DllGetClassObject()时,它传递客户端请求的 CLSID。服务器负责为所请求的 CLSID 创建类工厂并将它返回。类工厂本身就是一个组件对象类,并且实现 IClassFactory 接口。如果 DllGetClassObject()调用成功,它返回一个 IClassFactory 指针给 COM 库,然后 COM 库用 IClassFactory 接口方法创建客户端所请求的 COM 对象实例。

以下是 IClassFactory 接口:

```
struct IClassFactory: public IUnknown
{
    HRESULT CreateInstance(IUnknown * pUnkOuter, REFIID riid, void ** ppvObject);
    HRESULT LockServer(BOOL fLock);
};
```

其中,CreateInstance()是创建 COM 对象的方法。LockServer()在必要时让 COM 库增加或减少服务器的引用计数。

⑥ 一个定制接口的例子

在这个 DLL 服务器例子中,对象由类工厂创建,此 DLL 服务器在 CSimpleMsgBoxImpl 组件对象类中实现了一个接口:ISimpleMsgBox。

新接口是 IsimpleMsgBox,所有的接口都必须从 IUnknown 派生。这个接口只有一个方法:DoSimpleMsgBox()。注意它返回标准类型

HRESULT。所有的方法都应该返回 HRESULT 类型,并且所有返回到调用者的其他数据都应该通过指针参数操作。

```
struct ISimpleMsgBox: public IUnknown
{
    //IUnknown 方法
    ULONG AddRef();
    ULONG Release();
    HRESULT QueryInterface(REFIID riid, void ** ppv);
    //ISimpleMsgBox 方法
    HRESULT DoSimpleMsgBox( HWND hwndParent, BSTR bsMessage-
    Text);
};
    struct    _declspec(uuid("{7D51904D - 1645 - 4a8c - BDE0 -
0F4A44FC38C4}")) ISimpleMsgBox;
```

有_declspec 的一行将一个 GUID 赋值给 ISimpleMsgBox,并且以后可以用__uuidof 操作符来获取 GUID。这是 Microsoft 的 C++的扩展。

DoSimpleMsgBox()的第二个参数是 BSTR 类型,意思是二进制串,即定长序列位的 COM 表示。

接下来这个接口由 CSimpleMsgBoxImpl C++类来实现。其定义如下:

```
class CSimpleMsgBoxImpl: public ISimpleMsgBox
{
    public:
        CSimpleMsgBoxImpl();
        virtual ~CSimpleMsgBoxImpl();
        //IUnknown 方法
        ULONG AddRef();
        ULONG Release();
        HRESULT QueryInterface(REFIID riid, void ** ppv);
        //ISimpleMsgBox 方法
        HRESULT DoSimpleMsgBox(HWND hwndParent, BSTR bsMes-
        sageText);
    protected:
        ULONG m_uRefCount;
```

```
};
class          _declspec(uuid("{7D51904E-1645-4a8c-BDE0-
0F4A44FC38C4}")) CSimpleMsgBoxImpl;
```

当某一客户端想要创建一个 SimpleMsgBox COM 对象时,应该用下面这样的代码:

```
ISimpleMsgBox * pIMsgBox;
HRESULT hr;
hr = CoCreateInstance (
                    _uuidof(CSimpleMsgBoxImpl),
                                    //组件对象类的 CLSID
                    NULL,           //非聚合
                    CLSCTX_INPROC_SERVER,
                                    //进程内服务器
                    _uuidof(ISimpleMsgBox),
                                    //所请求接口的 IID
                    (void **) &pIMsgBox
                                    //返回的接口指针的地址
                    );
```

类工厂 SimpleMsgBox 是在 CSimpleMsgBoxClassFactory 的 C++ 类中实现的:

```
class CSimpleMsgBoxClassFactory: public IClassFactory
{
    public:
        CSimpleMsgBoxClassFactory();
        virtual ~CSimpleMsgBoxClassFactory();
        //IUnknown 方法
        ULONG AddRef();
        ULONG Release();
        HRESULT QueryInterface(REFIID riid, void ** ppv);
        //IClassFactory 方法
        HRESULT CreateInstance(IUnknown * pUnkOuter, REFIID
        riid, void ** ppv);
        HRESULT LockServer( BOOL fLock );
    protected:
```

```
    ULONG m _ uRefCount;
};
```

构造函数、析构函数和 IUnknown 方法都和前面例子中的一样,不同的只有 IClassFactory 的方法,LockServer()看起来相当简单:

```
HRESULT CSimpleMsgBoxClassFactory::LockServer (BOOL fLock)
{
    fLock ? g _ uDllLockCount + + : g _ uDllLockCount - - ;
    return S _ OK;
}
```

CreateInstance()方法负责创建新的 CSimpleMsgBoxImpl 对象,它的原型和参数如下:

```
HRESULT CSimpleMsgBoxClassFactory::CreateInstance (IUnknown
* pUnkOuter, REFIID riid, void * * ppv);
```

第一个参数 pUnkOuter 只用于聚合的新对象,指向"外部的"COM对象,也就是说,这个"外部"对象将包含此新对象。本节的例子对象不支持聚合。

riid 和 ppv 与在 QueryInterface()中的用法一样——它们是客户端所请求的接口 IID 和存储接口指针的指针缓冲。

下面是 CreateInstance()的实现,它从参数的有效性检查和参数的初始化开始。

```
HRESULT CSimpleMsgBoxClassFactory::CreateInstance (IUnknown
* pUnkOuter,REFIID riid,void * * ppv)
{
    //因为不支持聚合,所以这个参数 pUnkOuter 必须为 NULL
    if (NULL! = pUnkOuter)
        return CLASS _ E _ NOAGGREGATION;
    //检查指针 ppv 是不是 void * 类型
    if ( IsBadWritePtr (ppv, sizeof(void * )))
        return E _ POINTER;
    * ppv = NULL;
    //检查完参数的有效性后,就可以创建一个新的对象了
    CSimpleMsgBoxImpl * pMsgbox;
    //创建一个新的 COM 对象
    pMsgbox = new CSimpleMsgBoxImpl;
```

```
    if (NULL = = pMsgbox)
        return E _ OUTOFMEMORY;
    HRESULT hrRet;
    //用 QI 查询客户端所请求的对象接口
    hrRet = pMsgbox － ＞QueryInterface (riid, ppv);
    //如果 QI 失败,则删除这个 COM 对象,因为客户端不能使用它
    //(客户端没有这个对象的任何接口)
    if ( FAILED(hrRet) )
        delete pMsgbox;
    return hrRet;
}
```

现在让我们深入 DllGetClassObject()内部。它的原型是:

HRESULT DllGetClassObject (REFCLSID rclsid, REFIID riid, void ＊＊ ppv);

rclsid 是客户端所请求的组件对象类的 CLSID,这个函数必须返回指定组件对象类的类工厂。

这里的两个参数 riid 和 ppv 类似 QI()的参数。不过在这个函数中,riid 指的是 COM 库所请求的类工厂接口的 IID,通常就是 IID _ IClass-Factory。

因为 DllGetClassObject()也创建一个新的 COM 对象(类工厂),所以代码与 IClassFactory∷CreateInstance()十分相似,开始也是进行一些有效性检查以及初始化。

HRESULT DllGetClassObject (REFCLSID rclsid, REFIID riid, void ＊＊ ppv)

```
    {
        //检查客户端所要的 CSimpleMsgBoxImpl 类工厂
        if (! InlineIsEqualGUID (rclsid, _ uuidof(CSimpleMsgBox-
Impl)))
            return CLASS _ E _ CLASSNOTAVAILABLE;
        //检查指针 ppv 是不是 void ＊ 类型
        if (IsBadWritePtr (ppv, sizeof(void ＊ )))
            return E _ POINTER;
        ＊ ppv = NULL;
```

第一个 if 语句检查 rclsid 参数。我们的服务器只有一个组件对象

类,所以 rclsid 必须是 CSimpleMsgBoxImpl 类的 CLSID。_ uuidof 操作符获取先前在_ declspec(uuid())声明中指定的 CsimpleMsgBoxImpl 类的 GUID。

下一步是创建一个类工厂对象:

```
CSimpleMsgBoxClassFactory * pFactory;
//构造一个新的类工厂对象
pFactory = new CSimpleMsgBoxClassFactory;
if (NULL = = pFactory)
    return E _ OUTOFMEMORY;
```

这里的处理与 CreateInstance()中所做的有所不同。在 CreateInstance()中是调用了 QI(),并且如果调用失败,则删除 COM 对象。

我们可以把自己假设成一个所创建的 COM 对象的客户端,调用 AddRef()进行一次引用计数(COUNT=1),然后调用 QI()。如果 QI()调用成功,它将再一次用 AddRef()进行引用计数(COUNT=2)。如果 QI()调用失败,引用计数将保持为原来的值(COUNT=1)。

在 QI()调用之后,类工厂对象就使用完了,因此要调用 Release()来释放它。如果 QI()调用失败,这个对象将自我删除(因为引用计数将为零),所以最终结果是一样的。

```
    //调用 AddRef()增加一个类工厂引用计数,因为我们正在使用它
    pFactory - >AddRef();
    HRESULT hrRet;
    //调用 QI()查询客户端所要的类工厂接口
    hrRet = pFactory - >QueryInterface ( riid, ppv );
    //使用完类工厂后调用 Release()释放它
    pFactory - >Release();
    return hrRet;
}
```

前面讨论过 QI()的实现,但还是有必要再看一看类工厂的 QI(),因为它是一个很现实的例子,其中 COM 对象实现的不仅是 IUnknown。首先进行的是对 ppv 缓冲的有效性检查以及初始化:

```
HRESULT CSimpleMsgBoxClassFactory::QueryInterface(REFIID riid, void * * ppv)
{
    HRESULT hrRet = S _ OK;
```

```
    //检查指针 ppv 是不是 void * 类型
    if (IsBadWritePtr (ppv, sizeof(void * )))
        return E _ POINTER;
    //标准的 QI 初始化,将赋值为 NULL
    * ppv = NULL;
```

接下来检查 riid,看看它是不是类工厂实现的接口之一 IUnknown
或 IclassFactory:

```
// 如果客户端请求一个有效接口,则赋值给  * ppv.
if (InlineIsEqualGUID (riid, IID _ IUnknown))
{
    * ppv = (IUnknown * ) this;
}
else if (InlineIsEqualGUID (riid, IID _ IClassFactory))
{
    * ppv = (IClassFactory * ) this;
}
else
{
    hrRet = E _ NOINTERFACE;
}
```

最后,如果 riid 是有效接口,则调用接口的 AddRef(),然后返回:

```
    //如果返回有效接口指针,则调用 AddRef()
    if (S _ OK = = hrRet)
    {
        ((IUnknown * ) * ppv) - >AddRef();
    }
    return hrRet;
}
```

最后的也是必不可少的是 ISimpleMsgBox 实现,代码只实现 ISim-
pleMsgBox 的方法 DoSimpleMsgBox()。首先用 Microsoft 的扩展类 _
bstr _ t 将 bsMessageText 转换成 TCHAR 串:

```
    HRESULT CSimpleMsgBoxImpl::DoSimpleMsgBox ( HWND hwndParent,
BSTR bsMessageText )
    {
```

```
    _bstr_t bsMsg = bsMessageText;
    //如果需要的话,用_bstr_t 将串转换为 ANSI
    LPCTSTR szMsg = (TCHAR *) bsMsg;
    //做完转换的工作后,显示信息框,然后返回
    MessageBox (hwndParent, szMsg, _T("Simple Message Box"),
    MB_OK);
    return S_OK;
}
```

⑦ 使用服务器的客户端

我们已经完成了一个 COM 服务器,如何使用它呢? 我们的接口是一个定制接口,也就是说它只能被 C 或 C++客户端使用(如果在组件对象类中同时实现 IDispatch 接口,那几乎就可以在任何客户端环境中——Visual Basic,Windows Scripting Host,Web 页面,PerlScript 等使用 COM 对象)。本节提供了一个使用 ISimpleMsgBox 的例子程序,这个程序基于用 Win32 应用程序向导建立的 Hello COM 例子。文件菜单包含两个测试服务器的命令,如图 5 - 10 所示。

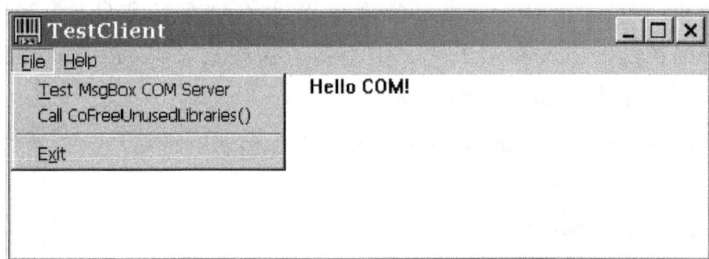

图 5 - 10　Hello COM 例子的界面

“Test MsgBox COM Server”菜单命令创建 CSimpleMsgBoxImpl 对象并调用 DoSimpleMsgBox()。

先用 CoCreateInstance()创建一个 COM 对象:

```
void DoMsgBoxTest(HWND hMainWnd)
{
    ISimpleMsgBox * pIMsgBox;
    HRESULT hr;
    hr = CoCreateInstance (_uuidof(CSimpleMsgBoxImpl),
                                        //组件对象类的 CLSID
```

```
                        NULL,        //非聚合
                        CLSCTX _ INPROC _ SERVER,
                                      //只使用进程内服务器
                        _ uuidof(ISimpleMsgBox),
                                      //所请求接口的 IID
                        (void * * ) &pIMsgBox);
                                      //容纳接口指针的缓冲
    if (FAILED(hr))
        return;
        //然后调用 DoSimpleMsgBox()方法并释放接口
        pIMsgBox - >DoSimpleMsgBox (hMainWnd, _ bstr _ t("Hello
        COM!"));
        pIMsgBox - >Release();
    }
```

另外一个菜单命令是调用 CoFreeUnusedLibraries()函数，从中能看到服务器 DllCanUnloadNow()函数的运行。

COM 代码中有些宏隐藏了实现细节，并允许在 C 和 C++客户端使用相同的声明。本文在例子代码中用到了这些宏，所以必须掌握它们的用法。下面是 ISimpleMsgBox 的声明：

```
struct ISimpleMsgBox: public IUnknown
{
  // IUnknown 方法
  STDMETHOD _(ULONG, AddRef)() PURE;
  STDMETHOD _(ULONG, Release)() PURE;
  STDMETHOD(QueryInterface)(REFIID riid, void * * ppv) PURE;
  // ISimpleMsgBox 方法
  STDMETHOD(DoSimpleMsgBox)(HWND hwndParent, BSTR bsMessage-
  Text) PURE;
};
```

STDMETHOD()包含 virtual 关键字，返回类型和调用规范。STD-METHOD _()也一样，除非指定不同的返回类型。PURE 扩展了 C++的"＝0"，使此函数成为一个纯虚拟函数。

STDMETHOD()和 STDMETHOD _()有对应的宏用于方法实现——STDMETHODIMP 和 STDMETHODIMP _()。

例如,DoSimpleMsgBox()的实现:

STDMETHODIMP CSimpleMsgBoxImpl::DoSimpleMsgBox (HWND hwnd-
Parent, BSTR bsMessageText)

{

    ...

}

最后,标准的输出函数用 STDAPI 宏声明,如:

STDAPI DllRegisterServer()

STDAPI 包括返回类型和调用规范。要注意 STDAPI 不能和_
declspec(dllexport)一起使用,因为 STDAPI 的扩展输出必须使用. DEF
文件。

服务器实现了 DllRegisterServer()和 DllUnregisterServer()两个函
数,它们的工作是创建和删除关于 COM 服务器的注册表入口,其代码都
是对注册表的处理。表 5 - 2 只列出了 DllRegisterServer()创建的注册
表入口。

表 5 - 2 COM 服务器的注册表入口

键 名	键 值
HKEY_CLASSES_ROOT	
CLSID	
{7D51904E-1645-4a8c-BDE0-0F4A44FC38C4}	Default="SimpleMsgBox class"
InProcServer32	Default=[path to DLL] ThreadingModel="Apartment"

⑧ 关于例子代码的注释

本文的例子代码在一个 WORKSPACE(工作间)文件(SimpleComS-
vr. dsw)中同时包含了服务器的源代码和测试服务器所用的客户端源代
码。在 VC 的 IDE 环境中可以同时加载它们进行处理。在工作间的同
级层次有两个工程都要用到头文件,但每个工程都有自己的子目录。完
整的源代码列在本书的附录中。

同级的公共头文件是:

ISimpleMsgBox. h——定义 ISimpleMsgBox 的头文件。

SimpleMsgBoxComDef. h——包含_declspec(uuid())的声明。这些
声明都在单独的文件中,因为客户端需要 CSimpleMsgBoxImpl 的

GUID,而不是它的定义。将 GUID 移到单独的文件中,使客户端在存取 GUID 时不依赖 CSimpleMsgBoxImpl 的内部结构。

必须用.DEF 文件从服务器输出四个标准的输出函数。下面是例子工程的.DEF 文件:

```
EXPORTS
DllRegisterServer           PRIVATE
DllUnregisterServer         PRIVATE
DllGetClassObject           PRIVATE
DllCanUnloadNow             PRIVATE
```

每一行都包含函数名和 PRIVATE 关键字。这个关键字的意思是:此函数是输出函数,但不包含在输入库(import lib)中。也就是说客户端不能直接从代码中调用这个函数,即使是链接了输入库也不行。这个关键字是必须要用的,否则链接器会出现错误。

5.3.3　DCOM 与 COM+技术

(1) DCOM 技术

DCOM 是 Microsoft 与其他业界厂商合作提出的一种分布组件对象模型,它是 COM 在分布计算方面的自然延续,为分布在网络不同节点的两个 COM 组件提供了互操作的基础结构。DCOM 增强 COM 的分布处理性能,支持多种通信协议,加强组件通信的安全保障,把基于认证 Internet 安全机制同基于 Windows NT 的 C2 级安全机制集成在一起。但对系统内部的实现机制而言,DCOM 所采用的技术仍符合图 5 - 8 所示的 COM 模式。DCOM 自动建立连接、传输信息并返回来自远程组件的答复。DCOM 在组件中的作用有如 PC 机间通信的 PCI 和 ISA 总线,负责各种组件之间的信息传递,如果没有 DCOM,则达不到分布计算环境的要求。Microsoft 通过纳入事务处理服务、更容易的编程以及对 Unix 和其他平台的支持扩充了 DCOM。建立 DCOM 时和使用 COM 建立对象的方式是相同的,只需再加入一个机器名称的参数。如果 COM 通过 Windows API 的 CoGetClassObject 建立对象,只需再输入机器名称的参数即可在远程指定的计算机中建立对象,并且取得指定接口的信息。它构造于 RPC 的技术之上,并且使用 TCP/IP 作为网络通信协议。

(2) COM+技术

COM+倡导一种新的设计概念,把 COM 组件提升到应用层,把底层细节留给操作系统,使 COM+与操作系统的结合更加紧密。COM+

的底层结构仍然以 COM 为基础,但在应用方式上则更多地继承了 MTS 的处理机制,包括 MTS 的对象环境、安全模型、配置管理等。COM＋把 COM,DCOM 和 MTS 三者有机地统一起来,同时也新增了一些服务,如负载平衡、内存数据库、事件模型、队列服务等,形成一个概念新、功能强的组件体系结构,使得 COM＋形成真正适合于企业应用的组件技术。几者之间的结构关系如图 5－11 所示。

图 5－11　COM/DCOM/MTS/COM＋之间的关系

　　COM＋组件建立在 COM＋系统服务基础上,可避免底层繁琐的细节处理,既保证应用程序的可靠性,又使其更趋于标准化。COM＋组件提供可管理、可配置的特性,在创建 COM＋对象时通过截取(Intercept)技术为其分配一个环境对象(Context),利用对象环境的 IObjectContextInfo 接口可以访问到环境的属性信息。下面对截取概念的步骤作一说明:组件对象通过说明性属性指定一些基本要求;客户端调用 CoCreateInstance 函数时,COM＋系统检查客户代码是否运行在与对象类兼容的对象环境中,如果客户代码运行环境与对象类所要求的兼容,不使用截取技术,直接创建对象并返回对象的接口引用,否则 CoCreateInstance 函数切换到一个与对象类兼容的环境中,然后创建对象并返回一个代理对象,在以后的接口方法调用中,代理对象在调用前后作一些处理,以使方法的运行环境能满足要求。

　　COM＋的对象引用即对象接口指针与环境相关,不能简单地把对象引用从一个环境传递到另一个环境。当客户从一个环境调用到另一个环境中的对象时,中间必须经过代理对象和存根代码,由代理对象截取调用,负责进行环境切换,保证客户代码和对象分别在自己的环境中执行。类似于 COM 的跨进程列集和散集处理,调用 CoMarshalInterface 和 CoUnmarshalInterface 函数对于支持事务特性、安全特性或其他特殊要求的应用较为重要。跨环境调用过程如图 5－12 所示。

　　由图可见,环境与 COM 线程模型中的单线程公寓(Apartment)非常类似,单线程公寓是线程模型的基本单元,环境则是列集机制的基本边

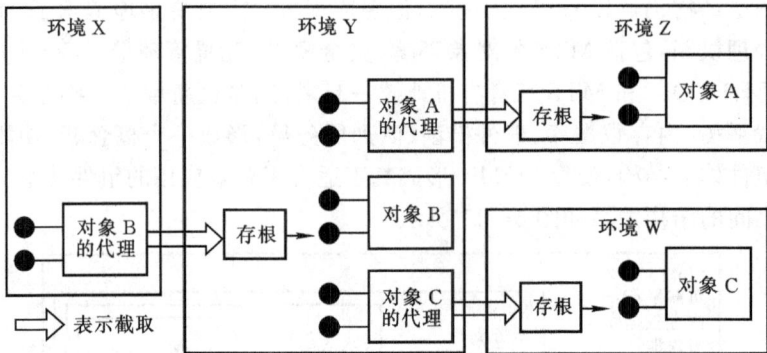

图 5-12　跨环境调用过程

界。跨环境的调用必须经过代理和存根代码,但并不意味着需进行线程切换,这是与单线程公寓的重要区别。影响跨单线程公寓调用性能在于线程切换,而不是参数列集和散集处理,因此跨环境调用比跨单线程公寓调用的效率可能要高得多。COM＋最具特色的系统服务有的从 MTS 继承过来,如事务、对象池、安全模型以及管理特性,有的是新增加的,如队列组件、负载平衡、内存数据库和事件服务。COM＋以系统服务的形式提供应用,有多方面的好处:其一,客户或者组件程序直接利用系统服务,避免底层细节处理,减少开发成本,降低编码量;其二,有些系统服务涉及到较复杂的逻辑,如需进行底层系统资源的访问,应用层较难实现;其三,使用系统服务可增强可靠性。

5.4　EJB 组件模型

5.4.1　EJB 的相关概念

EJB 技术是 SUN 公司所推出的 J2EE(Java2 Platform, Enterprise Edition)中的核心技术之一。它是 Java 服务器端服务框架的技术规范,定义了如何编写和部署服务器端组件,提供了组件与管理组件的应用服务器之间的标准约定。它是一种组件架构,应用程序开发者可以专注于企业应用所需的商业逻辑,而不必担心周围框架的实现问题,使得开发人员能够快速开发出具有可伸缩性、多层次、跨平台和分式的高度复杂的企业级应用。

(1) EJB 体系结构中的 6 个角色

EJB 规范定义了以下 6 种不同的角色来完成其任务:

① 企业 bean 开发者(Enterprise Bean Provider)

企业 bean 开发者负责开发执行商业逻辑规则的 EJB 组件,开发出的 EJB 组件打包成 ejb-jar 文件。企业 bean 开发者负责定义 EJB 的远程接口和自身接口,编写执行商业逻辑的企业 bean 类,提供部署 EJB 的部署描述符(Deployment Descriptor)。部署描述符包含 EJB 的名字,EJB 用到的资源配置,如 JDBC 等。企业 bean 开发者是典型的商业应用开发领域专家。

② 应用组装者(Application Assembler)

应用组装者负责利用各种 EJB 组装成大的可部署的应用系统单元。应用组装者根据企业 bean 开发者提供的 ejb-jar 文件,创建出包含应用组装说明的 ejb-jar 文件。应用组装者有时还需要提供一些相关的程序,如在一个电子商务系统里,应用组装者需要提供 JSP 程序。应用组装者必须掌握所用的 EJB 的自身接口和远程接口,但不需要知道这些接口的实现。

③ 部署者(Deployer)

部署者负责将企业 bean 开发者或应用组装者的 ejb-jar 文件部署到用户的系统环境中。系统环境包含某种 EJB 服务器和 EJB 容器。部署者必须保证所有由 EJB 组件开发者在部署文件中声明的资源可用,例如,部署者必须配置好 EJB 所需的数据库资源。部署过程分两步:部署者首先利用 EJB 容器提供的工具生成一些类和接口,使 EJB 容器能够利用这些类和接口在运行状态管理 EJB。部署者把 EJB 组件和其他在上一步生成的类安装到 EJB 容器中。部署者是某个 EJB 运行环境的专家。

④ EJB 服务器提供者(EJB Server Provider)

EJB 服务器提供者是系统领域的专家,精通分布式交易管理、分布式对象及其他系统级的服务。一个典型的 EJB 服务器提供者是一个操作系统开发商、中间件开发商或数据库开发商。在目前的 EJB 规范中,假定 EJB 服务器提供者和 EJB 容器提供者来自同一个开发商,所以没有定义 EJB 服务器提供者和 EJB 容器提供者之间的接口标准。

⑤ EJB 容器提供者(EJB Container Provider)

EJB 容器提供者提供以下功能:

· 提供部署企业 bean 所需的部署工具。

· 提供对已部署好企业 bean 实例运行时刻的支持。

由企业 bean 看来,EJB 容器是目标系统环境的一部分。EJB 容器为部署企业 bean 提供运行环境,EJB 容器负责为企业 bean 提供事务管理、安全管理等服务。EJB 容器提供者必须是系统级的编程专家,还要具备一些应用领域的经验。EJB 容器提供者的工作主要集中在开发一个可伸缩的、具有事务管理功能的集成在 EJB 服务器中的容器。EJB 容器提供者为企业 bean 开发者提供了一组标准的、易用的 API 访问 EJB 容器,使EJB 组件开发者不需要了解 EJB 服务器中的各种技术细节。EJB 容器提供者负责提供系统监测工具,用来实时监测 EJB 容器和运行在容器中的 EJB 组件状态。

⑥ 系统管理员(System Administrator)

系统管理员负责为 EJB 服务器和容器提供一个企业级的计算和网络环境。系统管理员负责利用 EJB 服务器和容器提供的监测管理工具监测 EJB 组件的运行情况。

以上角色的划分保证了 EJB 标准的开放性和兼容性,各个角色互不依赖,也就是说,遵循 EJB 规范开发的应用不依赖于任何特定的应用服务器,可以部署到任何支持 EJB 规范的应用服务器中。

(2) EJB 中的 Bean 分类

EJB 技术定义了一组可重用的组件:Enterprise Beans。可以利用这些组件,像搭积木一样地建立分布式应用程序。EJB 的 Bean 可分为两类:实体 Bean(Entity Bean)和会话 Bean(Session Bean)。

①实体 Bean

实体 Bean 是对业务概念的反映,也称为领域类(Domain Class)。实体 Bean 是持久存储的业务实体的对象视图,提供了对数据的访问和操作的对象封装,支持多用户共享数据。实体 Bean 是持久的,可以从数据库中存储的属性重新实例化,与数据库中的数据有一样长的生命期,在 EJB服务器崩溃后仍可重构。最常用的是用实体 Bean 代表关系库中的数据。一个简单的实体 Bean 可以定义成代表数据库表的一个记录,也就是每一个实例代表一个特殊的记录。更复杂的实体 Bean 可以代表数据库表间的关联视图。在实体 Bean 中还可以考虑包含厂商的增强功能,如对象/关系映射的集成。

实体 Bean 根据持久性的解决分为两种:自管理的持久性和容器管理的持久性。自管理的持久性由开发者来进行完全的控制,无需复杂的提供商支持;但编码复杂,并且在改变时需要重新编码和部署,影响可移植性。容器管理的持久性由 EJB 容器提供商解决,可能会有更好的缓冲和性能,在部署描述符中进行改变即可,可移植性好;缺点是对容器提供商的工具依赖性强,可能不易反映复杂的数据关系。

② 会话 Bean

会话 Bean 表示一个业务过程。会话 Bean 经常用于涉及多个实体 Bean 的业务处理和控制逻辑,每一客户一个会话 Bean 实例。会话 Bean 作为一个客户的代表执行功能,不表示数据库中的数据,但可以访问数据。会话生命相对较短(一般与客户同步),在 EJB 服务器崩溃时被删除。会话 Bean 实例一般不与其他客户端共享,从而允许会话 Bean 维护客户端的状态。会话 Bean 的一个例子是购货车,众多顾客可以同时购货,都在他们自己的购货车中加东西,而不是向一个公共的购货车中加私人的货物。使用会话 Bean 可针对于某一客户的处理或控制对象建模,协调多个实体 Bean,控制实体 Bean 之间的交互。

会话 Bean 也有两类。无状态(Stateless)Bean 提供一个无状态的服务(例如,mail),不存储用户相关信息,直接对请求进行响应。无状态 Bean 可用来构造响应频繁而简单的访问的 Bean 池。有状态(Stateful) Bean 维护客户状态,为需进行多种处理与交易操作的业务(如银行应用) 等提供服务。

(3) EJB 的体系结构

EJB 的体系结构如图 5-13 所示。

EJB 服务器和容器提供了 EJB 的运行环境。EJB 容器(EJB Container)是一个管理一个或多个 EJB 类/实例的抽象,它通过规范中定义的接口使 EJB 类访问所需的服务。所有的 EJB 实例都运行在 EJB 容器中。容器提供了系统级的服务,控制了 EJB 的生命周期。EJB 容器提供的服务有资源管理、生命周期管理、状态管理、交易管理、安全管理、持久性管理、远程连接性管理等。容器厂商也可以在容器或服务器中提供额外服务的接口。

EJB 服务器(EJB Server)是管理一个或多个 EJB 容器的高端进程或应用程序,并提供对系统服务的访问。EJB 服务器也可以提供厂商自己的特性,如优化的数据库访问接口,对其他服务(例如,Corba 服务)的访问。一个 EJB 服务器必须提供对可访问 JNDI 的名字服务和事务服务支持。目前容器通常由 EJB 服务器来提供,还没有 EJB 服务器和 EJB 容器间接口的规范。一旦接口标准化了,厂商就能提供可以在任何兼容的 EJB 服务器上运行的容器。

客户端应用从不直接和 EJB 实例交互。客户,或者其他 EJB 以及后端系统都使用接口。客户接口使得客户能够访问 EJB,后端接口是 EJB 访问后端系统和数据库的接口。EJB 容器使得 EJB 与平台相关的应用程序编程接口隔离开来。EJB 接口使得 EJB 容器可以管理和控制 EJB 对象。EJB 容器在执行的适当阶段激活这些接口。

　　Home 接口(Home Interface)列出了所有定位、创建、删除 EJB 类实例的方法。Home 对象是 Home 接口的实现。EJB 类开发者必须定义 Home 接口。容器厂商应该提供从 Home 接口中产生 Home 对象实现的方法。

　　远程接口(Remote Interface)列出了 EJB 类中的商业方法。EJBObject 实现远程接口,并且客户端通过它访问 EJB 实例的商业方法。EJB 类开发者定义远程接口,容器开发商提供产生相应的 EJBObject 的方法。客户端不能得到 EJB 实例的引用,只能得到它的 EJBObject 实例的引用。当客户端调用一个方法,EJBObject 接受请求并把它传给 EJB 实例,同时提供进程中必要的包装功能。

　　客户端应用程序通过 Home 对象来定位、创建、删除 EJB 类的实例,通过 EJBObject 来调用实例中的商业方法。客户端可以用 Java 来编程,通过 Java RMI 来访问 Home 对象和 EJBObject,或用其他语言编程并通过 CORBA/IIOP 访问,使部署的服务器端组件可以通过 CORBA 接口来访问。

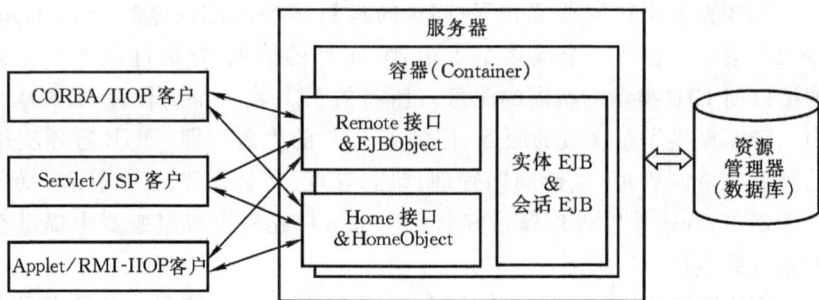

图 5-13　EJB 的体系结构

5.4.2　EJB 组件的开发方法和程序实例

(1) EJB 组件的开发方法

　　EJB 技术定义了可重用的组件 Enterprise Beans,可以利用这些组件来构建分布式应用程序。当 Beans 代码写好之后,这些组件就被组合到特定的文件中去。每个文件有一个或多个 Enterprise Beans,再加上一些配置参数。最后,这些 Enterprise Beans 被配置到一个装了 EJB 容器的平台上。客户能够通过这些 Beans 的 Home 接口,定位到某个 Beans,并产生这个 Beans 的一个实例,从而调用 Beans 的应用方法和远程接口。

开发 EJB 组件的过程可分为以下几步:

- 创建远程接口
- 创建 Home 接口
- 创建 Bean 的实现类
- 编译远程接口、Home 接口、Bean 实现类
- 创建部署描述符,进行配置
- 部署 EJB 组件,组装应用程序

在 Enterprise Beans 本身类的实现、Home 接口、远程接口之间并没有正式的联系(例如继承关系)。但是,在三个类里声明的方法都必须遵守 EJB 里面定义的规范。例如:如果在 Enterprise Beans 里面声明了一个应用程序的方法,同时也在 Beans 的 Remote 接口中声明了这个方法,这两个地方必须要同样的名字。Bean 的实现里面必须至少有一个 Create()方法:ejbCreate()。但是可以有多个带有不同参数的 create()方法。在 Home 接口中,也必须有相同的方法定义(参数的个数相同)。ejbCreate()方法返回的是一个容器管理的持久对象。它们都返回一个容器管理持久性的主键值。但是,在 Home 的相应的 Create()方法中返回值的类型是 Remote 接口。

(2) EJB 组件的程序实例

下面以创建"Hello EJB"应用为例来说明 EJB 组件的开发过程,为 Bean 取名为"Hello":

① 创建远程接口

每一个 Enterprise Beans 都必须有一个 Remote 接口。Remote 定义了应用程序规定客户可以调用的逻辑操作。这是一些可以由客户调用的公共的方法,通常由 Enterprise Beans 类来实现。Enterprise Beans 的客户并不直接访问 Beans,而是通过 Remote 接口来访问。Enterprise Beans 类的 Remote 接口扩展了 javax. ejb. EJBObject 类的公共 Java 接口,而 javax. ejb. EJBObject 是所有 Remote 接口的基类。

"Hello EJB"应用只有一个需实现的业务方法 getHello(),下面是创建远程接口的程序:

```
import java.ejb. * ;
import java.rmi. * ;
public interface Hello extends EJBObject
```

```
{
    public String getHello() throws RemoteException;
}
```

假设将其保存到 D:\ejb\Hello\src\Hello.java。

② 创建 Home 接口

Home 接口必须定义一个或多个 Create()方法,每一个这样的 Create()方法都必须命名为 Create。并且,它的参数,不管是类型还是数量,都必须与 Bean 类里面的 ejbCreate()方法对应。注意,Home 接口中的 Create()方法和 Bean 类中 ejbCreate()方法的返回值类型是不同的。实体 Bean 的 Home 接口还包含 Find()方法。每一个 Home 接口都扩展了 javax.ejb.EJBHome 接口。以下代码显示了"Hello EJB"应用程序创建 Home 接口的代码:

```
import java.rmi. * ;
import javax.ejb. * ;
public interface HelloHome extends javax.ejb.EJBHome{
    public Hello create() throws RemoteException,CreateException;
}
```

假设将其保存到 D:\ejb\Hello\src\HelloHome.java。

③ 创建 Bean 的实现类

在 EJB 类中,开发者必须给出在 Remote 接口中定义的远程方法的具体实现。EJB 类中还包括一些 EJB 规范中定义的必须实现的方法,这些方法都有比较统一的实现模版,编程者只需花费精力在具体业务方法的实现上。以下是 HelloEJB 的代码:

```
import javax.ejb. * ;
public class HelloEJB implements SessionBean
{
    //实现 SessionBean 接口中的方法
    public void ejbRemove(){}
    public void ejbActivate(){}
    public void ejbPassivate(){}
    //设置 session 的上下文
    public void setSessionContext(SessionContext ctx){}
    / *
```

实现 Home 接口的 Create 方法的对应方法。当客户调用 Hello-
Home.create()时,容器就会分配 EJB 的一个实例,并调用 ejb-
Create()

```
 */
public void ejbCreate(){}
//下面是业务逻辑 getHello 的实现
public String getHello()
{
    return new String("Hello EJB");
}

}
```

假设将其保存到 D:\ejb\Hello\src\HelloEJB.java。

④ 编译 Remote 接口、Home 接口、Bean 实现类

到此为止,Bean 程序 Hello 已经编写完毕了。如果目标机上安装有标准的 SDK 开发包和 J2EE 的 SDK 开发包,就可以使用如下命令进行编译:

```
cd ejb\Hello
mkdir classes
cd src
javac -classpath % CLASSPATH % ;../classes -d ../classes  *.
java
```

如果顺利,将可以在..\Hello\classes 目录下生成三个类文件。

⑤ 配置

配置包括产生配置描述器——这是一个 XML 文件,声明了 Enter-
prise Beans 的属性,绑定了 Beans 的 class 文件(包括 stub 文件和 skele-
ton 文件)。最后将这些配置都放到一个 Jar 文件中,并在配置器中定义环境属性。配置通常会由集成开发环境提供支持。

按照下面格式编写一个 ejb-jar.xml 文件:

```
<? xml version = "1.0" encoding = "UTF-8"? >
<! DOCTYPE ejb-jar PUBLIC "-//Sun Microsystems, Inc.//DTD En-
terprise JavaBeans 2.0//EN" "http://java.sun.com/dtd/ejb-jar _ 2 _
0.dtd">
<ejb-jar>
    <description>
```

```
        This is Hello EJB example
    </description>
    <display-name>HelloBean</display-name>
    <enterprise-beans>
        <session>
            <display-name>Hello</display-name>
            <ejb-name>Hello</ejb-name>
            <home>HelloHome</home>
            <remote>Hello</remote>
            <ejb-class>HelloEJB</ejb-class>
            <session-type>Stateless</session-type>
            <transaction-type>Container</transaction-
            type>
        </session>
    </enterprise-beans>
</ejb-jar>
```

假设将文件保存到 D:\ejb\Hello\classes\META-INF\ejb-jar. xml（注意 META-INF 必须大写）。

在部署之前，需要将这些类文件和 xml 文件做成一个 Jar 文件，EJB JAR 文件代表一个可被部署的 Jar 库，在这个库里，包含了服务器代码与 EJB 模块的配置。ejb-jar. xml 文件被放置在 Jar 文件所指定的 META-INF 目录中。可以使用如下命令得到 EJB Jar 文件：

```
cd d:\ejb\Hello\classes
```

（要保证类文件在这个目录下，且有一个 META-INF 子目录存放 ejb-jar. xml 文件）

```
jar -cvf Hello.jar *.*
```

部署工具一般由 Java 应用服务器的制造商提供，在这里，使用了 Apusic 应用服务器，并讲解如何在 Apusic 应用服务器部署这个 Hello 组件。

注意，如果使用其他部署工具，原理是一样的，要使用 Apusic 应用服务器，可以到 http://www. apusic. com/上下载试用版。

确定 Apusic 服务器已经被启动。打开"部署工具"应用程序，点击"文件"→"新建目录 EAR"，并按照如图 5-14 所示进行设置。

如图 5-15 所示，选择"添加一个 EJB-Jar 模块"选项。

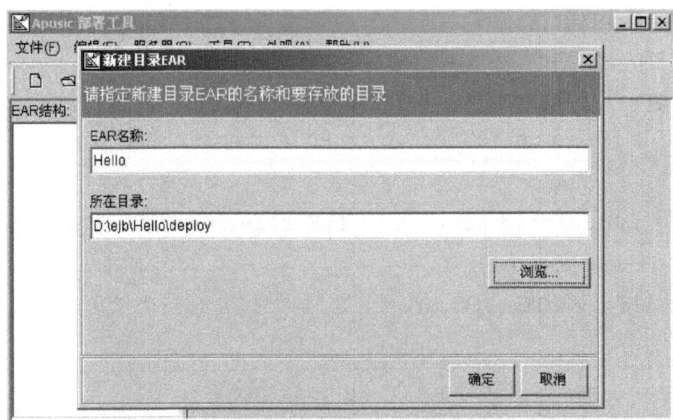

图 5-14 新建 EAR 目录

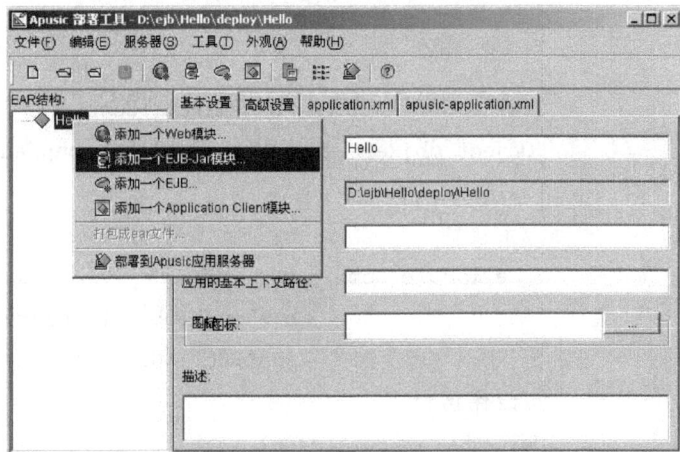

图 5-15 添加一个 EJB-Jar 模块

在弹出窗口中选择"添加一个 zip 文件形式的 EJB 模块(.jar 文件)",并选取刚刚生成的 Hello.jar 文件。

选择菜单"服务器"→"部署到 Apusic 应用服务器",完成部署工作。

⑥ 开发和部署测试程序

一个 EJB 组件是没有任何运行界面的,所有组件的实例都被容器所管理,所以要测试这个 Bean 组件,需要写一段测试程序。下面编写一个 Java Servlet 小服务程序用于测试。

```
import javax.servlet. * ;
import javax.servlet.http. * ;
```

```java
import java.io. * ;
import javax.ejb. * ;
import javax.naming.InitialContext;
public class HelloServlet extends HttpServlet
{
    public void service(HttpServletRequest req,HttpServle-
    tResponse res)
    throws IOException
    {
        res.setContentType("text/html");
        PrintWriter out = res.getWriter();
        out.println("<head></head>");
        try
        {
            InitialContext ctx = new InitialContext();
            Object objRef = ctx.lookup("java:comp/env/ejb/
            Hello");
            //主接口
            HelloHome home = (HelloHome) javax.rmi.Porta-
                                bleRemoteObject. narrow ( ob-
                                jRef,HelloHome.class);
            //组件接口
            Hello bean = home.create();
            out.println(bean.getHello());
        }catch(javax.naming.NamingException ne)
        {
            out.println("Naming Exception caught:" + ne);
            ne.printStackTrace(out);
        }catch(javax.ejb.CreateException ce)
        {
            out.println("Create Exception caught:" + ce);
            ce.printStackTrace(out);
        }catch(java.rmi.RemoteException re)
        {
```

```
        out.println("Remote Exception caught:" + re);
        re.printStackTrace(out);
    }
    out.println("");
    }
}
```

假设将文件保存到 D:\ejb\Hello\src\HelloServlet.java,并回到 src
目录下,用如下命令编译该文件:

javac-classpath % CLASSPATH%;../classes-d ../classes Hel-
loServlet.java。

选择"编辑"→"添加一个 Web 模块",按照图 5-16 所示进行设置。

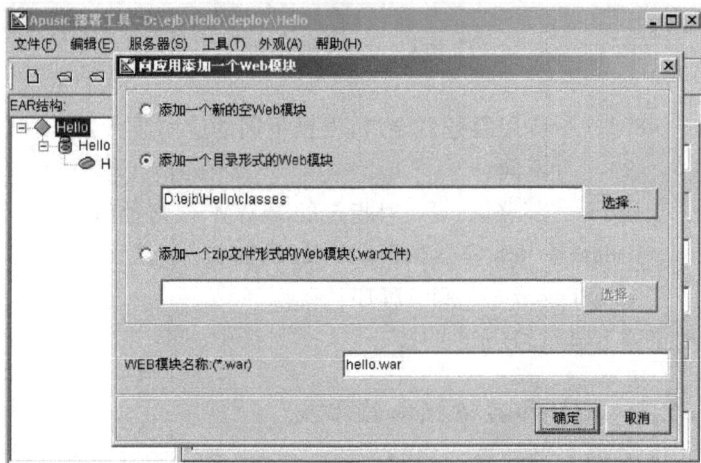

图 5-16　添加一个 Web 模块

在 Hello 的"内容"属性页中,展开 WEB-INF,选择 classes,单击"添
加类"按钮将 HelloServlet.class 添加到 WEB-INF 的 classes 目录下。

在 Hello 的"高级设置"属性页中,选择"EJB 引用",并按照如图
5-17所示进行设置。

选择菜单"服务器"→"部署到 Apusic 应用服务器",进行部署工作。

打开浏览器,在浏览器中输入:

http://localhost:6888/hello/servlet/HelloServlet

其中:

localhost——Web Server 的主机地址。

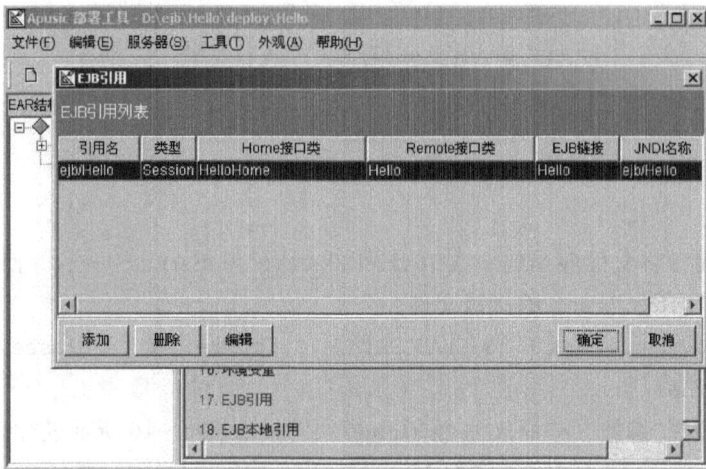

图 5 - 17　EJB 引用

6888——应用服务器端口,根据不同的应用服务器,端口号可能
　　　　不同。

hello——部署 servlet 时指定的 WWW 根路径值。

servlet——ejb 容器执行 servlet 的路径。

HelloServlet——测试程序。

此时,浏览器上显示"Hello EJB"。

5.4.3　EJB 和其他技术的比较

(1) EJB 和 JavaBeans 的比较

很多人往往把 JavaBeans 和 EJB 混淆起来,JavaBeans 提供了基于组件的开发机制,JavaBeans 可以在多个应用系统中重用,开发者可以通过属性表或通过定制的方法来定制 JavaBeans。多个 JavaBean 可以组合在一起构成 Java applet 或 Java 应用程序,或建立新的 JavaBeans,JavaBeans 容器可以根据 JavaBeans 的属性、方法、事件的定义在设计时或运行时对 JavaBeans 进行操作。

在 JavaBeans 组件模型中,重点是允许开发人员可以在开发工具中可视化地操作组件,为此,JavaBeans 详细地描述了 API 的细节,以及组件之间事件注册和发送,属性的识别和利用,定制,永久性等细节。

EJB 是一种非可视化的组件,完全位于服务器端,规范详细说明了 EJB 容器需要满足的需求以及如何和 EJB 组件相互协作。EJB 可以和远程的客户端程序通信,并提供一定的功能,根据规范说明,EJB 是客户/服务器系统的一部分,如果不和客户端程序交互,EJB 一般不执行具体的功能,EJB 和 JavaBeans 的一个重要区别是 EJB 必须在网络计算环境下使用才有意义。

EJB 的重点是给出服务框架模型,以保证 Java 组件可以进行可移植性的部署,因此,在 EJB 规格说明中,并没有提到事件,因为典型的 EJB 组件不发送和接收事件,EJB 规范说明中也没有提到属性。和一般的 JavaBeans 一样,EJB 是高度可定制的,对 EJB 进行定制不需要存取源代码,但对 EJB 可以进行定制不是在开发阶段,而是在部署阶段用部署描述符进行定制。

需要说明的是,JavaBeans 不仅可用于客户端应用程序的开发,也可以用于服务器端应用程序的开发,但和 EJB 的区别是,如果用 JavaBeans 创建服务器端应用程序,还必须同时实现服务框架,在多层结构分布式应用系统中,服务框架的实现是非常繁琐的,对于 EJB 来说,服务框架已经提供,因此大大简化了系统的开发过程。

(2) EJB 和 CORBA 的比较

CORBA 是目前分布式对象处理的事实工业标准,大部分厂商都宣布支持 CORBA 标准,同样,在 EJB 规范中,也考虑到对 CORBA 的支持。规范主要规定如下:

· 一个 CORBA 客户机(用 CORBA 支持的语言写的程序)可以存取基于 CORBA 的 EJB 服务器上的组件。

· 一个客户机在一个事务过程中可以同时调用 CORBA 和 EJB 对象。

· 一个事务可以同时利用多个由不同开发商提供的、基于 CORBA 的 EJB 服务器。

为了保证多个开发商之间的基于 CORBA 的 EJB 产品之间的互操作性,规范说明定义了 EJB 到 CORBA 的映射,分为四个部分:

① 分布映射——定义了 EJB 和 CORBA 对象之间的关系,以及 EJB 规范说明中定义的 Java RMI 到 OMG IDL 的映射。

② 命名映射——说明了如何利用 COS 命名服务来确定 EJBHome 对象。

③ 事务映射——定义了 EJB 的事务支持到 OMG Object Transaction Service(OTS)v1. 1 的映射。

④ 安全性映射——定义了 EJB 中的安全性特征到 CORBA 安全性的映射。

映射确保了不管哪一种类型的客户机,通过生成相同的字节流,可以和基于 CORBA 的 EJB 服务器进行互操作。

从以上的论述中可以知道,对于 EJB 服务器来说,有两种类型的客户机可以使用 EJB:

① EJB/CORBA 客户机——一个使用 EJB API 的 Java 客户机。客户机利用 JNDI 定位对象,利用 HOP 协议上的 JavaRMI 来调用远程方法,其中 CORBA IDL 的使用是隐含的,也就是说,开发人员只使用 Java 代码,开发客户机程序时可以不必了解 CORBA 及 IDL 知识。

② 纯 CORBA 客户机——用 CORBA IDL 支持的任何语言写的客户机。客户机用 COS 命名服务来定位对象,用 CORBA IDL 来调用远程方法,用对象事务服务 OTS 来执行事务,其中开发人员要创建一个 IDL 文件,即 CORBA IDL 的使用是显式的。

(3) EJB 与 COM 的比较

EJB 和 COM/COM+是目前世界上最为流行的两种组件模型。COM 组件模型是由著名的 Microsoft 公司于 1995 年提出的,现在已成为 Microsoft-Windows 体系结构的技术基础,在全世界拥有众多的用户。EJB 和 COM+组件在 Web 应用程序中所起到的作用基本相同,它们分别同 JSP/Servlet 和 ASP 一起构成了三层应用程序开发的中间层。在多层应用的环境下,厂商所开发的应用服务器担任着企业信息系统中不可或缺的角色,而 EJB 模型受到全世界大多数厂家的支持,移植性好的优点众所周知,在系统的升级、开发过程中会有更多的选择空间。Java 语言是 SUN 公司开发的一种优秀的面向对象的编程语言,采用 Java 作为编程语言的 EJB 组件模型相对于 COM 组件模型,具有持久化类等多种技术优势。

综上所述,CORBA,COM 和 EJB 的综合比较如表 5 - 3 所示。

表 5 - 3　CORBA,COM 和 EJB 的综合比较

	CORBA	COM	EJB
支持跨语言操作	好	好	一般
支持跨平台操作	好	一般	好
网络通信	好	一般	好
公共服务构件	好	一般	好
事务处理	好	一般	一般
消息服务	一般	一般	一般

	CORBA	COM	EJB
安全服务	好	一般	好
目录服务	好	一般	一般
容错性	一般	一般	一般
产品成熟性	一般	一般	一般
软件开发商的支持度	一般	好	好
可扩展性	好	一般	好

5.5　组件技术与软件体系结构

（1）概述

大规模工程软件系统与小规模程序设计存在着根本区别，一条程序语句不足以作为开发单位，而组件必须成为构造软件的模块。基于组件的软件开发已成为一个热门研究领域，获得商业界的关注，并产生了几个组件互操作性模型，例如，CORBA 和 JavaBeans。这些模型能帮助开发者处理越来越复杂的软件系统。

软件体系结构是控制软件复杂性的另一个很有前途的方法。软件体系结构的研究将直接减少开发应用程序的成本耗费，增加紧密相关产品家族中不同成员的潜在通用性。体系结构使开发者将注意力集中在所开发系统的整体上，并采用基于组件的开发方法，而不是从头开始创建一个系统。为此，体系结构显式给出软件系统的结构，将系统中的组件计算与它们之间的交互分离开来，在任何改变影响实现之前，提供了可供管理和分析系统的高级模型。

在理论上，软件体系结构和基于组件的开发是很理想的匹配，软件体系结构关注的是组件的高层次设计、交互及配置，而基于组件开发的核心是可重用组件的实现与定义。它们是用已有的组件来开发复杂系统的两个不同方面。软件体系结构是可重用软件组件的一种自然补充，已有的组件中间件技术是以组件为中心的，着重对外部组件属性进行标准化；软件体系结构是以系统为中心的，更强调连接和作为一个整体的系统的属性。

（2）复合软件体系结构要求

用已存在的异构部件来有效设计、实现、进化大规模复杂分布式系统

的任何方法,都必须至少支持以下方面:

①　允许各个风险承担者之间对系统进行通信。风险承担者包括顾客、设计师、管理者、组件开发者、系统集成人员、用户等等。允许在高于源程序的抽象级上理解系统,对系统进行推理,更接近风险承担者心目中的系统模型。

②　减少"问题"空间中的系统需求与"方法"空间中的软件设计之间的鸿沟。支持重用与应用程序家族,将遗产项目中的成功设计和进化属性转换为代码。

③　允许逆向分析来修正早期的错误,减少与这些错误相关的耗费。允许在运行期间或之前重构软件。允许用不同的程序设计语言实现不同粒度的组件。支持带有多个地址空间、控制线程及操作系统进程的、分布的、异质的环境。

体系结构研究者对此已达到共识:要获得这些属性,必须使用一种技术,该技术能显式提供高级系统模型并支持捕捉应用程序领域中重复出现的属性。经验表明,软件体系结构及通过显式通信元素将计算与通信分离开来的体系结构风格,事实上提供了这样一种技术。

(3) 组件技术协调软件体系结构

已有的组件中间件技术,例如 CORBA 和 JavaBeans,是以组件为中心的,主要关注标准化外部组件属性——接口、封装、绑定机制、组件内通信协议及关于运行时环境的期望。相反,软件体系结构及其风格以系统为中心,集中定义黑盒组件通信的系统,分析最后得到的系统的属性,产生"胶水"代码绑定系统组件。

组件中间件技术和软件体系结构都是基于组件的软件开发的关键因素,然而在这两个领域之间存在着惊人的有限的交互。不同的焦点暗示了跨越这两个领域之间鸿沟的可能:使用已有的组件中间件技术来实现用体系结构技术建模的系统。在无缝过渡之前必须克服几个关键技术的挑战:

①　将已有的体系结构模型与组件中间件技术结合起来的共享模型

这两个领域使用相似的但不兼容的组件模型和组件绑定模型。例如,有的支持每个组件有多个功能接口,但大多数体系结构建模符号支持每个组件单个功能接口。通过比较每个领域的接口定义语言 IDL 可以发现许多这样的不一致。其他的不一致需要仔细地比较由组件底层结构和体系结构描述语言 ADL 提供的能力。

② 将体系结构实体映射到实现组件

体系结构级的组件可潜在地直接映射为实现级的组件。如何将其他的体系结构元素映射到实现组件上尚不清楚。体系结构连接件将同步地请求——回答交互自然地映射到 CORBA 的静态方法调用机制上。更复杂的连接件，例如异步消息广播连接件，将可能作为单独的 CORBA 组件实现。

③ 建模底层结构服务

利用已有的组件中间件技术构造的复杂系统中的组件交互只提供了系统的部分模型，这是因为组件通常对中间件底层结构（例如 CORBA 的永久性事件及事务服务）和操作系统提供的服务进行了扩充，这对于理解系统也是很关键的。这些服务应该也在体系结构级上进行表示。这些技术挑战非常重要，也很复杂，但这些方法不能保证成功的软件组件应用。

(4) 组件对体系结构的要求

除了体系结构之外，还有无数其他的因素也极大地影响着组件应用的成功。我们对成功的组件市场进行了考察，包括像 Visual Basic VBX 这样的商业市场和像 UNIX 过滤器这样的非商业市场。成功市场显示出几个关键的体系结构需求支持：

① 多种组件粒度

体系结构底层结构必须既支持小组件，也支持大组件，从简单的数据结构到大规模的数据库。然而大多数较大的组件无疑是用较小的组件构造的，较大的组件能够为设计者提供更有意义的功能封装。

② 组件可替换性

体系结构底层结构必须支持删除一个组件和用一个等价组件进行替换。

③ 参数化组件

体系结构底层结构必须支持在设计期间参数化组件或定制组件。理想情况下，参数化过程应易于操作，在设计期间有利于组件的使用。允许在发行系统时，将参数化功能从系统中删除以减小应用程序的规模。

④ 用多种程序设计语言开发组件

由于不同的程序设计语言具有不同应用领域，再加上新的语言层出不穷，体系结构底层结构必须支持用不同的程序设计语言开发组件。

⑤ 用户接口合成

有许多组件并没有用户接口，而一些领域和组件具有一成不变的用户接口。体系结构底层结构必须支持将多个组件用户接口复合成单个统一的完整的用户接口。

⑥ 组件的简单分布

应易于封装和分布组件。理想情况下体系结构底层结构必须支持以多种形式封装和分布组件。此外,市场必须满足一定的需求,例如支持查找相关组件的任务。

(5) 两种技术的结合

体系结构将系统作为一个整体进行描述,而可重用的组件使用由中间件技术和操作系统提供的服务。如何将软件体系结构与基于组件的开发结合起来呢?

其中一种途径是从系统的体系结构设计开始,以体系结构定义为基础,直到能选择或创建已有的组件时才细化体系结构,这些组件应根据体系结构进行链接。在这种情况下,设计系统体系结构也就是定义,"填充"组件即是实现。但是,当我们没有组件的概念而首先完成了软件体系结构设计时,真正重用的机会就非常小。将软件体系结构与基于组件的开发结合起来的另一种途径是利用已有的组件创建系统,用 ADL 描述这个系统的体系结构,这种描述还可用于分析。

Medvidovic 等人已提出了将流行的组件重用与 C2 风格结合起来。

C2 体系结构风格可以概括为:通过连接件绑定在一起的按照一组规则运作的并行构件网络。C2 风格中的系统组织规则如下:

① 系统中的构件和连接件都有一个顶部和一个底部;

② 构件的顶部应连接到某连接件的底部,构件的底部则应连接到某连接件的顶部,而构件与构件之间的直接连接是不允许的;

③ 一个连接件可以和任意数目的其他构件和连接件连接;

④ 当两个连接件进行直接连接时,必须由其中一个的底部到另一个的顶部。

图 5-18 是 C2 风格的示意图。图中构件与连接件之间的连接体现了 C2 风格中构建系统的规则。

Medvidovic 等人构造了一个可重用类的类框架,用来实现 C2 风格的体系结构,并将 C2 风格与几个 OTS 组件进行集成。这种集成是通过将 OTS 组件封装在 C2 组件中,并将事件映射为 C2 消息来实现的,反之亦然。其中,C2 风格是出发点,可重用组件以能用于实现 C2 风格体系结构的方式修改。

设计大规模复杂的分布式软件系统时,单独采用组件中间件技术不足以覆盖某些系统因素。另一方面,软件体系结构的研究通常不以组件

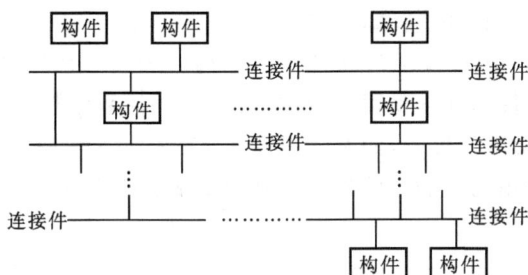

图 5-18　C2 风格的体系结构

的开发、封装和互操作性为中心。这些不同但相互补充的焦点表明了将这两个领域结合起来的可能,也就是将体系结构模型的优点与组件互操作性模型的优点结合起来。尽管这种结合还存在各种问题有待我们去进一步研究,但这种统一的方法无疑将为成功软件组件市场提供一个坚实的基础。

小　结

(1) 讲述了组件的概念、特点以及 CORBA,COM,EJB 等常用的组件模型。

(2) 组件化程序的开发方法模拟了硬件设计的思想。在该方法中,一个应用是由若干个可重用的组件组合而成的,与结构化方法中的模块和面向对象方法中的对象不同,一个组件是一个大粒度的、自包容和基于标准的软件部件,每个组件提供一个或多个接口。接口是组件与客户和其他组件之间通信的惟一途径。

(3) 讲述了 CORBA 中面向对象的分析和设计的方法以及 Java IDL 程序实例。

(4) 讲述了 COM 组件技术标准。遵循 COM 的规范标准,使组件与应用、组件与组件之间可以相互操作,极其方便地建立可伸缩的应用系统。重点讲述了 COM 组件的开发方法和程序实例,包括组件必要性分析、组件设计、组件实现、组件测试与部署。

(5) 讲述了 Java 服务器端服务框架的技术规范 EJB,它定义了如何编写和部署服务器端组件,提供了组件与管理组件的应用服务器之间的标准约定,使得开发人员能够快速开发出具有可伸缩性、多层次、跨平台和分布式的高度复杂的企业级应用。重点讲述了 EJB 组件的开发方法和程序实例,包括创建远程接口、创建 Home 接口、创建 Bean 的实现类、编译、配置、开发和部署测试程序。

（6）讲述了组件技术与软件体系结构的关系。在理论上，软件体系结构和基于组件的开发是很理想的匹配，软件体系结构关注的是组件的高层次设计、交互及配置，而基于组件开发的核心是可重用组件的实现与定义。它们是用已有的组件来开发复杂系统的两个不同方面。

第6章 递归程序设计方法

6.1 递归程序设计的基本思想

6.1.1 递归算法的分析与设计方法

递归是程序(函数、过程)直接或间接调用自身的过程。递归是程序设计中最有力的工具之一,用它可以解决计算机操作系统、图形系统、数据结构及数学规化、优化和古典数学问题等多类问题。虽然其中有的问题可以通过迭代或自行设置、管理栈来完成,但用递归程序进行编程求解更省时省力。下面讲述用递归方法解题时,在分析和设计方面的问题。

(1) 递归模型

一般地,一个递归模型是由递归出口和递归体两部分组成,前者确定递归到何时为止,后者确定递归的方式。用递归方法解决问题,一定要使算法收敛。如果算法不收敛,递归就不能正常结束。从计算机实现递归的机制上来讲,无限制的递归调用必然造成因栈溢出而造成中断或死机,所以必须考虑递归问题的收敛性,即递归过程不是无限制地进行下去,必须具有一个结束递归过程的条件,称递归出口。

递归出口的一般格式为:

$$f(S_0) = M_0$$

这里的 S_0 与 M_0 均为常量,有的递归问题可能有几个递归出口。

递归体的一般格式为:

$$f(S) = g(f(S_1), f(S_2), \cdots, f(S_n), C_1, C_2, \cdots, C_m)$$

这里的 S 是一个递归"大问题", $S_1, S_2, \cdots, S_n$ 为递归"小问题", $C_1, C_2, \cdots, C_m$ 是可以直接(用非递归方法)解决的问题, g 是一个非递归函数,反映了递归问题的结构。

(2) 递归的执行过程

实际上,递归是把一个不能或不好直接求解的"大问题"转化成一个或几个"小问题"来解决,再把这些"小问题"进一步分解成更小的"小问题"来解决;如此分解,直至每个"小问题"都可以直接解决(此时分解到递归出口)。

为了讨论方便,简化上述递归模型为:

$$f(S_0) = M_0$$
$$f(S) = g(f(S'), C)$$

求 $f(S_n)$ 的分解过程如下：

$$f(S_n) \rightarrow f(S_{n-1}) \rightarrow \cdots \rightarrow f(S_1) \rightarrow f(S_0)$$

一旦遇到递归出口，分解过程结束，开始求值过程。所以分解过程是"量变"过程，即"大问题"在慢慢变小，但尚未解决，遇到递归出口后，便发生了"质变"，即原递归问题转化成直接问题。上面的求值过程如下：

$$f(S_0) = M_0 \rightarrow f(S_1) = g(f(S_0), C_0) \rightarrow f(S_2)$$
$$= g(f(S_1), C_1) \rightarrow \cdots \rightarrow f(S_n) = g(f(S_{n-1}), C_{n-1})$$

这样 $f(S_n)$ 便计算出来了。可以看到，求值过程是从一个已知值推出下一个值，实际上这是一个递推过程。因此，递归的执行过程由分解和求值两部分构成，要经历许多步才能求出最后的值。

（3）递归程序的阅读

下面介绍一种阅读递归程序的较简单的方法。这种方法采用图形方式描述运行轨迹，从中可较直观地了解到各调用层次及其执行情况，因而是一种比较有效的方法，具体描述如下。

① 按次序写出程序当前调用层上实际执行的各语句，并用有向弧表示语句的执行次序。

② 对程序中的每个调用语句或函数引用，写出其实际调用形式（带实参），然后在其右边或下边（函数调用时在下边比较方便）写出本次调用的函数实际的执行语句，以区分调用主次和层次，同时也可清楚地了解其执行情况。另外，还要作如下操作：

· 在被调层的前面注明各形参的值；

· 从调用操作处画一有向弧指向被调函数的入口，以表示调用路线；

· 从被调函数的末尾处画一有向弧指向调用操作的下面，表示返回路线。

③ 在返回路线上标出本次调用所得的函数值。

这样处理后，顺着有向弧所标出的执行路线执行各操作，可较方便地得出正确的运行结果。

（4）递归程序的设计

从递归的执行过程看，要解决 $f(S)$，不是直接求其解，而是转化为计算 $f(S')$ 和一个常量 C'。求解 $f(S')$ 的方法与环境和求解 $f(S)$ 的方法与环境是相似的，但 $f(S)$ 是一个"大问题"，而 $f(S')$ 是一个"较小问题"，尽管 $f(S')$ 还未解决，但向解决目标靠近了一步，这就是一个"量变"，如此到达递归出口时,便发生了"质变",递归问题就解决了。因此,递归设计就是要给出合理的"较小问题",然后确定"大问题"的解与"较小问题"之间的关系,即确定递归体;然后朝此方向分解,必然有一个简单的基本问题解,以此作为递归出口,从而得到原来问题 $f(S)$ 的解。

由此得出递归程序设计的步骤如下:

(1) 对原问题 $f(S)$ 进行分析,假设出合理的"较小问题" $f(S')$,给出 $f(S)$ 与 $f(S')$ 之间的关系;

(2) 确定一个特定情况(如 $f(1)$ 或 $f(0)$)的解,以此作为递归出口。

通过条件语句将上述两部分操作连接起来,便得到整个函数。

在该方法中,第一步是设计的难点。另外一个难点在于对函数及其中的变量的含义描述方面。一般来说,如果各种条件及相应的操作都能清楚地表示出来,则编程较易实现。然而,在许多情况下并没有很清楚地给出这种分解,因此,需要先对问题进行分析、分解,指出所有递归出口和非递归出口及相应的操作,再按上述方法进行编程。

6.1.2　递归程序的公式化方法与程序实例

递归程序处理的问题可以分成两类:第一类是数学上的递归函数,要求算得一个函数值,例如,阶乘函数和 Fibonacci 函数;第二类问题具有递归特征,目的是求出满足某种条件的操作序列,例如 Hanoi 塔和八皇后问题。第一类问题的程序设计是简单的、机械的,而第二类问题则不然,由于涉及面广,没有统一的规则可循,所以编程过程往往比较复杂,而且编得的程序也不大好理解。究其原因在于,第一类问题已经有了现成的函数公式,第二类问题则没有。如果对于第二类问题也能写出它的递归公式,那么编码过程会大大简化,而且还可以改善程序的可读性。

(1) 公式化方法

程序设计可以分成两个阶段:逻辑阶段和实现阶段。逻辑阶段要确定算法,不必考虑编程语言和实现环境。通常算法可以用自然语言、流程图、N-S 图等工具来表示,其实最好的表示方法当属数学公式,例如计算方法中大部分例子都是用公式表示的。如果对于第二类问题能在逻辑阶段得出它的递归公式,那么至少有如下好处:

① 把逻辑阶段同实现阶段截然分开,大大简化程序设计;

② 用数学方法推导递归公式,比用其他方法设计算法要简单得多;

③ 由于公式是算法的最精确最简洁的描述形式,所以有了递归公式,编码工作就变得异常简单,而且程序的可读性也会很好。

　　所谓递归程序设计的公式化方法,就是首先要把问题表示成数学意义下的递归函数,关键是确定函数值的意义,尽管问题本身未必需要计算什么函数值。函数值的选取可能不是惟一的,但是愈能表现问题本质愈好。

　　(2) 程序设计实例

　　① Hanoi 塔问题

　　设有三根柱分别为 u、f、t。现有 d 个直径各不相同的圆盘放在 f 柱上,且大盘在下,小盘在上,按直径从小到大标号分别为 $1,2,\cdots,d$。要求将 f 柱上的 d 个盘子,移到 t 柱上去,并满足条件:

　　· 每次只允许移动一个盘子;

　　· 移动过程中,在三根柱上都保持大盘在下,小盘在上;

　　· 移动时可以借助 u 柱进行中转。

　　Hanoi 塔问题要求显示把若干个盘子从一个柱子搬到另一个柱子要采取的动作,可以把动作的个数取为函数值。于是,得到有四个自变量的递归函数 $h(d,f,u,t)$,其意义是以 u 柱(using) 为缓冲,把 d 个盘子(disks) 从 f 柱(from) 搬到 t 柱(to)。容易得到下面的递归公式:

$$f(d,f,t,u) = \begin{cases} h(1,f,u,t) = 1 & (d=1) \\ h(d-1,f,t,u) + h(1,f,u,t) + h(d-1,u,f,t) & (d>1) \end{cases}$$

其实际意义非常明显:搬动一个盘子只需一个动作,而把 d 个盘子从 f 柱搬到 t 柱,需要先把上面的 $d-1$ 个盘子从 f 柱搬到 u 柱,再把最下面的一个盘子从 f 柱搬到 t 柱,最后把已在 u 柱上的 $d-1$ 盘子搬到 t 柱,因此总的动作个数等于三组动作之和。

　　有了递归公式,编程就变得极为简单。程序的结构是一个多分支结构,恰好同递归公式一一对应,编程几乎变成了机械的翻译。

　　在下面的程序中,递归函数与递归公式的差别仅为:当 d 为 1 时不仅要把动作个数 v 置为 1,同时还要显示此动作。

```
main()
{
    int h(int, int, int, int);
    int d, v;
    printf("disks = ");
    scanf(" % d", &d);
    v = h(d, 1, 2, 3);
    printf("\n % d actions for % d disks! \n", v, d);
}
```

```
int h(int d, int f, int u, int t)
{
    int i, v;
    if(d == 1)
    {
        v = 1;
        printf("%d->%d", f, t);
    }
    else
        v = h(d - 1, f, t, u) + h(1, f, u, t) + h(d - 1, u, f, t);
    return v;
}
```

此程序的运行结果如下：

disks = 3

1->3　1->2　3->2　1->3　2->1　2->3　1->3

7 actions for 3 disks!

② 八皇后问题

八皇后问题是一个更有代表性、更复杂的递归例题，要求在 8×8 的国际象棋棋盘上摆放 8 个皇后，使它们不致互相攻击。我们采取的算法仍然是从棋盘第一行开始每行放一个皇后，对于每一行都从该行的第一列开始放置，并判断它同前面的那些皇后是否互相攻击，如是就换成下一列，否则继续放置下一个皇后，直至放好 8 个皇后。依照这种思想，定义一个有 9 个自变量的函数：

$$q(k, a_1, a_2, a_3, a_4, a_5, a_6, a_7, a_8)$$

其中 k 表示已放置的皇后个数，而 a_i（此处 $i \leqslant k$）表示第 i 行上的皇后所在列的列号，因此这 9 个自变量能够代表求解过程中任一时刻的状态，而函数值定义为从此状态出发能得到的解的个数。按照这一思想不难得到下面的递归公式：

$$
\begin{cases}
q(k, a_1, a_2, \ldots, a_k, 0, \ldots, 0) = 0 \\
\qquad\qquad \text{如果有 } 0 < i < k, \text{使 } a_i \text{ 同 } a_k \text{ 不相容} \\
q(k, a_1, a_2, \ldots, a_8) = 1 \quad \text{如果对于任意的 } 0 < i < 8, a_i \text{ 同 } a_8 \text{ 都相容} \\
q(k, a_1, a_2, \ldots, a_k, 0, \ldots, 0) = \sum_{j=1}^{8} q(k+1, a_1, a_2, \ldots, a_k, j, 0, \ldots, 0) \\
\qquad\qquad \text{如果 } k < 8 \text{ 而且对于任意的 } 0 < i < k, a_i \text{ 同 } a_k \text{ 都相容}
\end{cases}
$$

公式中的"a_i 和 a_k 相容"的意思是它们不互相攻击,即逻辑表达式

$$(a_i - a_k) \&\& (i + a_i - k - a_k) \&\& (i - a_i - k + a_k)$$

为真,就是说 $a_i \neq a_k$ 且 $i + a_i \neq k + a_k$ 且 $i - a_i \neq k - a_k$。可以将上面的递归公式很容易地翻译成如下程序:

```
main()
{
    int q(int, int * );
    int a[9], v;
    v = q(0, a);
    printf("\nThere are %d solutions! \n", v);
}
int q(int k, int * a)
{
    int i, j, u, v;
    for(i = 1, u = 1; i < k && u; i ++ )
        u = u&&(a[i] - a[k])&&(i + a[i] - k - a[k])&&(i - a[i]
        - k + a[k]);
    if(u == 0) v = 0;
    else if(k == 8)
    {
        v = 1;
        printf("%d%d%d%d%d%d%d%d", a[1], a[2], a[3],
        a[4], a[5], a[6], a[7], a[8]);
    }else for(j = 1, v = 0; j <= 8; j ++ )
    {
        a[k + 1] = j;
        v += q(k + 1, a);
    }
    return v;
}
```

递归公式中的自变量 $a_1, \cdots, a_8$ 是一个相关的序列,在程序中用数组 a 表示。在 $q()$ 中首先计算 a_k 是否同其前的所有 a_i 相容,若是,变量 u 非 0。$q()$ 与递归公式严格对应,呈现出有三个选择的分支结构。在 u 非 0 且 k 为 8 的情况下,置函数值 v 为 1,并显示已得到的解。显然这个程

序编写起来最为简单，而且最好理解。下面给出该程序的交互会话，为节省版面，只列出 92 个解中的 5 个：

15863724　16837425　...　82531746　83162574　84136275

There are 92 solutions!

公式化方法是一种简单而有效的设计思想，它把程序设计和程序理解的难点都集中到递归公式上。从上面的例子可以看到，这种思想能够简化程序设计，而且得到的程序显然好于通常的程序。这种设计思想有普遍性，至少适用于多数递归程序的设计。由递归公式设计出的程序具有标准的分支结构，编写和理解都要简单得多。

6.1.3　递归方法的应用领域

(1) 数学领域

① 数学函数领域

递归程序应用于数学函数可解决与递推公式相关的问题，例如：

· 求 x 的 n 次幂

$$x^n = \begin{cases} x & (n=1) \\ x \cdot x^{n-1} & (n>1) \end{cases}$$

· 求 2 阶 Fibonacci 数列

$$\text{Fib}(n) = \begin{cases} 0 & (n=0) \\ 1 & (n=1) \\ \text{Fib}(n-1) + \text{Fib}(n-2) & (n>1) \end{cases}$$

· 计算勒让德多项式

$$P_n(x) = \begin{cases} 0 & (n=0) \\ x & (n=1) \\ [(2n-1)P_{n-1}(x) - (n-1)P_{n-2}(x)]/n & (n>1) \end{cases}$$

· 计算 Ackerman 函数

$$\text{Ack}(m,n) = \begin{cases} n+1 & (m=0) \\ \text{Ack}(m-1,1) & (n=0) \\ \text{Ack}[n-1, \text{Ack}(m,n-1)] & (其他) \end{cases}$$

这样的例子还有很多，有很多数学函数本身就是递归定义的，这与递归程序的思想不谋而合，因而用递归程序实现非常直观、方便。

② 分形几何领域

分形几何方法可以模拟出传统的几何方法所不能描述的自然景观：海面上风起云涌的滔天巨浪，天空中飘浮的变幻莫测的云彩等等。用分形来模拟自然景观时,经常用到递归算法,例如,在 Windows 环境下可以按如下方法来形成自然景观:首先为窗口设定调色板,用纯白色(RGB(255,255,255))填充整个窗口,再以几种随机的颜色设置窗口的用户区矩形的角点作为初始值,然后根据其邻点集颜色按某种函数关系计算矩形中央点的颜色,并伴随随机的扰动;通过递归调用产生更小的矩形,再计算其中央点的颜色,直到窗口的每一点被置上颜色,从而产生出自然景观的原始画面。此后可以通过动态修改窗口的调色板,对窗口中的自然景观进行动态模拟。

(2) 物理学领域

递归算法不但在数学中应用很多,在物理学中也不乏其例。有关网上资料表明,有人根据室内物体对电磁波的反射和透射的性质,结合射线跟踪法,提出了一种室内物体的分块模型,而且还设计了射线跟踪的递归算法,据此算法可计算出室内各处电磁波传播的路径损耗。对某室内环境进行的实地测量结果表明,计算结果与测量结果吻合较好。

(3) 计算机科学领域

① 编译程序、数据库领域

树型结构是一类重要的非线型数据结构。直观看来,树是以分支关系定义的层次结构。树结构在客观世界中广泛存在,如人类社会的族谱和各种社会组织机构都可用树来形象表示。树的存储结构以及前序、中序、后序遍历等均可使用递归方法。在编译程序中,可用树来表示源程序的语法结构;在数据库系统中,树形结构也是信息的重要组织形式之一。

② 人工智能领域

广义表是线性表的推广,广义表的存储结构以及求广义表的深度、复制广义表等均可使用递归方法。广泛地用于人工智能领域的表处理语言LISP,就是把广义表作为基本的数据结构。例如,静态映射神经网络和动态递归神经网络是两种重要的神经网络,前者在系统辩识和控制中得到了广泛的研究和应用;后者能够逼近系统的动态过程,具有良好的稳定性和收敛性。

由于树、广义表的定义、存储以及与它们相关的算法都具有良好的递归特性,故它们可在与之相关的领域中广泛地使用。

③ Internet 领域

在互联网上有两种查询域名服务器 DNS 的方法:一种是递归查询,另一种是迭代查询。递归查询迫使 DNS 服务器做出查询成功或失败的响应。域名解析使用最多的就是这种查询方法。在递归查询中,DNS 服务器必须与其他的 DNS 服务器进行通信,它从其他的 DNS 服务器收到成功响应的信号后,就将响应返回给客户机。

(4) 综合上述领域的其他领域

对于迷宫问题、八皇后问题、骑士游历问题、选最优解问题等,不是根据某种确定的计算法则,而是利用试探和回溯的搜索技术求解。回溯法也是设计递归程序的一种重要方法,它的求解过程实质是一个先序遍历一棵"状态树"的过程。这是在树这种数据结构中先序遍历的灵活运用,其实,问题只要能归结为树的遍历,均可使用递归算法。

图是一种较线性表和树更为复杂的数据结构。在图形结构中,结点之间的关系可以是任意的,图中任意两个数据元素之间都可能相关,图的典型操作,如深度优先遍历,基本上都使用递归算法。因此,图的应用极为广泛,已渗入到诸如语言学、逻辑学、物理、化学、电信工程、计算机科学以及数学等其他分支中。由于图作为一种复杂的数据结构,其典型的操作如各种遍历可采用递归方法,故可用于需要此类结构及算法的众多领域中。

6.2　递归方法与树型结构

(1) 递归的产生

递归的产生原因很多,大致可以分为以下几个方面:

① 很多数学问题不能用初等函数直接表示,但可以用递归定义的形式间接表示。

② 从程序设计的角度来看,函数或过程调用它本身,就形成了递归。还有一些问题,虽然问题本身没有明显的递归结构,但可以用递归来求解,并且更为简便。

③ 从数据结构的角度来看,有些数据结构本身就具有递归的特性,它们的操作自然需用递归来描述。

④ 世界本质上是非线性的,并且在非线性科学中已经揭示出非线性现象的三大普适性——孤立子、混沌和分形,它们已成为非线性科学的三大理论前沿。其中,分形几何研究的几何图形是不规整的、粗糙的、不可微分的,它无法用传统的数学方法来描述,但分形具有一个重要的特点,即局部与整体的自相似性,并且表现为无穷嵌套或无穷自相似,因此可以用递归或迭代的方法来描述并生成它。

由此看来,递归在数学、程序设计、数据结构以及其他许多领域中都具有重要意义,而这些都归结于递归的特点——有可能用有限的语句来定义对象的无限集合,即使用有穷的递归定义可以描述无穷多次计算,尽管该定义不明显地包含重复运算。

(2) 递归的自身局限

目前,科学研究已普遍使用计算机来进行各种问题的分析和解决,而递归又被计算机程序设计广泛运用,其地位日显重要,但递归本身也具有其自身不可克服的缺陷。

① 从程序设计角度来看,递归实际上是多个过程的嵌套调用,且形成了一种不明显的层次关系,每一层次都需要相应的空间进行存储,所以需要对相应的存储空间大小作分析,即对层次进行分析。

② 对于递归问题,运用传统的"绕圈子"分析方式很难对其整个执行过程进行深入透彻的理解和分析。

为了深入地理解和分析递归的层次和运行状况,我们将运用层次分析方法并引入层次模型对其进行定性、定量分析。

(3) 递归与树型结构的紧密联系及相互转化

递归是一种逐层深入又逐层返回、反复循环的层次调用关系,并且其自身就存在一种选择关系,继续调用或者跳出循环调用,就形成了一种分支结构。而树是以分支关系定义的层次结构,因而递归的调用过程中实际上已经隐含了一棵树。因此,树型结构和递归运行中的层次与分支是完全一致的,显然可以将递归问题转化成树型结构,利用树型结构来分析递归的层次和运行状况。

另外,递归问题从大到小的分解和树型结构从整体到局部的分解也是类似的。递归的逐层深入和返回也就是树型结构的穿线过程。递归的第一次调用就是树型结构的根结点;以后的逐层调用对应于树型结构每一层展开的子结点;递归调用的结束(也就是递归的终值)就对应于树的叶子结点,并且在一个递归过程中往往存在多次的选择调用关系,这就形成了树的分支。所以,递归问题的调用关系可以转化为树型结构,递归的实现可以转化成树的遍历,使其复杂的嵌套过程变得层次清晰、关系明了。

(4) 实例分析

为了更加透彻地理解递归和树型结构(尤其是二叉树)的转化及其对递归问题进行分析的优越性,再次以先前提出的经典 Hanoi 塔问题的程序为例,用二叉树对其作较为细致的分析,如图 6-1 所示。正确的移动次序如表 6-1 所示。

$$h(4, f, u, t)$$
$$\boxed{f \to t}$$

$$h(3, f, t, u) \qquad\qquad h(3, u, f, t)$$
$$\boxed{f \to u} \qquad\qquad \boxed{u \to t}$$

$$h(2, f, u, t) \quad h(2, t, f, u) \quad h(2, u, t, f) \quad h(2, f, u, t)$$
$$\boxed{f \to t} \quad \boxed{t \to u} \quad \boxed{u \to f} \quad \boxed{f \to t}$$

$$h(1,f,t,u)\ h(1,u,f,t)\ h(1,t,u,f)\ h(1,f,t,u)\ h(1,u,f,t)\ h(1,t,u,f)\ h(1,f,t,u)\ h(1,u,f,t)$$
$$\boxed{f \to u}\ \boxed{u \to t}\ \boxed{t \to f}\ \boxed{f \to u}\ \boxed{u \to t}\ \boxed{t \to f}\ \boxed{f \to u}\ \boxed{u \to t}$$

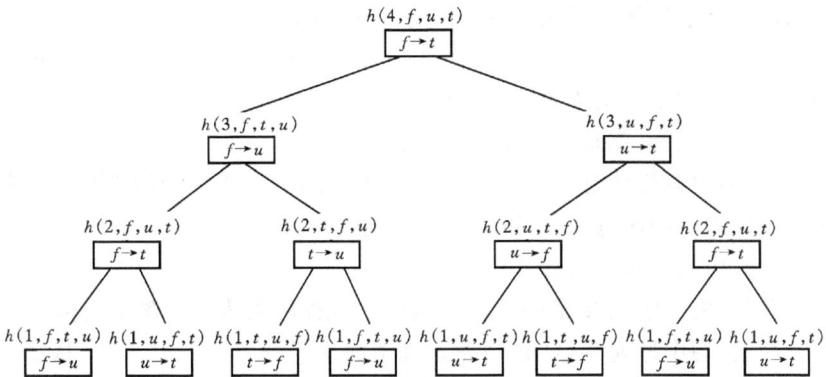

图 6-1　Hanoi 塔问题的二叉树分析

表 6-1　正确的移动次序

移动次数	移动盘片号	移动方向
1	1	$f \to u$
2	2	$f \to t$
3	1	$u \to t$
4	3	$f \to u$
5	1	$t \to f$
6	2	$t \to u$
7	1	$f \to u$
8	4	$f \to t$
9	1	$u \to t$
10	2	$u \to f$
11	1	$t \to f$
12	3	$u \to t$
13	1	$f \to u$
14	2	$f \to t$
15	1	$u \to t$

　　递归与二叉树的转化如下：

　　第一次递归调用为 $h(d, f, u, t)$，即为树的根结点，然后递归问题的每一次深入均是调用语句 $h(d-1, f, t, u)$，因而对应于二叉树的左结点均是该语句执行的结果。同样,每一次递归调用之后均返回并再调用语句 $h(d-1, t, f, u)$,该语句执行的结果即为二叉树的右结点,递归的执行过程也就是二叉树的形成过程。

递归的执行,就是对二叉树进行遍历的过程。本例是一个典型的中序遍历,每一次调用均有一次行为结果(调用 printf 输出移动的步骤)。对其树型结构进行中序遍历,就可得到正确的盘片移动顺序。

二叉树的分析方法如下:

首先,将传统的"绕圈子"方式转化为一种层次清晰的树型结构。

其次,用中序遍历,能很清楚地知道每次操作移动哪个盘片,从哪根柱移动到哪根柱,以及每个盘片的移动规律。

最后,只要给出移动的盘片数 d,就可以知道其递归调用层次为 d,递归过程中盘片一共要移动 $2^d - 1$ 次,第 i 个盘片移动的次数为 2^{d-i}。

一般来说,递归问题均可以转化成树型结构,进行分析时具有以下几点优势:

① 将传统的"绕圈子"分析方式转化成一种层次清晰的树型分支结构对递归问题进行分析。

② 一些复杂或数值较大的递归问题,用传统的"绕圈子"方式无从下手,而树型结构可以充分发挥其易于展开的特性,使递归问题清楚再现。

③ 利用树的层次结构和树自身具有的一些性质,更容易把握递归的本质和特性。

应该指出,递归按调用方式不同有直接递归和间接递归两种,本节所讲述的方法仅适用于直接递归分析。

6.3　递归方法与栈结构

(1) 栈的基本概念

栈是限定在表尾进行插入或删除操作的一种特殊的线性表,表尾端称为栈顶,表头端称栈底,如图 6-2 所示。栈的修改是按后进先出的原则进行的,因此栈又称后进先出的线性表。从栈顶插入一个新元素,通常称为"压栈";相反,从栈顶删除一个元素称为"退栈"。栈与递归有着密不可分的联系。

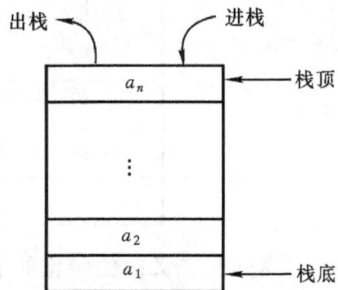

图 6-2　栈的示意图

（2）问题分析

此处利用计算 $n!$ 的函数的调用来描述递归问题。其数学表达式如下：

$$\text{fact}(n) = \begin{cases} 1 & (n = 0) \\ n \cdot \text{fact}(n-1) & (n > 0) \end{cases}$$

$n!$ 可以写成下列函数形式：

```
     long fact(int n)
1    {
2       if(n < 0)
3       {
4          printf("Negative argument to fact! \n");
5          exit(-1);
6       }
7       else if (n <= 1)
8          return(1);
9       else
10         return(n * fact(n-1));        //递归调用
11   }
```

当 $n = 3$ 时，上述递归算法的执行过程可用图 6-3 表示。

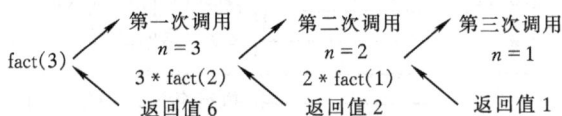

图 6-3　$n = 3$ 时的递归执行过程

这种线性的调用和回代过程可能还比较容易理解，但碰到如 Hanoi 塔问题时，若纯粹用这种思路去分析，参数越大，递归调用次数越多，就越容易搞糊涂。所以要想掌握好递归这种方法，就得了解其内部操作的原理。

（3）工作栈的基本原理

递归在运行时遵循"后调用先返回"的原理，这与栈"后进先出"的特点保持一致。在递归过程中，和每次调用相关的一个重要的概念是递归过程运行的"层次"。假设某函数 A 采用了递归调用，另一函数 B 调用函数 A，我们称函数 B 为 0 层，一次调用函数 A 为进入第一层，从第 i 层递归调用函数自身为进入"下一层"，即第 $i+1$ 层。反之，退出第 i 层递归应返回至"上一层"，即第 $i-1$ 层。为了保证能正常"进入"、"返回"，系统设立了一个"递归工作栈",作为整个递归过程运行期间使用的数据存储区,其中很重要的一部分"数据"便是"上层的返回地址"。每次进入一层递归前,系统产生一个新的工作记录(包括当前层的实参,返回地址等数据)压入栈顶,每退出一层递归,就从栈顶弹出一个工作记录,这便是当前执行层所需的信息。

现在,用"工作栈"的思想分析一下 n! 的例子。表6-2展示了求 fact(3)(即 3!)的执行过程,其中的语句行号表示返回地址,并假设调用 fact(3) 的函数(暂且称之为主函数)的返回地址为0。

表6-2　求3!的递归过程示意图

递归运行的层次	运行语句的行号	递归工作栈状态(返回地址,n 值)	说　　明
1	1,2,7,9,10	0, 3	由主函数进入第一层递归后,运行至语句(行)10,递归调用下一层
2	1,2,7,9,10	10, 2 0, 3	由第一层的语句(行)10进入第二层递归,执行至语句(行)10,进入第三层
3	1,2,7,8,11	10, 1 10, 2 0, 3	第三层递归执行至语句(行)8,求出 fact(1) 值为1,从语句(行)11退出第三层,返回至第二层的语句(行)10
2	10,11	10, 2 0, 3	执行第二层的语句(行)10,求出 fact(2) 值为2,从语句(行)11退出该层,返回至第一层的语句(行)10
1	10,11	0, 3	执行第一层的语句(行)10,求出 fact(3) 值为6,从语句(行)11退出该层,返回主函数,返回地址为0
0		栈空	继续运行主函数

6.4　递归算法到非递归算法的变换

一般地,一个递归程序可以表示为基语句 Si(不包含 P)和自身的组合,即:

$$P \equiv \beta(Si, P) \qquad (6-1)$$

若程序 P 包含着对自己的引用,则称它是直接递归的;若程序 P 包含着对另一个程序 Q 的引用,而 Q 又包含着对 P 的引用,则称它是间接递归的。

递归程序的准确表示为:

$$P \equiv \text{if } B \text{ then } \beta(Si, P) \tag{6-2}$$

其中,B 是递归调用受限条件。

采用递归方法设计的程序效率低,因为对每一次的过程或函数的调用都必须进行参数替换、运行环境保护等,另外还需要进行大量重复的计算。

对于像系统程序或某些应用程序中使用频率很高的部分,程序的效率显得至关重要。另外,使用像 Fortran 语言和大多数汇编语言等不具有递归功能的程序设计语言去解决递归问题时,必须将递归问题转换为非递归问题。所以,有必要对递归问题进行研究,寻找有效的转换方法。

在分析过程、函数的递归调用中,可以采用"树"这一数据结构来表示,称为递归调用关系树。在该树中,过程名或函数名为树的结点,结点之间的关系为过程或函数之间的调用。另外,递归关系树对递归过程、递归函数的求值和递归参数的传递是一个有效的工具。

递归过程或函数的内部构造有多种形式,不同的内部结构可以有不同的转换方法。

(1) 采用迭代解法

如果一个函数或过程的递归关系树退化为线性的,那么该函数或过程就比较容易采用迭代的方法实现。例如,对于先前的阶乘程序,当 $n=5$ 时的递归关系树为线性的,如图 6-4 所示。

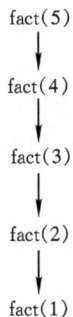

$$\begin{array}{c} \text{fact}(5) \\ \downarrow \\ \text{fact}(4) \\ \downarrow \\ \text{fact}(3) \\ \downarrow \\ \text{fact}(2) \\ \downarrow \\ \text{fact}(1) \end{array}$$

图 6-4 $n=5$ 时的递归关系

转换方法为,根据形式参量设置相应的局部变量,一般地,一个形式参量对应一个局部变量,包括函数名。有时,根据求解关系,还要设置中间变量。语句的第一部分是初始化变量,变量的初值应该是迭代的初始条件。然后是设置循环,循环为从叶结点到树根结点的迭代,循环的控制条件为递归的条件,该条件应该能控制迭代从初值到终值,循环的内部包括参数修改的语句和迭代求值的语句。

阶乘函数的非递归函数如下:

```
int fact(int n)
{
    int i, f;
    if(n<0)
    {
        printf("Negative argument to fact! \n");
        return -1;
    }
    i = 0;
    f = 1;
    while(i<n)
    {
        i:= i + 1;
        f:= i * f;
    }
    return f;
}
```

一般地,按照下列的方案变换:

$$P \equiv (x \leftarrow x_0; \text{ while } B \text{ do } S)$$

一些递归调用关系树不退化的函数也可以采用迭代方法变换。例如,前面提到的 Fibonacci 数列,其非递归函数如下:

```
int fib(int n)
{
    if(n == 0)
        return 0;
    else if(n == 1)
        return 1;
    else
```

```
    {
        i = 1;
        x = 1;
        y = 0;
        while(i<n)
        {
            z = x;
            i = i + 1;
            x = x + y;
            y = z;
        }
        return x;
    }
}
```

（2）末尾递归的消除

在递归调用中，如果递归调用语句是过程或函数的最后一条可执行语句，这样的调用称为末尾递归调用。属于末尾递归调用的过程或函数称为末尾递归调用过程或函数。

末尾递归过程或函数在调用返回后，没有要继续执行的语句了，所以外层的实际参数不会再用到，没有必要保留，返回地址为过程或函数的末尾，这是固定不变的。

对这样的末尾递归调用过程或函数进行非递归转换时，先画出递归调用关系树，根据形式参数设置相应的局部变量，开始时令它们等于树根的实际参数值，以后每循环一次就将它们修改成其子结点的实际参数值，而外层实际参数不必保留，直至循环执行到它们取得树的叶结点的实参值为止。

例如，寻找单链表最后一个结点并打印其数据项的函数 search_list，就是一个末尾递归的函数。数据结构定义为：

```
struct node
{
    char * data;
    node * next;
}
void search_list(node * first)
```

```
{
    if(first == NULL)
        return;
    if(first - >next == NULL)
        printf("% s",first - >data);
    else
        search_list(first - >next);
}
```

经转换得到的非递归过程如下:

```
void search_list(node * first)
{
    node * p;
    if(first == NULL)
        return;
    p = first;
    while(p - >next! = NULL)
        p = p - >next;
    printf("% s",p - >data);
}
```

(3) 使用堆栈

如果一个递归问题既不容易找到迭代方法,又不属于末尾递归的情况,总还可以利用堆栈为其设计出非递归的算法。对应形式为

$$P \equiv \text{if } B \text{ then } (Si, P, Tj)$$

的递归程序,可以转换为:

$$P \equiv (S_0, \text{INISTACK}(s), \text{while } B \text{ do}(Si, \text{PUSH}(s)), \text{while not}$$
$$\text{EMPTY}(s) \text{ do } (Ck, Tj, \text{POP}(s)))$$

其中,INISTACK(s) 为初始化堆栈,PUSH(s) 为入栈,EMPTY(s) 为判定栈是否空,POP(s) 为退栈,Ck 为求值运算。

设立堆栈并初始化,设置循环,循环条件为递归受限条件,循环的内部包括实参的入栈保存和修改。实参的修改按递归调用的实参的变化进行,实参全部入栈以后,再设置循环,每循环一次进行一次求值运算并作一次退栈,直到实参全部退栈并运算完成为止。例如,对已经建立起来的单链表按照从尾到头的顺序打印其数据域的值。递归的函数如下:

```
void travel_list(node * first)
```

```
{
    if(first = = NULL)
        return;
    if(first - >next! = NULL)
    {
        travel_list(first - >next);
        printf("% s",first - >data);
    }
}
```

经过转换的非递归过程为:

```
#define N 1024;
void travel_list(node * first)
{
    node * p;
    node * s[N];    //N 为预先定义的一个足够大的常数
    if(first = = NULL)
        return;
    p = first;
    int top = 0;
    while(p - >next! = NULL)
    {
        s[top] = p;
        p = p - >next;
        top ++ ;
    }
    while(top! = 0)
    {
        printf("% s",p - >data);
        top - - ;
        p = s[top];
    }
}
```

　　递归程序对原本是递归的问题进行求解是很直观的,其算法的正确性也是很容易证明的。但是,递归程序的低时间效率和低空间效率是很明显的。所以,根据实际情况正确选用递归程序和非递归程序是非常重要的。对于本节(1)、(2)中的情况,应该采用非递归方法,并且可以采用计算机辅助设计去完成;对于(3)中的情况,则应视实际问题而定。如果采用不具有递归功能的语言,则必须进行非递归的转换。一般地,可以从时间效率、空间效率、算法的简明性、算法的正确性这几个因素来考虑两种方法的选用。

　　总之,递归的非递归转换方法对系统程序设计和应用程序设计有着有益的指导作用。

小　结

　　(1) 讲述了递归模型和执行过程,重点讲述了递归程序设计的步骤。

　　(2) 讲述了利用公式化方法设计递归程序的过程以及 Hanoi 塔问题、八皇后问题等程序实例。

　　(3) 讲述了递归方法在数学领域、物理学领域、计算机科学领域的应用。

　　(4) 树型结构和递归运行中的层次与分支是完全一致的。讲述了将递归问题转化成树型结构,利用树型结构来分析递归的层次和运行状况。

　　(5) 讲述了栈与递归的联系。栈是限定在表尾进行插入或删除操作的一种特殊的线性表,栈的修改是按后进先出的原则进行的。

　　(6) 讲述了递归算法到非递归算法的变换方法,包括迭代解法、末尾递归的消除、使用堆栈等方法。

第7章　嵌入式程序设计方法

7.1　嵌入式程序设计的基本思想

7.1.1　嵌入式系统的定义与特点

据统计,2005 年全球共生产 90 亿颗各种处理器,其中只有不到 2%用于个人计算机和服务器、工作站等通用计算机系统,另外的超过 88 亿颗则用于各种嵌入式系统。由处理器的使用数量可见,嵌入式系统的数量远远大于通用计算机系统的数量。目前,几乎所有电子设备中都含有嵌入式系统,小到电子手表,大到核电站控制系统,可以说嵌入式系统已如空气一样包围和影响着每个人。传统的嵌入式设备,如电子计算器、白色家电控制系统等,其功能比较单一和固定,其软件设计已经比较成熟,而掌上电脑、智能手机、手持 GPS 接收装置等新兴的嵌入式智能设备由于其功能比较复杂,且一般都有操作系统支持,因此本章主要关注此类系统的程序设计问题

嵌入式系统是计算机的一种应用形式,通常指隐藏在宿主设备中的信息处理系统。对用户而言,此类计算机一般不被设备使用者注意,故也称隐藏式计算机,例如微控制器、微处理器和数字信号处理器(DSP,Digital Signal Processor)等。嵌入式处理器使宿主设备功能智能化、设计灵活、操作简单。从移动电话到飞机导航系统,这些设备功能各异,千差万别,但都具有功能强、实时性强、结构紧凑、可靠性高和面向对象等共同特点。广义而言,嵌入式处理器就是以应用为中心,以计算机技术为基础,软件硬件可"裁剪",适应应用系统,对功能、可靠性、成本、体积、功耗严格要求的专用计算机系统。确切地说,在上述应用环境中,信息处理系统处于嵌入式工作状态,实时就绪与环境互动,即实时工作方式。嵌入式系统是将先进的计算机技术、半导体技术、电子技术和各个行业的具体应用相结合的产物,这一点就决定了它必然是一个技术密集、资金密集、高度分散、不断创新的知识集成系统。

嵌入式系统通常由硬件和软件两部分组成。简单的嵌入式系统由微控制器或单片机及嵌入式软件组成。嵌入式系统与通用计算机系统相比有五个明显的特征:专用性、可封装性、外来性、实时性、可靠性。专用性

是指嵌入式系统用于特定设备完成特定任务。可封装性是指嵌入式系统隐藏于目标系统内部而不被操作者察觉,实质上是面向对象封装以实现信息隐蔽思想的体现。外来性体现在嵌入的计算机一般自成一个子系统,与目标系统的其他子系统保持一定的独立性。实时性是指嵌入式系统能够在可预知的极短时间内对事件或用户的干预做出响应。可靠性是指嵌入式计算机隐藏在系统或设备中,用户很难直接接触控制,因此一旦工作就要求它可靠运行。

和通用计算机不同,嵌入式系统的硬件和软件都必须更精密地设计,量体裁衣,去除冗余,力争在同样的硅片面积上实现更高的性能,这样才能在市场中更具有竞争力。嵌入式处理器要根据用户的具体要求,对芯片配置进行裁减和添加,才能达到理想的性能,但同时还受用户订货量的制约,因此不同的处理器面向的用户是不一样的,可能是一般用户、行业用户或单一用户。嵌入式系统和具体用户有机地结合在一起,它的升级换代也是和具体产品同步进行,因此嵌入式系统产品一旦进入市场,就具有较长的生命周期。嵌入式系统中的软件,一般都固化在只读存储器中,而不是以磁盘为载体,可以随意更换,所以嵌入式系统的应用软件的生命周期也和嵌入式产品一样长。另外,各个行业的应用系统和产品与通用计算机软件不同,很少发生突然性的跳跃,嵌入式系统的软件也因此更强调可继承性和技术衔接性,发展比较稳定。

嵌入式计算机在应用数量上远远超过了各种通用计算机,一台通用计算机的外部设备中就包含了 5～10 个嵌入式微处理器,键盘、鼠标、软驱、硬盘、显示卡、显示器、Modem、网卡、声卡、打印机、扫描仪、数字相机、USB 集成器等均是由嵌入式处理器控制的。在制造工业、过程控制、通信、仪器、仪表、汽车、船舶、航空、航天、军事装备、消费类产品等领域均是嵌入式计算机的用武之地。

最有量产效益和时代特征的嵌入式产品应属 Internet 上的信息家电,如 Web 可视电话、Web 游戏机、Web PDA、WAP 手机以及多媒体产品,如 STB(电视机顶盒)、DVD 播放机、电子阅读机等。其中,WAP 手机算得上是一种具有代表性的嵌入式设备,其结构小巧,屏幕较大,能无线入网,全球漫游,因此其功能复杂度较高,内嵌要求高。WAP(无线应用协议)赋予手机以随时随地访问 Internet 的功能,可接受互联网上的诸多信息服务,如电子邮件、电子商务、气象查询等。WAP 信息设备的出现标志着革命性的一代嵌入式系统已经诞生。

嵌入式应用软件是实现嵌入式系统功能的关键,对嵌入式处理器系统软件和应用软件的要求也和通用计算机有所不同,主要有以下几点。

(1) 软件要求固化存储

为了提高执行速度和系统可靠性,嵌入式系统中的软件一般都固化在存储器芯片或嵌入式微控制器中,而不是存储于磁盘等载体中。

(2) 软件代码要求高质量、高可靠性

尽管半导体技术的发展使处理器速度不断提高,芯片上存储器的容量不断增加,但在大多数应用中,存储空间仍然是宝贵的,并且还有实时性的要求。为此,要求程序编写和编译工具的质量要高,以减少程序二进制代码长度,提高执行速度。

(3) 系统软件(OS)的高实时性是基本要求

在多任务嵌入式系统中,对重要性各不相同的任务进行统筹兼顾的合理调度是保证每个任务及时执行的关键,单纯通过提高处理器速度是无法及时完成各项任务和没有效率的,这种任务调度只能由优化编写的系统软件来完成,因此系统软件的高实时性是基本要求。

(4) 嵌入式系统的开发需要开发工具和环境

嵌入式系统本身不具备自我开发能力,即使设计完成以后,用户通常也是不能对其中的程序功能进行修改的,必须有一套开发工具和环境才能进行开发,这些工具和环境一般是基于通用计算机上的软硬件设备以及各种逻辑分析仪、混合信号示波器等。

(5) 嵌入式系统软件需要实时多任务操作系统(RTOS)开发平台

通用计算机具有完善的操作系统和应用程序接口(API),它们是计算机基本组成中不可分离的一部分,应用程序的开发以及完成后的软件都在 OS 平台上运行,但一般不是实时的。嵌入式系统则不同,应用程序可以没有操作系统而直接在芯片上运行。但是为了合理地调度多任务,充分利用系统资源,用户必须自行选配 RTOS 开发平台,这样才能保证程序执行的实时性、可靠性,并减少开发时间,保障软件质量。

7.1.2 嵌入式程序设计的关键技术和方法

(1) 嵌入式系统关键技术的分析

随着嵌入式实时系统在广度和深度上的发展,大规模、复杂嵌入式实时系统中所出现的设计问题远非经验所能解决,这就迫使研究人员寻求系统、科学的嵌入式系统设计方法和技术。以下是嵌入式系统设计与开发中所面临的一些尚待解决的关键技术问题。

① 嵌入式处理器

嵌入式处理器可以分为三类：嵌入式微处理器、嵌入式微控制器、嵌入式 DSP。嵌入式微处理器就是和通用计算机的微处理器对应的 CPU。在应用中，一般是将微处理器装配在专门设计的电路板上，在母板上只保留和嵌入式微处理器相关的功能即可，这样可以满足嵌入式系统体积小和功耗低的要求。目前的嵌入式处理器主要包括 Power PC、Motorola 68000、ARM 系列等。

嵌入式微控制器又称为单片机，它将 CPU、存储器（少量的 RAM、ROM 或两者都有）和其他外设封装在同一片集成电路里。常见的有 8051 系列单片机。

嵌入式 DSP 专门用来对离散时间信号进行极快的处理计算，以提高编译效率和执行速度。在数字滤波、FFT、谱分析、图像处理和分析等领域，DSP 正在大量进入嵌入式处理器市场。

② 微内核结构

大多数操作系统至少被划分为内核层和应用层两个层次。内核只提供基本的功能，如建立和管理进程、提供文件系统、管理设备等，这些功能以系统调用方式提供给用户。一些桌面操作系统，如 Windows、Linux 等，将许多功能引入内核，使得操作系统的内核变得越来越大。内核变大使得占用的资源增多，剪裁起来很麻烦。

大多数嵌入式操作系统采用了微内核结构，内核只提供基本的功能，比如：任务的调度、任务之间的通信与同步、内存管理、时钟管理等。其他的应用组件，比如网络功能、文件系统、GUI 系统等均工作在用户态，以系统进程或函数调用的方式工作。因而，系统都是可裁减的，用户可以根据自己的需要选用相应的组件。

③ 任务调度

在嵌入式系统中，任务即线程。大多数的嵌入式操作系统都支持多任务。多任务运行的实现实际是靠 CPU 在多个任务之间进行切换、调度。每个任务都有其优先级，不同的任务优先级可能相同也可能不同。任务的调度有三种方式：可抢占式调度、不可抢占式调度和时间片轮转调度。不可抢占式调度是指，一个任务一旦获得 CPU 就独占 CPU 运行，除非由于某种原因，它决定放弃 CPU 的使用权；可抢占式调度是基于任务优先级的，当前正在运行的任务可以随时让位给优先级更高的处于就绪态的其他任务；当两个或两个以上任务有同样的优先级时，不同任务轮转地使用 CPU，直到系统分配的 CPU 时间片用完，这就是时间片轮转调度。目前,大多数嵌入式操作系统对不同优先级的任务采用基于优先级的抢占式调度法,对相同优先级的任务则采用时间片轮转调度法。

④ 硬实时系统和软实时系统

有些嵌入式系统对时间的要求较高,称之为实时系统。有两种类型的实时系统:硬实时系统和软实时系统。软实时系统并不要求限定某一任务必须在一定的时间内完成,只要求各任务运行得越快越好;硬实时系统对系统响应时间有严格要求,一旦系统响应时间不能满足,就可能会引起系统崩溃或致命的错误。硬实时系统一般在工业控制中应用较多。

⑤ 内存管理

针对有内存管理单元(MMU)的处理器设计的一些桌面操作系统,如 Windows、Linux,使用了虚拟存储器的概念,虚拟内存地址被送到MMU。在这里,虚拟地址被映射为物理地址,实际存储器被分割为相同大小的页面,采用分页的方式载入进程。一个程序在运行之前,没有必要全部装入内存,而是仅将那些当前要运行的部分页面装入内存运行。

大多数嵌入式系统针对没有 MMU 的处理器设计,不能使用处理器的虚拟内存管理技术,采用的是实存储器管理策略,因而对于内存的访问是直接的。它对地址的访问不需要经过 MMU,而是直接送到地址线上输出,所有程序中访问的地址都是实际的物理地址。而且,大多数嵌入式操作系统对内存空间没有保护,各个进程实际上共享一个运行空间。一个进程在执行前,系统必须为它分配足够的连续地址空间,然后全部载入主存储器的连续空间。

由此可见,嵌入式系统的开发人员不得不参与系统的内存管理。从编译内核开始,开发人员必须告诉系统这块开发板到底拥有多少内存;在开发应用程序时,必须考虑内存的分配情况并关注应用程序需要运行空间的大小。另外,由于采用实存储器管理策略,用户程序同内核以及其他用户程序在一个地址空间,程序开发时要保证不侵犯其他程序的地址空间,以使得程序不至于破坏系统的正常工作,或导致其他程序的运行异常。

⑥ 内核加载方式

嵌入式操作系统的内核可以在 Flash 上直接运行,也可以加载到内存中运行。Flash 的运行方式是把内核的可执行映像写到 Flash 上,系统启动时从 Flash 的某个地址开始执行。这种方法实际上是很多嵌入式系统所采用的方法。内核加载方式是把内核的压缩文件存放在 Flash 上,系统启动时读取压缩文件并在内存里解压,然后开始执行。这种方式相对复杂一些,但是运行速度可能更快,因为 RAM 的存取速率要比 Flash 高。

由于嵌入式系统的内存管理机制,嵌入式操作系统对用户程序采用静态链接的形式。在嵌入式系统中,应用程序和操作系统内核代码通过编译、链接生成一个二进制影像文件来运行。

(2) 嵌入式系统的设计模式

从工业实现角度看,计算机应用系统的发展逐渐形成了以下四种设计模式:

① 基于芯片设计

基于芯片的设计是指设计全部从芯片开始做起。通常是根据设计系统的要求,选择合适的 CPU 芯片;进行 CPU 模板、I/O 接口电路、操作界面及其他控制电路的原理图设计;然后,开发监控程序和应用软件;最后,设计实现与软硬件调试。这种设计模式比较有针对性,能满足一些系统功能、性能的要求,但需花费较多的开发费用、较长的开发时间和冒较大的风险,并且开发出来的产品较低级。所以,它适合于比较简单、实时性要求不高且容易实现的小系统开发。对于比较复杂,或者虽然简单但性能要求严格的系统,往往就难以满足需要。采用单片机设计的嵌入式工业控制系统和智能仪器仪表应用系统,就属于这一设计模式。

② 基于模板设计

基于模板的设计是指使用市场上销售的总线模板来构成系统。其过程通常是:对设计系统的需求进行分析,决定整个系统的结构框架;选择各种适合要求的产品,如 CPU 板、I/O 接口板、A/D(D/A)板、通信接口板、总线桥接板等;在硬件采购、安装、调试的同时进行应用软件设计。这种设计往往可以借助现有的通用工作平台,并充分利用现有的软硬件资源,从而可大大缩短产品的开发周期,并且设计出来的产品具有较大的灵活性,升级维护比较方便,费用也较低。但是,对反应速度、时限要求严格的嵌入式实时系统来说,这种设计缺乏专门的技术策略和科学的原则指导,往往难以胜任。众所周知的 STD 总线工控机系统、工业 PC 总线控制系统属于这种设计模式。

③ 模块化设计

模块化设计就是采用厂家提供的模块化组件来设计系统。这里所谓的“模块”,是指一种体积较小的多集成块组件,通常在 $12.90 \text{ cm}^2 \sim 64.52 \text{cm}^2$ (2~10 平方英寸) 的电路板上,安装了许多能满足某种特定功能需求和性能要求的集成电路和元件。多个模块可采用插针和插座的方式连接,也可以像安装集成块那样插入为用户设计的专用底板上。模块化设计是一种较新的流行嵌入式实时系统设计模式。它和基于模板的设

计过程类似,但具有如下优点:

- 不需要很高的投资即可获得高的器件密度,成本较低且能满足性能要求;
- 能缩短开发周期,降低开发费用;
- 能提高产品档次,便于升级替代;
- 便于产品的维护。

④ 软/硬件协同设计

软/硬件协同设计是指从系统的整体出发,综合设计系统的各个组成部分,使得系统达到整体最优。这一设计模式引起了嵌入式系统应用领域研究人员的普遍关注,越来越多的公司和研究机构加入到探索和研究的行列中。该设计通常是从产生系统的规格说明(包括设计目标说明)开始,然后,系统的规格说明被划分成各种子功能系统,进而用硬件和软件部件分别实现。部件也许会在硬件与软件间变化移动,直到实现设计目标。在硬件的综合阶段,将产生一个目标体系结构。该结构通常由一个CPU、一些由 ASIC 或 FPGA 形式实现的协处理器以及共享存储器构成。在软件的产生阶段,软件模块被编译成可在 CPU 和目标结构中执行的语言。最终,硬件与软件被集成为一个完整系统,并进行最后测试和评估。软/硬件协同设计能够使设计出来的系统成本最低,性能最优,功能最强,但这目前还处于研究探索阶段。

(3) 嵌入式程序设计开发流程

① 嵌入式系统的开发过程

在嵌入式系统的开发过程中有宿主机和目标机的角色之分:宿主机是执行编译、链接、定址过程的计算机;目标机指运行嵌入式软件的硬件平台。首先须把应用程序转换成可以在目标机上运行的二进制代码。这一过程包含三个步骤:编译、链接、定址。编译过程由交叉编译器实现。所谓交叉编译器就是运行在一个计算机平台上并为另一个平台产生代码的编译器。常用的交叉编译器有 GNU C/C++(gcc)。编译过程产生的所有目标文件被链接成一个目标文件,称为链接过程。定址过程会把物理存储器地址指定给目标文件的每个相对偏移处。该过程生成的文件就是可以在嵌入式平台上执行的二进制文件。

嵌入式系统的开发过程中另一个重要的步骤是调试目标机上的应用程序。嵌入式调试采用交叉调试器,一般采用宿主机-目标机的调试方式,它们之间由串行口线或以太网或 BDM 线相连。交叉调试有任务级、源码级和汇编级的调试,调试时需将宿主机上的应用程序和操作系统内

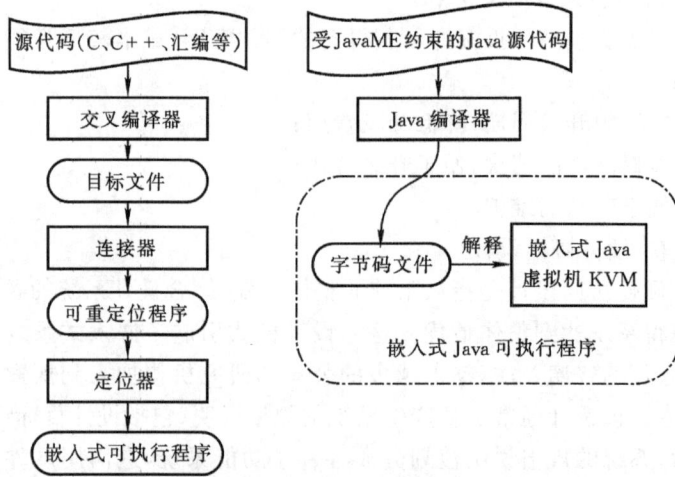

图 7-1　嵌入式系统软件开发流程(左为直接执行方式,右为解释执行方式)

核下载到目标机的 RAM 中或直接写到目标机的 ROM 中。目标监控器是调试器对目标机上运行的应用程序进行控制的代理(Debugger Agent),事先被固化在目标机的 Flash、ROM 中,在目标机上电后自动启动,并等待宿主机方调试器发来的命令,配合调试器完成应用程序的下载、运行和基本的调试功能,将调试信息返回给宿主机。

② 嵌入式软件移植技巧

大部分嵌入式系统的开发人员选用的软件开发模式是先在 PC 机上编写软件,再进行软件的移植工作。在 PC 机上编写软件时,要注意软件的可移植性,选用具有较高移植性的编程语言(如 C 语言),尽量少调用操作系统函数,注意屏蔽不同硬件平台带来的字节顺序、字节对齐等问题:

· 字节顺序

字节顺序是指占内存多于一个字节类型的数据在内存中的存放顺序,通常有小端、大端两种字节顺序。小端字节序指低字节数据存放在内存低地址处,高字节数据存放在内存高地址处;大端字节序是指高字节数据存放在低地址处,低字节数据存放在高地址处。基于 X86 平台的 PC 机是小端字节序的,而有的嵌入式平台则是大端字节序的。因而对 int、uint16、uint32 等多于 1 字节类型的数据,在这些嵌入式平台上应该变换其存储顺序。通常认为,在空中传输的字节的顺序即网络字节序为标准顺序,考虑到与协议的一致以及与同类其他平台产品的互通,在程序中发数据包时,将主机字节序转换为网络字节序,在收数据包处将网络字节序转换为主机字节序。

・ 字节对齐

有的嵌入式处理器的寻址方式决定了在内存中占 2 字节的 int16、uint16 等类型数据只能存放在偶数内存地址处;占 4 字节的 int32 、uint32 等类型数据只能存放在 4 的整数倍的内存地址处;占 8 字节的类型数据只能存放在 8 的整数倍的内存地址处;而在内存中只占 1 字节的类型数据可以存放在任意地址处。由于这些限制,在这些平台上编程时有很大的不同。首先,结构体成员之间会有空洞,比如这样一个结构:

```
typedef struct test
{
    char a;
    uint16 b;
}TEST
```

结构 TEST 在单字节对齐的平台上占内存 3 个字节,而在以上所述的嵌入式平台上有可能占 3 个或 4 个字节,视成员 a 的存储地址而定。当 a 存储地址为偶数时,该结构占 4 个字节,在 a 与 b 之间存在 1 个字节的空洞。对于通信双方都是对结构成员操作的,这种情况不会出错,但如果有一方是逐字节读取内容的,就会错误地读到其他字节的内容。其次,若对内存中的数据以强制类型转换的方式读取,字节对齐的不同会引起数据读取的错误。因为假如指针指在基数内存地址处,我们想取得占内存 2 个字节的数据存放在 uint16 型的变量中,强制类型转换的结果是取得了该指针所指地址与前一地址处的数据,并没有按照我们的愿望取该指针所指地址与后一地址处的数据,这样就导致了数据读取的错误。

为了增强软件的可移植性以及和同类其他平台产品的互通性,在收数据包处增加了拆包的函数,在发数据包处增加了组包的函数。这两个函数解决了字节序的问题,也解决了字节对齐的问题,即组包时根据参数中的格式字符串将内存中的不同数据类型的某段数据放在指定地址处,组成包发给下层;拆包时,根据参数中的格式字符串将收到的内存中的数据存放在不同类型的变量或结构成员中,在函数中针对不同的数据类型做不同的处理。

・ 位段

位段的空间分配方向因硬件平台的不同而不同,对 X86 平台,位段是从右向左分配的;而对一些嵌入式平台,位段是从左向右分配的。分配顺序的不同导致了数据存取的错误。解决这一问题的一种方法是采用条件编译的方式,针对不同的平台定义顺序不同的位段;也可以在前面所述的两个函数中加上对位段的处理。

7.2　嵌入式实时操作系统分析

嵌入式实时操作系统(Real Time Embedded Operating System)是一种实时的、支持嵌入式系统应用的操作系统软件,它是嵌入式系统(包括硬、软件系统)极为重要的组成部分,通常包括与硬件相关的底层驱动软件、系统内核、设备驱动接口、通信协议、图形界面、标准化浏览器Browser等。目前,嵌入式操作系统的品种较多,其中较为流行的有:VxWorks、Windows CE、Palm OS、Real Time Linux、pSOS、PowerTV以及Microware公司的OS-9。与通用操作系统相比较,它在系统的实时高效性、硬件的相关依赖性、软件固态化以及应用的专门性等方面具有较为突出的特点。嵌入式操作系统的发展经历了如下几个阶段:

(1) 无操作系统的嵌入算法阶段

这一阶段的嵌入式系统以可编程控制器为基础,以单芯片为核心,同时具有与一些监测、伺服、指示设备相配合的功能。这种系统大部分应用于一些专业性极强的工业控制系统中,通过汇编语言编程对系统进行直接控制,运行结束后清除内存。这种系统的主要特点是系统结构和功能都相对单一,针对性强,但无操作系统支持,几乎没有用户接口。

(2) 简单监控式的实时操作系统阶段

这一阶段的嵌入式系统主要以嵌入式处理器为基础,以简单监控式操作系统为核心。系统的特点是处理器种类繁多,通用性比较弱;系统开销小,效率高;一般配备系统仿真器,具有一定的兼容性和扩展性;操作系统的用户界面不够友好,主要用来控制系统负载以及监控应用程序运行。

(3) 通用的嵌入式实时操作系统阶段

以通用型嵌入式实时操作系统为标志的嵌入式系统,如VxWorks、pSOS、OS-9、Windows CE等就是这一阶段的典型代表。这种系统的特点是能在各种不同类型的功能强大的微处理器上运行;具有强大的通用型操作系统的功能,如具备了文件和目录管理、多任务、设备支持、网络支持、图形窗口以及用户界面等功能;具有丰富的应用程序接口(API)和嵌入式应用软件。

嵌入式系统对系统软件的要求有:

(1) 实时性

对外部事件做出反应的时间必须要短,在某些情况下需要确定的、可重复出现的运行结果,不管当时系统状态如何,该运行结果都是可预测的。

(2) 有处理异步并发事件的能力

嵌入式实时处理系统处理的外部事件往往不是单一的,这些事件常常同时出现,而且发生的时刻也是随机的,实时软件应有能力对这类事件组进行有效的处理。

(3) 快速启动,并有出错处理和自动复位功能

这一要求对机动性强、环境复杂的智能系统显得特别重要。

(4) 嵌入式实时软件是应用程序和操作系统两种软件的一体化程序

对于通用计算机系统,例如 PC 机、工作站、操作系统等,系统软件和应用软件之间界限分明。但是,在嵌入式实时系统中,这一界限并不明显。这是因为,应用系统配置差别较大,所需操作系统繁简不一,I/O 操作也不标准,这部分驱动软件常常由应用程序提供。这就要求采用不同配置的操作系统和应用程序,连接装配成统一的运行软件系统。也就是说,在系统总设计目标指导下需将它们综合加以考虑、设计与实现。

(5)嵌入式实时软件的开发需要独立的开发平台

由于嵌入式实时应用系统的软件开发受到时间、空间开销的限制,因此常常需要在专门的开发平台上进行软件的交叉开发研制。

嵌入式系统不但必须对外界的变化做出迅速的反应,同时还要提供比以往更多的功能,包括图形用户界面、网络连接以及处理器间的通信等。对用户来说,嵌入式系统必须能按照原设计要求与野外工作的装置交互动作。因为通常嵌入式系统都是在无人管理的情况下自动工作的,因此系统故障常常会导致严重的损失。为了在不增加成本的情况下,尽量满足不同的要求,越来越多的用户开始在实时环境中直接使用厂家提供的系统软件。许多厂家都提供技术成熟的产品(包括硬件设计和相应的软件驱动程序)给需要的用户,为用户提供方便,加强系统的功能和可靠性。

对于一个复杂的嵌入式实时系统来说,当采用中断处理程序加一个后台主程序这种软件结构难以实时、准确、可靠地完成功能要求时,或存在一些互不相关的过程需要在一个计算机中同时处理时,就需要实时多任务操作系统。其主要特点有:

(1) 从宏观上看,多个顺序执行的程序并行运行,每个程序运行在自己独立的 CPU 上;由操作系统将复杂的系统分解为相对独立的多个线程,达到"分而治之"的目的,从而降低系统的复杂性。

(2) 不同的程序共享同一个 CPU 和其他硬件,实时操作系统(RTOS)对这些共享的设备和数据进行管理,由操作系统保证嵌入式系

统的实时性。

（3）每个程序都被编制成无限循环的程序，等待特定的输入，执行相应的任务等。

（4）这种程序模型将系统分成相对简单的、相互合作的模块，可提高系统的可维护性。

实时多任务系统实际上是由多个任务、多个中断处理过程(ISR)、实时操作系统以及板级驱动程序组成的有机整体。每个任务是顺序执行的，并行性通过操作系统来实现，任务间的相互通信和同步也需要操作系统的支持。实时多任务操作系统下的应用软件结构如图7-2所示。对RTOS本身的要求有：上下文切换和系统调用等足够快；有可确定的性能；任务调度机制是基于优先级的；有最小的中断延迟；有可伸缩、可配置的体系结构；可靠、健壮。

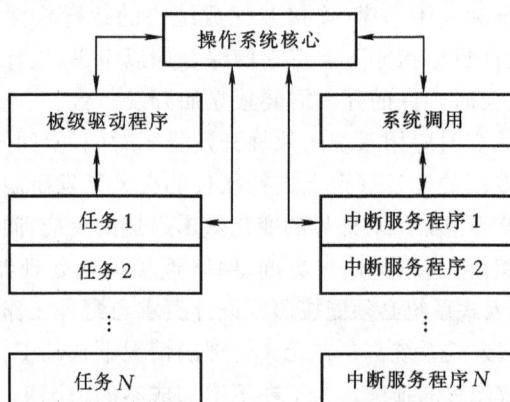

图 7-2　实时多任务操作系统下的应用软件结构

实时多任务系统的实现必须有实时多任务操作系统的支持。操作系统主要完成任务切换，任务调度，任务间通信、同步、互斥，实时时钟管理，中断管理；同时实时操作系统应具备异步的事件响应，切换时间和中断延迟时间确定，优先级中断和调度，内存锁定技术，连续文件技术，提供任务间同步，协调各个任务对共享数据的使用。

总之，实时操作系统是事件驱动的，能对来自外界的作用和信号在限定的时间范围内做出响应。它强调的是实时性、可靠性和灵活性，与实时应用软件相结合成为有机的整体，起着核心作用，由它来管理和协调各项工作，为应用软件提供良好的运行软件环境及开发环境。

7.3　嵌入式 C/C++语言程序设计方法

7.3.1　嵌入式 C 语言程序设计方法

嵌入式系统中的核心是各类的 MCU——各类单片机和 DSP 数字信号处理器芯片。单片机以其体积小、功能强、扩展灵活、使用方便等特点，越来越多地应用于各行业的工程实际中。随着微电子工艺水平的提高，单片微型计算机有了飞速的发展，大量高性能的单片机不断涌现，世界上著名的集成电路芯片制造商纷纷推出各自的产品，单片机型号之多已经达到了无法统计的地步。人们比较熟悉的单片机有 MCS－51 系列，MCS－96 系列，还有摩托罗拉的系列单片机和 T 公司的 TMS320C2xx 系列 DSP 芯片等等。

在工程实际应用中，不仅需要完成硬件的设计与测试，还要根据需求进行软件的设计和调试工作。在充分熟悉具体芯片的功能、设计出了符合需要的硬件电路的基础上，必须进行软件系统的设计和调试。经典的软件设计方法是采用汇编语言编写程序代码。编写出短小精悍的代码程序曾经一直是单片机工程师追求的目标，但这是针对以前单片机速度慢、存储容量小的情况，而现在的 MCU 无论在速度和存储容量上都已经不成为开发的限制，因此对于软件开发的目标已经不仅仅是要求短小精悍，同时还包括软件的可读性、可移植性等等。由于汇编语言是一种非结构化的语言，对于大型的结构化程序设计已经不能完全胜任，这就要求开发人员采用更高级的 C 语言去完成这一工作。在一些大型的开发项目中，这种程序的开发过程一般遵循如图 7－3 所示的模式。

在图 7－3 中，一个好的软件系统设计不仅仅是要做好需求分析和划分好功能模块，更重要的是我们必须提供强有力的编程工具和

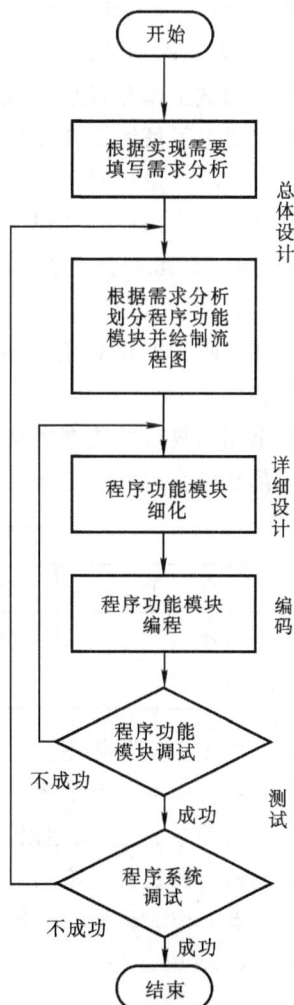

图 7－3　程序开发流程图

调试手段,也就是说其中软件编制和调试工作占了很大比重。以往的工程设计人员往往用汇编语言作为调试和编程的工具,虽然汇编代码的执行效率很高,但是汇编语言是符号语言,不是高级语言,首先带给工程人员的问题就是要熟练记忆其汇编指令并能够熟练运用。其次,汇编语言的难点在于数据处理,由于汇编语言不直接支持单精度的浮点运算,而现在单片机开发日趋复杂,在许多地方必须应用高精度的复杂算法,这给程序编制工作带来了很大困难。C 语言可直接支持单精度的浮点运算,对于大多数场合已经够用,并且可以方便地通过算法扩展到双精度。在算法的设计上,已有大量的 C 语言程序可供选用,基本不用重新开发。最后,汇编代码不易维护,往往要靠注释来解读,而且个人注释风格不同,会带来调试工作和日后的软件升级的困难,加长了开发周期和人力投入。如果要求尽量缩短开发周期,采用 C 语言进行编程已成为必须,因为这样可以将大量的时间和精力放在程序结构的安排和算法的编制上,而将程序员从汇编代码的记忆中解脱出来,让 PC 为我们完成汇编代码的编译过程,尤其对于一个比较大型的工程项目来说,C 语言的优势更加明显。表 7 - 1 是 C 语言和汇编语言的对比,从表中不难看出,除了执行效率和代码长度比 C 语言略胜一筹之外,汇编语言在其他方面并没有任何优势可言,而且 C 语言作为一种结构化的语言,用简单的方法便可以构造出相当复杂的数据类型和结构,对于嵌入式系统的软件开发和设计来说都是极为有利的。

表 7 - 1　C 语言和汇编语言对比

语言	开发时间	维护难易	学习周期	可移植性	代码长度	执行效率
C 语言	短	易	短	好	较长	较低
汇编语言	长	难	长	差	较短	较高

为了在实际效率上和汇编语言比较,下面以 C51 单片机为例来对嵌入式系统中的 C 语言程序设计进行阐述。

为简单起见,采用以下浮点运算程序进行 C51 单片机的编译效率和汇编语言源代码效率的对比。在 C51 语言中,程序如下:

```
#include "reg51.h"
void main()
{
    float i = 0, j = 0;
```

```
        i = 3.2;
        j = p3;
        i = i + j;
}
```

　　在汇编代码的编制中,首先要确定 3.2 的浮点数在计算机中的表示形式,根据 IEEE - 754 标准,浮点数的表示为 0x404CCCCD,还要对 p3 口进来的单字节进行浮点数规格化表示,然后要编制有关浮点数的存储运算和加法运算,显然,这一过程是很繁杂的。其程序清单如下:

```
        ORG 0000H
        SJMP MAIN
MAIN:
        MOV SP, ♯10
        CLR A
        MOV 00, ♯0CDH
        MOV 01, ♯0CCH
        MOV 02, ♯04CH
        MOV 03, ♯040H
        MOV R7, P3
        LCALL CV _ LU _ IEEE;规格化浮点数的子程序
        MOV 04, R4
        MOV 05, R5
        MOV 06, R6
        MOV 07, R7
        PUSH 04H
        PUSH 05H
        PUSH 06H
        PUSH 07H
        MOV R4, ♯0CDH
        MOV R5, ♯0CCH
        MOV R6, ♯04CH
        MOV R7, ♯040H
        LCALL ? ADDIEEE;浮点数加法子程序
        MOV 00, R4
        MOV 01H, R5
```

```
        MOV 02H, R6
        MOV 03H, R7
    RET
```

而在汇编过的 C51 单片机产生的机器代码中有：

```
        ORG 0000H
        LJMP ? C _ START3
    ? C _ START3：
        MOV SP, ♯10
        CLR A
        MOV R0, ♯7F
        MOV @R0, A
        DJNZ R0, 0015
        MOV P2, ♯FF
        LJMP MAIN
    MAIN：
        CLR A
        MOV R6, A
        MOV R5, A
        MOV R4, A
        MOV i, A
        MOV i + 01H, A
        MOV i + 02H, A
        MOV i + 03H, A
        MOV j, A
        MOV j + 01H, A
        MOV j + 01H, A
        MOV j + 02H, A
        MOV j + 03H, A
        ;以下为 C 语言程序的第 5 行
        MOV i, ♯0CDH
        MOV i + 01H, ♯0CCH
        MOV i + 02H, ♯04CH
        MOV i + 03H, ♯040H
        ;以下为 C 语言程序的第 6 行
```

```
MOV R7, P3
LCALL ? CV _ LU _ IEEE
MOV j, R4
MOV j + 01H, R5
MOV j + 02H, R6
MOV j + 03H, R7
;以下为 C 语言程序的第 7 行
PUSH j
PUSH j + 01H
PUSH j + 02H
PUSH j + 03H
MOV R4, ♯ 0CDH
MOV R5, ♯ 0CCH
MOV R6, ♯ 04CH
MOV R7, ♯ 040H
LCALL ? ADDIEEE
MOV i, R4
MOV i + 01H, R5
MOV i + 02H, R6
MOV i + 03H, R7
```

　　RET

　　经过实际对比,发现 C 语言代码量约为汇编代码量的 1/9,C 编译后的代码约是汇编代码的 1.2 倍,效率是汇编代码的 92％,如果将某些配置文件做一些更改,可以使总的效率为汇编代码的 95％以上。这个实例表明,完成同样的功能,C 程序经编译链接生成的代码比汇编生成的代码稍长。在需要实时响应的场合,开发者往往从执行速度的角度出发,把这些模块用汇编代码实现。其实,凡是用汇编代码能实现的功能,用 C 程序都能实现。据最新资料,新版的 C 编译器的效率可以达到 98％以上。在单片机项目中应用 C 语言,更重要的是开发周期可以大大缩短。一般来说,一个资深的 C 语言程序员只要用汇编程序员的一半不到的时间就可以完成开发任务,而两种语言的执行速度相差无几,如果不是有特别苛刻的要求,用 C 语言开发程序将是事半功倍的。

　　采用 C 语言开发嵌入式程序经常用到的知识包括内联汇编语言和设备知识。内联汇编语言是指在 C 程序里混入汇编语言,完成这个功能的通用办法是使用预处理器指令。例如,ByteCraft 编译器采用♯asm 和 ♯endasm 指令来声明汇编语言的代码边界。在指令间的任何东西都将被编译器内置的宏汇编器处理。在 C 中使用的标号和变量也同样可以在被嵌入的汇编代码里访问。设备知识是指对与目标处理器同系列的其他处理器的区别能够通过预编译予以支持,其目的是尽量增加代码的可重用范围。标准 C 环境允许特定编译器扩展的定义中带有♯pragma 预处理器指令。♯pragma 指令常用于嵌入式开发中描述目标硬件的特殊资源,如可得到的内存、端口,以及特殊指令集,甚至指定处理器时钟速度。常用的♯pragma 指令有♯pragama has 和♯pragma port,前者指定了处理器特殊体系结构方面的特性,后者描述在目标计算机上可用的端口,预留内存映射的端口位置,因而编译器不使用它们作为数据内存的分配。

7.3.2　嵌入式 C++语言程序设计方法

在可用于嵌入式软件的编程语言中,C++远未达到汇编和 C 的普及程度,影响其应用的主要原因是开发人员担心嵌入式系统的资源被 C ++丰富的语言特性占用。但是随着嵌入式系统的开发复杂度增加,硬件的进步,可用资源(速度和容量)的宽裕,C++语言在嵌入式系统开发中的应用前景还是非常光明的。C++语言是既具有面向对象特性,同时还可能具有较高编程效率的唯一选择。为了提高使用 C++的效率,应该首先正确理解 C++的工作原理,逐步利用它的各种强大功能。嵌入式软件开发小组成员会有各种编程技巧,将这些专业经验集成到一些类(class)里面,从而能让其他团队成员安全地共享这些专业经验。

C++并不是专门针对嵌入式应用而开发的语言。某些语言特性,比如过载(Overload)功能,不会消耗任何资源。而其他特性,如异常处理系统(Exception Handling System),则可能需要很大的系统开销。该功能可以帮助编程人员构建极具鲁棒性的代码,但缺点是为了适应这种功能,工具会在后台悄悄地产生大量的代码。嵌入式开发人员应该了解这些语言特性并加以利用或避免。

由始至今,JavaME 定义的配置元素共有两个:CLDC 和 CDC。CLDC 描述弱移动设备,CDC 描述强移动设备。

图 7-4 给出的 Java 平台"全家福"显示了 JavaME 的构成已经同其他 Java 元素的关系。

使用面向对象技术的优点是软件工程师可以有效地对代码进行封装。由于在嵌入式系统中代码内部的存取是完全被控制的,因此软件工

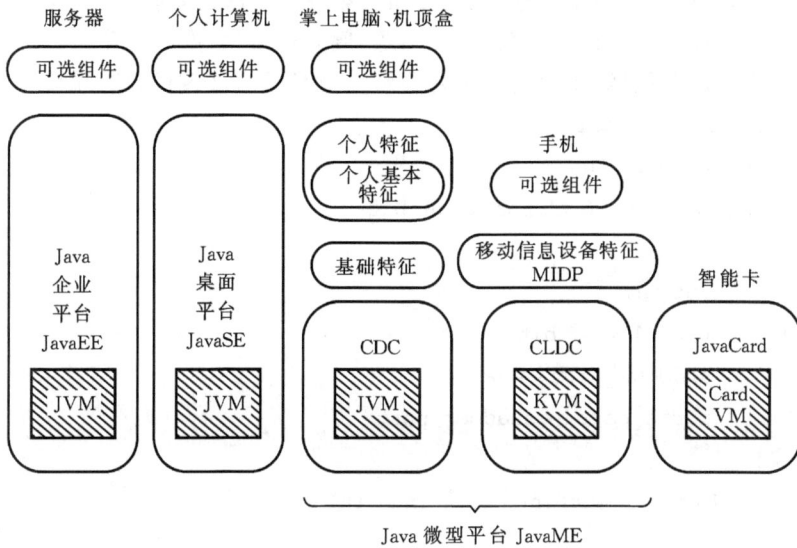

图 7-4　Java 平台以及 JavaME 结构

程师可以很安全地使用对象。例如嵌入式系统使用一个只写端口。只写端口是一个数据只能被写而不能被读的输出设备寄存器。图 7-5 是只写端口的模型。

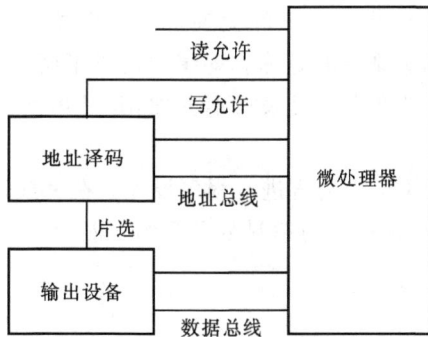

图 7-5　只写端口模型

程序设计人员经常会被一个普通的只写端口所困扰，因为它们总是采集无关的输出位。例如，由于不小心，代码的一部分会设置一位，然后另一部分又会不知不觉地改变它的状态。这意味着软件的不同部件或许要涉及设置或者清除这个端口的不同位。

通常的解决方案是要保持最后写入端口值的"快照"。这可以参照阴影部分,以后的事情很简单,就是更新阴影并且每次需要改变一位输出到端口。然而,这种方法还存在许多问题,例如初始化、重入等等。

为了说明问题,下面的例子将展示一个 C 语言实现的只写端口:

```c
extern int ports[10];
int shadows[10];
void wop_set(int port, int bit)
{
    int val;
    val = 1 << bit;
    shadows[port] = val;
    ports[port] = shadows[port];
}
void wop_clear(int port, int bit)
{
    int val;
    val = ~(1 << bit);
    shadows[port] &= val;
    ports[port] = shadows[port];
}
```

在这个程序中,ports 是一个已经被映射到输出端口上的矩阵,shadows 是一个包含端口阴影副本的矩阵。程序中提供了两个函数:wop_set 和 wop_clear。这些代码使用起来很不方便,并且得不到初始化代码的结果或者重入的结果。

下面尝试使用 C++语言进行程序设计。在完成一个只写端口对象的过程中,第一个目标就是简单封装必要的功能到一个 C++对象中,其代码如下:

```cpp
class wop
{
    int shadow;           //不能存取的
    int *address;         //给用户的
    public:
    wop(long);            //构造函数
    ~wop();               //析构函数
    void or(int);         //"操作符"函数
```

```cpp
    void and(int);          //"操作符"函数
}
wop::wop(long port)
{
    address = (int * )port;
    shadow = 0;             //初始化值
    * address = 0;          //初始化值
}

wop::~wop()
{
    * address = 0;
}                           //关闭值
void wop::or(int val)
{
    shadow | = val;         //设置位
    * address = shadow;
}                           //更新端口
void wop::and(int val)
{
    shadow & = val;         //清除位
    * address = shadow;
}                           //更新端口
void main()
{
    wop out(0x10000);
    out.or(0x30);           //设置位 4 和 5
    out.and(~7);            //清除位 0,1 和 2
}
```

类 wop 有两个私有成员变量 shadow 和 address，它们分别存储端口值和端口地址。在其后面是构造函数和析构函数，以及两个提供"或"和"与"功能的成员函数，这已经能够满足设置和清除端口位了。

当对象进入工作范围时，构造函数被自动调用，它仅初始化地址变量和给端口及 shadow 副本赋值 0。当对象离开工作范围时，析构函数被自动调用,它将重置端口值为 0。or()和 and()成员函数仅取已提供的参数,操作 shadow 数据,写新值输出到端口。main()函数说明创建和使用 wop 对象。

许多系统不涉及重入问题,但是,如果一个中断发生在 shadow 数据更新和写一个实际端口之间就会遇到麻烦,此时如果中断代码要利用这个端口就会发生问题。

在一般情况下,能够通过提供一种在某资源上的锁存机制进行资源重入,即利用这种机制,使用该资源的代码锁住它,使用和释放该资源。第一步,为了使用哑函数 lock()和 unlock(),将修改 wop 类,并且由操作符函数调用。举例如下:

```
class wop
{
    int shadow;                //不能存取的
    int * address;             //给用户的
    void lock();               //哑函数
    void unlock();             //哑函数
    public:
    wop(long, int);            //构造函数
    ~wop();                    //析构函数
    void operator | = (int);   //重载操作符
    void operator & = (int);   //重载操作符
}
void wop::operator | = (int val)
{
    lock();
    shadow | = val;            //设置位
    * address = shadow;
}//更新端口
unlock();
void wop::operator & = (int val)
{
    lock();
    shadow & = val;            //清除位
    * address = shadow;
}//更新端口
```

unlock();

在程序运行之前,应该考虑利用 wop 对象重入,否则会导致在不使用重入的地方增加不必要的系统开销。显然,问题在于面向对象的编程技术本身。可以定义一个新的从 wop 对象继承来的对象 rwop 用于重入。为了使之确实可行,需要使哑函数 lock()和 unlock()更新,也就是需要它们变成虚函数。

下面的例子表示 rwop 对象的情况:

```
class wop
{
    int shadow;                  //不能存取的
    int * address;               //给用户的
    int intival;
    virtual void lock();         //哑函数
    virtual void unlock();       //哑函数
    public:
    wop(long, int);             //构造函数
    ~wop();                     //析构函数
    void operator | = (int);     //重载操作符
    void operator & = (int);     //重载操作符
}
class rwop : public wop
{
    int flag;
    void lock()
    {
        while(flag)
            flag = 1;
    };
    void unlock()
    {
        flag = 0;
    };
    public:
    rwop(long, int);            //构造函数
```

```
};
rwop::rwop(long port, int init = 0) : wop(port, init)
{
    unlock();
}
void main()
{
    rwop out(0x10000);
    out | = (0x30);              //设置位 4 和 5
    out & = (～7);               //清除位 0,1 和 2
}
```

新的 lock()和 unlock()函数使用了一个初级特征变量 flag。为了实现锁定,这是一个简化的例子,但是它可以说明问题。

　　C++作为一种嵌入式系统开发语言仍然受专门嵌入式系统开发工具的限制,程序开发人员应该充分使用面向对象的封装功能。

7.4　嵌入式 JavaME 程序设计方法

7.4.1　嵌入式 JavaME 概述

　　由于嵌入式设备的硬件配置多样性和软件环境复杂性远远大于桌面和企业系统,为了规范化程序开发面向的目标平台和可用的 API 集合,SUN 提出了 JavaME 平台。JavaME,全名叫做 Java 平台的微型版本,SUN 在 1999 年推出,曾用名 J2ME。SUN 公司官方定义的 JavaME 仅指一个规范,但是在实际使用中,JavaME 也可以指代那些遵循该规范实现的运行库(runtime)。由于资源受限设备的硬件多样性,SUN 公司并没有像 JavaSE 和 JavaEE 版本那样提供免费的二进制虚拟机。目前,采用 JavaME 进行的主要软件开发是游戏开发,因为这样可以节省购买昂贵的专用调试设备和开发工具的费用。2006 年 12 月 22 日,SUN 微系统公司以 GPL 授权的名为"phoneME"的开放源代码项目的形式公布了 JavaME 的大部分代码。

　　JavaME 平台是一个集合,其中的技术和规范可以进行按需组合以构建专适于某种设备或市场的完整的 Java 运行环境。JavaME 架构相当灵活,它可以同其他来源的技术共存并无缝协作以向最终用户提供最有吸引力的体验。

JavaME 包括三个重要元素：

• 配置(Configuration)，对宽泛设备提供了最基本的集合，其构成元素包括库、虚拟机能力；

• 简表(Profile)，针对设备上的细分应用提供的 API 集合；

• 可选组件(Optional Pack)，提供非常技术的 API 包。

(1) JavaME 的配置

JavaME 有两个配置：CLDC 和 CDC。CLDC 是为使用较小存储容量的设备设计的，而 CDC 用于比 PC 机小、但是内存比 512 KB 大的设备。其设备覆盖范围如图 7 - 6 所示。

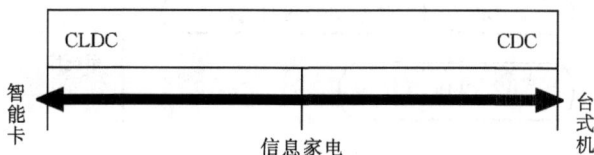

图 7 - 6　设备的覆盖范围

一般来说，CDC 使小型设备只要具有少量的资源(至少比台式机要少的资源)就能进行 Java 编程，而 CLDC 则使小型设备所拥有的资源只要比一张智能卡多一点就可以进行 Java 编程了。

除了在容量大小和能力上对虚拟机规定了必要条件之外，配置还规定了类应用程序接口要包含常见的 java. io、java. net、java. util 和 java. lang 包，可能还要包括其他需要的程序包。

在 JavaME 环境中实现配置层最重要的原因是，跨大量不同 Java 平台实现的核心 Java 库总是与一个 Java 虚拟机的实现紧密地结合在一起。在配置规范中一个很小的差别就需要对 Java 虚拟机的内部设计进行大的改动，并且会需要附加一些实际的内存。维护这样的改变将是非常昂贵而且耗时的。很少量的配置意味着用很少量的 Java 虚拟机实现就可以满足大量简表和大量不同硬件设备类型的需求。

① CLDC

CLDC 的全称是受限联网设备配置，专门用于在内存、处理器速度和图形能力都受限制的设备上运行的 Java 平台。在配置层以上，定义了同应用相配合的 API，称为(应用)简表。例如，将 CLDC 和 MIDP(Mobile Information Device Profile，针对移动信息应用的设备特征)组合可以在手机(手机＝资源受限＋移动信息应用)等设备上构成 Java 的运行环境。在 CLDC＋MIDP 提供的运行环境中，手机应用程序开发就简化为了利用 MIDP 的 API 进行程序设计。由于这种便利性,CLDC＋MIDP 已经成为了一种普遍的手机程序设计环境。手机程序设计师开发出的应用软件在 JavaME 中称为 MIDlet,它可以在任何兼容 JavaME 标准的设备商运行,用户可以利用手机的联网功能从空中直接下载 MIDlet 到手机运行,图 7－7 是 Java 无线开发平台的结构图。

Java 无线开发平台

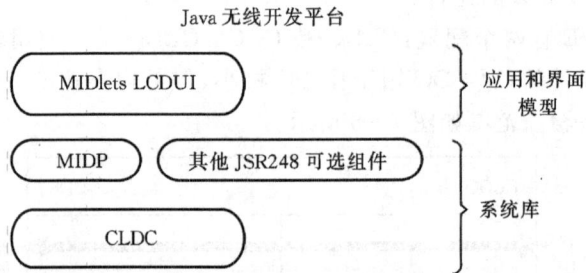

图 7－7　Java 无线开发平台结构

　　根据规范中所说,运行 CLDC 的设备应该有 512 KB 或更小的内存空间、一个有限的电源(通常是电池)、有限的或断续的网络连接性(9 600 b/s 或更少)以及多样化的用户界面,甚至可以没有用户界面。通常这种配置是为个人化的、移动的有限连接信息设备(例如呼叫器、移动电话和PDA 等)而设计的。

　　与 JavaSE 相比,CLDC 缺少下列特征:

　　• AWT(抽象窗口开发包)、Swing 或其他图形库

　　• 用户定义类装载器

　　• 类实例的最终化(Finalize)

　　• 弱的引用

　　• RMI

　　• Reflection(映射)

CLDC 有 4 个包:java. lang、java. util、java. io 和 javax. microedition。除了 javax. microedition 包以外,其他的几个包都是 J2SE 包的核心子集。CLDC 采用这些 JavaSE 类库,但是把其中一些在微型设备中用不到的类、属性和方法去掉了。

　　CLDC 去除了许多 JavaSE 中重要的类和特征,其原因如下:首先,它只有 512 KB 的内存空间,而像 RMI 和映射需要的内存太大;其次,配置必须满足为一组通用设备提供最小的 Java 平台的需求。在个人移动信息设备领域中,许多系统都不支持 JavaSE 中的许多高级特征。例如,许

多消费电子产品不支持浮点数,因此浮点类(Float)和双精度类(Double)就被删除了。许多系统没有或不提供访问一个文件系统的功能或权限,因此与文件有关的类也被丢弃了。错误处理是一个代价非常高的过程处理,在许多消费电子产品中,故障恢复是很难的甚至是不可能的,因此许多错误处理类也被删除了。

javax. microedition 程序包提供了一个通用连接框架来代替 J2SE 网络输入/输出类。CLDC 通用连接框架定义了一个 Connector 类,允许许多不同类型的连接使用静态方法。下面列出使用同一个 Connector 类创建和打开五种不同类型的连接的方法。

通用格式是:Connector. open("<协议>:<地址>;<参数>")。

· HTTP

Connector. open("http://www. sun. com");

· Socket 套接字

Connector. open("socket://111. 222. 111. 222;9000");

· 通信端口

Connector. open("comm:1;baudrate=9600");

· 数据报

Connector. open("datagram://111. 222. 111. 222:2800");

· 文件

Connector. open("file:/foo. dat");

通用连接框架提供给应用程序开发者一个到通用底层硬件的简单的映射表,应用程序段可以保持一致而不用关心所使用的连接类型。成功执行 open 语句将返回一个实现通用连接接口的 Connection 对象。

② CDC

CDC 覆盖了个人电脑与有至少 512 KB 内存的小型设备之间的中间地带。现在,这一类设备通常是共享的、以固定网络连接的信息设备,例如电视机的机顶盒。

CDC 基于 JavaSE1. 3 应用程序接口,包含所有定义在 CLDC 规范(包括 javax. microedition 程序包)中的 Java 语言应用程序接口。与 CLDC 相比,CDC 包含了 CLDC 中缺少的特性和类,包含映射、最终化、所有的错误处理类、浮点数、输入/输出(例如 File 和 FileInputStrea 等等)和弱的引用等等。一般说来,CDC 中预期的类包括一个 JavaSE 子集和一个完整的 CLDC 超集,如图 7 - 8 所示。

根据 CDC 规范,底层虚拟机必须提供对实现完整的 Java 虚拟机的支持。如果虚拟机的实现有一个用于激活设备的本地方法的接口,它必须兼容 JNI1.1 版本。如果虚拟机实现有一个调试接口，它必须兼容 Java 虚拟机调试接口（JVMDI）规范。如果虚拟机有一个简表接口，它必须兼容 Java 虚拟机简表接口（JVMPI）规范。可见，为了实现这些功能，CDC 肯定会变得很大，因此，我们通常称用于 CDC 的虚拟机为 CVM，这里的 C 代表 Compact、Connected、Consumer。

（2）JavaME 的简表

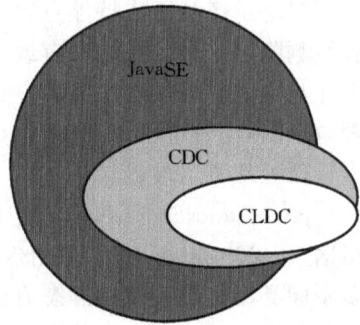

图 7 - 8　JavaSE、CLDC 和 CDC 的关系

虽然配置为一组通用设备提供了最小的 Java 平台，但是应用程序开发者感兴趣的是为一个特殊的设备开发应用程序，如果他们只是使用配置，那么编写的应用程序就会有一些欠缺。配置必须满足所有设备的最小要求，但是每一种设备都有自己的用户界面、输入机制和数据存储方法，这些往往不在配置所满足的最小要求的范围之内。

简表为同一消费电子产品的不同生产商提供了标准化的 Java 类库。事实上，虽然配置规范的开发由 SUN 领导，但是许多简表规范仍将继续由特殊设备的供应商领导。例如，Motorola 领导了移动电话和呼叫器简表规范的开发；Palm 领导了 PDA 简表的开发。

现在，五个已知简表已经有了规范，每个简表的任务都是为了完善配置的不足，表 7 - 2 列出了这五个简表。

表 7 - 2　五个简表规范

简表	完善配置
移动信息设备简表（MIDP - Mobile Information Device Profile）	移动电话和呼叫器 CLDC
个人数字助理简表 (Personal Digital Assistant Profile)	Palm 的 PDA 设备 CLDC
基础简表 (Foundation Profile)	用于所有不需要 GUI 的 CDC 设备的标准简表
个人简表 (Personal Profile)	扩展了 Foundation 简表，替代 Personal Java，完善 CDC
远程过程调用简表 (RMI Profile)	扩展了 Foundation 简表，提供 Java 到 Java 的 RMI 来协助提供更好的网络连接性，完善 CDC

7.4.2　用 Java Wireless Toolkit 进行无线设备程序设计

采用 SUN 提供的 Java Wireless Toolkit 2.5 开发手机应用是比较方便的,这个工具包已经提供了从开发、部署、仿真运行的各种工具。

首先分析一种应用可能涉及的功能,然后在生成新项目的时候就选择所使用的 API 集,UIDemo 项目仅仅仅需要基本的 CLDC 1.0 API 即可,如图 7-9 所示。

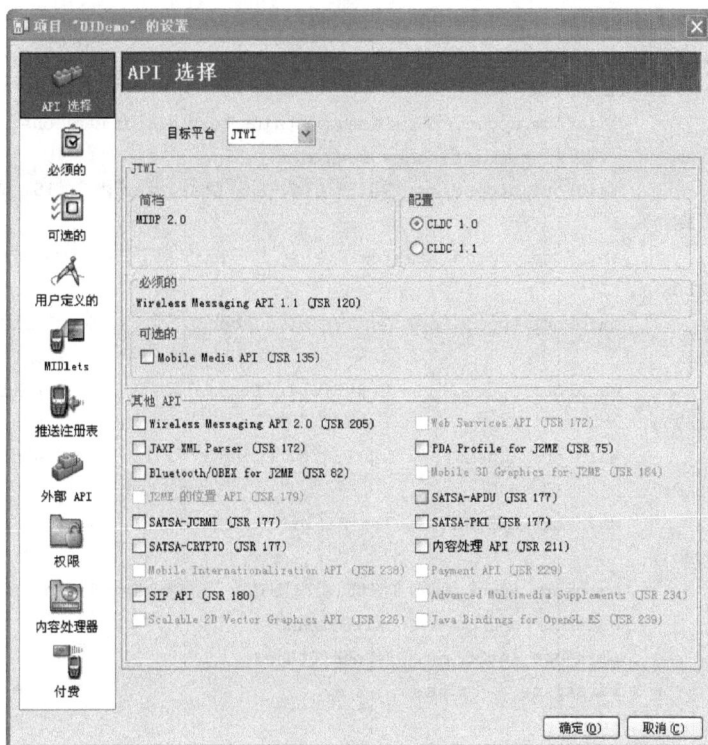

图 7-9　Java Wireless Toolkit 2.5 项目选择界面

下面通过分析工具包的示例代码来讲解整个开发流程。

```
package textfield;
import javax.microedition.lcdui. * ;
import javax.microedition.midlet.MIDlet;
```

上面的引用包括开发一种人机界面程序所需的 JavaME 包 lcdui 和每个 MIDlet 都要引用的 javax. microedition. midlet. MIDlet 包。然后继承 MIDlet 类,并实现 CommandListener 接口完成用户操作的消息处理工作。

Java Wirless Toolkit 2.5 上的程序开发实例见表 7.3。

表 7－3　Java Wireless Toolkit 2.5 上的程序开发实例

```java
public class TextFieldDemo extends MIDlet implements CommandListener {
    private Command exitCommand = new Command("Exit", Command.EXIT, 1);
    private boolean firstTime;
    private Form mainForm;
    public TextFieldDemo() {
        firstTime = true;
        mainForm = new Form("Text Field");    }
    protected void startApp() {
        if (firstTime) {
            mainForm.append("This demo contains text fields each one " +
                "with a different constraint");
            mainForm.append(new TextField("Any Character", "", 15, Text-
Field.ANY));
            mainForm.append(new TextField("E－Mail", "", 15, TextField.
EMAILADDR));
            mainForm.append(new TextField("Number", "", 15, TextField.NU-
MERIC));
            mainForm.append(new TextField("Decimal", "", 15, TextField.
DECIMAL));
            mainForm.append(new TextField("Phone", "", 15, TextField.PHO-
NENUMBER));
            mainForm.append(new TextField("Password", "", 15, TextField.
PASSWORD));
            mainForm.append(new TextField("URL", "", 15, TextField.URL));
            mainForm.addCommand(exitCommand);
            mainForm.setCommandListener(this);
            firstTime = false;
        }
        Display.getDisplay(this).setCurrent(mainForm);
    }
    public void commandAction(Command c, Displayable s) {
        if (c = = exitCommand) {
            destroyApp(false);
            notifyDestroyed();
        }    }
    protected void destroyApp(boolean unconditional) {
    }
    protected void pauseApp() {
    }}
```

代码在仿真器中运行的结果如图 7 - 10 所示。

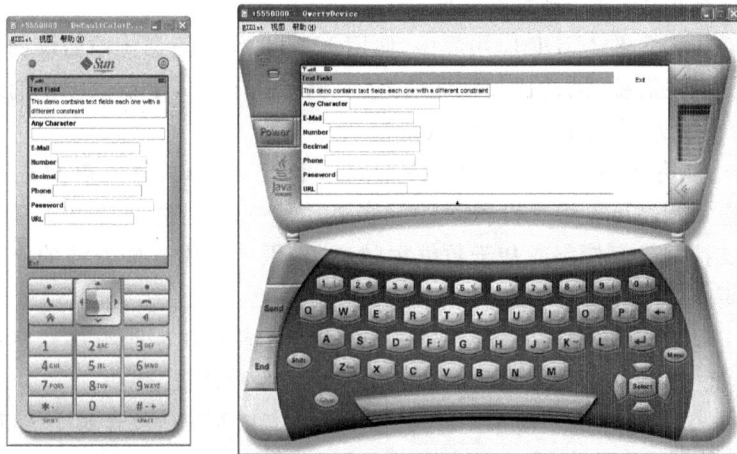

图 7 - 10　程序实例在两种仿真器中的运行结果

在 MIDP 中,基本的执行单元是 MIDlet。类 MIDlet 是继承了类 ja-vax. microedition. MIDlet 的类,这有点类似常见的 Applet 或 Servlet。在图 7 - 8 中,当 MIDlet 的方法 startApp 刚刚执行完成时,按下屏幕下方的按钮"Exit"会运行 commandAction 方法以及 destroyApp 和 noti-fyDestroyed 的代码。

类 javax. microedition. midlet. MIDlet 定义了三个抽象方法——startApp、pauseApp 和 destroyApp,这些方法必须被所有的 MIDlet 定义。

startApp 方法一般用来启动或者重新启动一个 MIDlet。这个方法可以被系统在任何情况下调用,其目的是请求或者重新请求 MIDlet 需要的资源并且准备 MIDlet 来处理事件,例如用户输入和定时器。

pauseApp 方法使系统进入暂停状态,此时,MIDlet 只是保持尽可能少的资源。处于暂停状态的 MIDlet 能够接收异步的通知(例如定时器的通知)。

destroyApp 方法是系统终止 MIDlet 的一般方法。destroyApp 方法有一个布尔参数来说明这个请求是否为无条件的。如果请求不是无条件的(布尔参数值是 false),那么 MIDlet 就可以通过触发 MIDletState-ChangeException 异常来请求"保持执行状态"。在这种情况下,如果系统允许这样的请求,MIDlet 就可以继续处于它目前的状态。另一方面,如果请求是无条件的,MIDlet应该释放它的资源,保存所有它可能缓存的永久数据后返回,被系统回收。

对于大多数MIDP应用程序,使用HTTP作为信息传输协议的基础可充分满足需要,因此比其他通信方法(例如基于套接字或数据报的通信方法)更能为人们所接受,原因如下:

• 所有MIDP设备必须支持HTTP网络。因此,只依赖HTTP网络的应用程序可在多个设备间进行移植。另一方面,并非所有MIDP设备都支持基于套接字或基于数据报的通信,因此使用这些方法的应用程序并不一定具有可移植性。

• HTTP不受防火墙限制。防火墙将大多数服务器与移动终端分隔开,而HTTP是大多数防火墙允许通过的少数协议之一。

• Java联网API使HTTP编程更为容易。MIDP包含对HTTP1.1标准的支持,用于生成GET、POST和HEAD请求的API、基本头文件处理以及基于流的信息使用和生成。同时,Java Servlet API提供用于处理HTTP请求和生成HTTP响应的大型框架。

图7-11举例说明了MIDP移动终端和Java Servlet之间基于HTTP的基本通信机制。

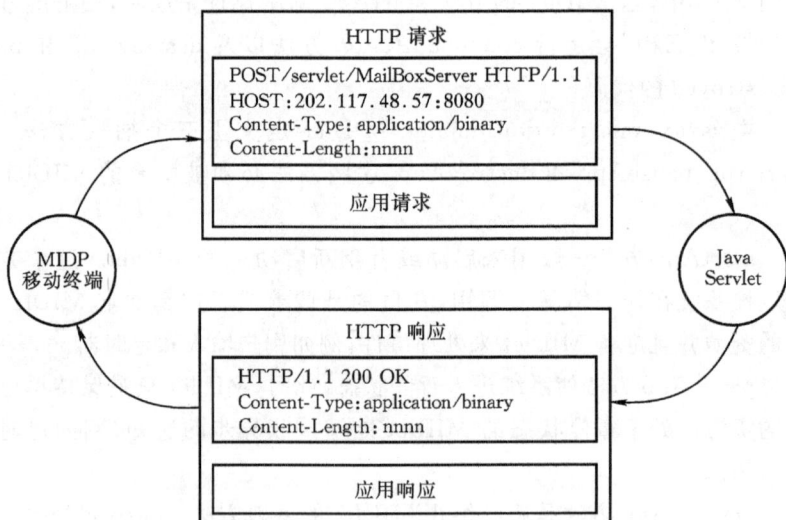

图7-11　MIDP和Servlet之间基于HTTP的通信机制

当MIDP移动终端和Java Servlet进行通信时,会发生以下事件:

① 移动终端对应用程序请求进行编码,然后将其封装到一个HTTP

请求中。对 Content-Type 和 Content-Length 头进行设置,以确保网关能正确处理该请求。

② Servlet 接收 HTTP 请求并对应用程序请求进行解码。Servlet 执行由应用程序请求指定的工作。

③ Servlet 对应用程序响应进行编码并将其封装到 HTTP 响应中。对 Content-Type 和 Content-Length 头进行设置,以确保网关能正确处理该响应。

④ 移动终端接收 HTTP 响应并对其包含的应用程序响应进行解码。移动终端可能将一个或多个对象实例化并对这些本地对象执行操作。

小 结

(1) 讲述了嵌入式系统的定义与特点。嵌入式系统是以应用为中心,以计算机技术为基础,软件硬件可"裁剪",适应应用系统,对功能、可靠性、成本、体积、功耗严格要求的专用计算机系统。嵌入式系统具有广泛的应用领域。

(2) 讲述了嵌入式系统关键技术的分析,包括嵌入式处理器、微内核结构、任务调度、硬实时和软实时、内存管理和内核加载方式等技术。同时介绍了 4 种嵌入式系统的设计模式:基于芯片设计,基于模板设计,模块化设计,软/硬件协同设计。

(3) 讲述了嵌入式系统的开发过程和技巧,包括编译、链接、定址等步骤,以及向嵌入式平台移植软件的一些技巧。

(4) 讲述了嵌入式实时操作系统的发展阶段,分析了嵌入式系统对系统软件的要求与特点。

(5) 讲述了嵌入式 C 语言程序设计方法。C 语言作为一种结构化的语言,用简单的方法便可以构造出相当复杂的数据类型和结构,对于嵌入式系统的软件开发和设计来说都是极为有利的。使用面向对象技术的优点是软件工程师可以有效地对代码进行封装。由于代码内部的存取是完全被控制的,因此软件工程师可以很安全地使用对象,尝试使用 C++的封装功能进行嵌入式系统的开发。

(6) 讲述了 JavaME 的规范及其体系结构,并列举了 Java Wireless Toolkit 2.5 上的程序实例。详细描述了 MIDP 应用程序通过 HTTP 与 Java Servlet 进行信息传输的机制。

第8章 面向 Agent 的程序设计方法

8.1 关于 Agent

Agent 的一种广泛接受的定义是:"Agent 是一个持久计算实体,它可以感知它所处的环境,并且既可以独立地,也可以同其他 Agent 一起,进行推理和行动"。Agent 的理论和技术产生于分布式人工智能(AI)的研究领域,自 20 世纪 70 年代末出现以来发展变化很快,引起了众多研究人员的关注。2001 年 9 月在美国西雅图召开了第 17 届国际人工智能联合会,从会上发表的论文数量可以看出 AI 研究的动向。其中 MAS 主题的论文数量已经超过了机器学习和数据挖掘列第二位(第一位为传统 AI 领域的知识表示和推理),而实际上与 Agent 有关的论文数量约占 40%。

鉴于人脑从内部结构中产生理智性的根源尚不清楚,人工智能研究者在试图使计算机能够模仿人类的理性行为的过程中提出了 Agent 的概念,用于表示可以独立存在并可以进行行为规划的实体,从而可以从外在表现形式分析理智性,并认为理智性可以表现为实体行为的意图性,即 Agent 产生行为是为了实现目标,而意图是根据目标和环境激励而产生的行动步骤,意图将会持续直到目标完成或者其他条件满足。使软件 Agent 具有智能性的关键是意图的生成和执行机制问题,为此研究人员提出和应用了多种多样的逻辑,如 Cohen 和 Levesque 提出的意图逻辑、Rao 和 Georgeff 提出的 BDI 逻辑、Broersen 对 BDI 基于 I/O 逻辑的扩展、董明凯提出的基于动态描述的逻辑等,这些逻辑的共同目标是希望最大程度地模拟人类在解决问题和行为时的理智性。

Agent 概念本身涵盖了许多动态开放环境中用于处理交互的技术,如:Agent 内部结构中对于采取应激和进行慎思之间的衡量技术;对环境中其他 Agent 的行为以及用户喜好的学习技术;同其他 Agent 的沟通和协作方法以及相应的联盟形成技术。在进入 20 世纪 90 年代之后软件工程界研究者在设计开发一些分散控制的、需要对非确定环境做出及时响应的软件系统时,发现使用 Agent 不但可以作为人工智能研究中的研究单元使用,在程序设计方法学中也有其用武之地,那就是作为程序设计方法的基本设计单元。

合理地选择设计单元对于程序设计方法的意义非常重大,因为它决定了系统设计师对系统进行理解和设计的出发点：面向过程的设计师会考虑需要哪些公共数据、需要封装哪些算法为过程；面向对象的设计师，会以对象及其类型来考虑系统的设计；而面向 Agent 的设计师会从自治主体的角度来考虑系统中的角色以及它们之间的消息交互。以 Agent 作为设计单元对于设计开发复杂环境中的应用来说往往更适合，能够比使用对象（object）作为设计单元具有更高的设计抽象程度和更好的设计表现力。由于基本的设计单元的改变，因此需要一系列新的软件工具支持以及分析、设计方法论指导。从而产生了面向 Agent 的软件工程（AOP）这样一种新型的软件开发范式。

面向 Agent 的软件工程研究的主要目标是研究基于 Agent 的开发过程中用到的概念、工具和支撑环境，其具体研究内容包括：需求工程；概念设计的规约技术；形式化校验技术；分析和设计方法；用于描述需求的专门本体、Agent 模型以及组织模型；通用 Agent 模型的构件库；Agent 设计模式；验证和测试技术；开发过程的工具支持等。

目前，采用面向 Agent 的解决方案在各种领域应用中的影响日渐增大，因为采用 Agent 的方案从本质上比传统面向对象、构件的方案更贴合实际应用，因此容易完成现实世界问题到软件设计空间的映射。例如，采用多主体系统（Multi-Agent System，MAS）在复杂环境中的资源分配问题中可以提供比任何基于人工中心控制的系统都要快速有效的分配方案。一些复杂的物理学、社会学的问题只有采用 Agent 仿真才可能解决，如研究气候变化对不同的生物种群的影响、政策方案对社会和经济的影响等等。

8.2　面向 Agent 程序设计的产生背景

随着计算模型从主机集中式、客户/服务器技术、浏览器/服务器模式发展到了移动计算、普适计算模式，新计算模型的出现对开发范式提出了新要求，尤其是对构件具有一定程度的自治性（autonomy）的要求。面向 Agent 的软件工程（Agent-Oritented Software Engineering，AOSE）应运而生，AOSE 同面向对象、基于构件的软件工程方法的最主要改进就是提出了自治构件的概念，即 Agent。Agent 对于环境变化可以做出一定程度的自治反应，这种反应可以是应激的，也可以是根据某种目标经过推理得到的。

在软件工程领域，任何一种软件开发理论和技术的产生都有其特定背景，针对一定的应用开发要求，并能有效地用于解决其中的软件问题。

应用需求的变化或者新的应用需求的产生,往往会对开发该类应用系统所需的软件开发理论和技术提出要求和挑战,从而促使和牵引软件开发理论和技术的进一步发展。例如,为了解决具有并发特征的应用系统的开发、描述和验证并发系统的性质以及支持并发系统软件的设计和实现,人们提出了进程演算理论和多线程技术;应用系统的异构问题以及跨平台的互操作要求推动了CORBA和Java技术的产生和发展;为了支持对复杂系统的自然建模和软件开发、提高软件系统的模块性、可重用性和可维护性,面向对象软件开发技术自20世纪80年代以来得到了迅猛发展和广泛应用,并成为当前软件工程领域的一种主流软件开发技术。

与此同时,软件开发理论和技术的发展和进步将进一步推动和促进应用领域的扩大、深入和变化。新颖、有效的软件开发理论和技术往往使计算机朝以前没有涉及的应用领域发展和渗透,从而拓宽了软件开发理论和技术的应用范围和空间。如Internet技术的发展导致了电子商务和电子政务等一系列基于Internet平台应用的产生,并导致基于Internet进行远程、异地交易成为可能。

不难发现,在软件工程领域那些具有明确应用背景和需求背景的软件开发理论和技术往往具有较强的生命力和影响力,能够得到持续不断的发展和广泛应用。

自20世纪80年代以来,随着因特网技术的日趋成熟和广泛应用,计算机以前所未有的速度在人们的学习、工作和生活中得到迅速推广和应用。人们通过因特网访问和获取消息、购买商品、获得远程服务等,已经成为人们日常生活的组成部分;越来越多的企业通过因特网集成企业的信息资源并为客户提供不间断、多媒体、多样化、迅速和友好的服务,实现企业内部的信息共享和不同部门、人员之间的协同工作。人们对于计算机系统,尤其是软件系统的需求和认知发生了深刻的变化,这种变化主要体现在以下两个方面:应用系统特征的变化和用户对计算机软件系统期望和要求的变化。

8.2.1　应用需求的变化

以因特网为计算平台的应用系统的复杂性越来越高,并表现出新的特征。自20世纪90年代以来,这种变化更加明显并具体表现为以下几个方面。

(1)层次性

复杂系统的结构通常具有层次性,即一个系统通常由多个相互关联的子系统构成,每个子系统本身可能又是一个层次性的结构,各个子系统并不是孤立的,可能具有复杂的关系。一方面,多个子系统之间可能存在结构相关性,具有诸如 C/S 关系、P2P 关系、小组关系、上下级关系等结构关联性。这种结构关系将对系统的运行以及子系统之间的相互作用产生影响。例如,在具有上下级关系的子系统中,上级子系统可以向下级子系统布置任务、提出各种要求、下级子系统必须向上级汇报任务的完成情况。另一方面,子系统之间存在行为相关性。例如,子系统之间、子系统内部的各个组成成分之间需要经常性的进行交互和通信,进行合作、协商和竞争以实现系统的整体设计目标。比如,通过交互,一个上级子系统可以向一个下级子系统发布命令、布置任务。

在许多复杂的系统中,子系统之间的上述关系通常具有多样性和动态变化的特点。一般地,子系统内部的多个成分之间是高度相关的、子系统之间是松耦合的。因此子系统内部的交互和通信频率通常要高于在子系统之间。在系统运行过程中,子系统之间、子系统内部的组成成分之间的关系经常会发生变化。例如,一个现代的跨国企业可能拥有一个总部、多个产品零部件工厂、一个总装工厂、一个研发中心和一个商贸中心,它们分布在全球不同地点,总部与零部件工厂、研发中心和商贸中心之间存在密切的关系,包括组织结构关系和总体协作关系。同时,每个零部件生产工厂可能又由多个车间组成,零部件厂之间的关系比较松散,而与总装厂之间的关系都比较密切。

（2）自主性

系统中存在着大量的自主或者半自主的行为实体,它们在系统中实施行为并且不受外部环境的完全控制;它们能在没有外界指导和操纵的情况下决定和实施自身的动作,以完成系统设定的目标。例如,公司总部给研发中心下达某个型号产品的研发任务,产品研发中心将根据该任务以及自身所拥有的资源等决定如何开展产品研发工作,而无需公司总部的直接干涉和指导。再如,在电子商务系统中,负责身份认证的行为实体对参与交易的双方或者多方提供身份认证服务,它无需其他行为实体的直接指导,能够自主地决定是否应该以及如何为买方或者卖方的身份进行认证。

（3）分布性

系统任务和目标的实现是由系统中多个逻辑或者物理上分布的自主行为实体来完成的。整个系统的数据、资源、信息、服务和能力分布在这些行为实体中。这种分布性对于许多系统而言是客观存在的,自然的,甚至是必须的,同时它有助于提高整个系统自身的可靠性。

在现代企业中,随着产品复杂性的不断提高以及企业部门分工的具体化和单一化,企业往往由多个部门组成,每个部门致力于产品生产的某个环节,完成某项单一的任务。企业的各个部门在地理上的分布性往往是因为获取最大利润的需要,例如目前很多跨国企业通过因特网利用地理时差实现企业 24 小时的不间断运作。

(4) 交互性

子系统的分布性和子系统之间的相关性的同时存在必然导致交互性。由于系统中行为实体的数据、信息、服务和能力是有限的,需要它们之间进行合作、协商和竞争,从而实现系统的整体任务和目标。

(5) 开放性和动态性

系统没有一个明确的边界,构成系统的成分以及系统成分之间的关系是动态变化的。在系统的运行过程中,可能会有新的、甚至是不可知的成分加入到系统中,或者已有的系统成分会动态地脱离系统。

例如,为了满足企业发展的需要,公司会随时动态地增加新的部门或者裁减已有的部门。由于部门职责和任务的变化,部门之间的关系也随着发生变化。这种变化是设计阶段难以预料到的。

(6) 异构性

构成系统的成分是由不同的人,在不同的时间,运用不同的技术,运行在不同的平台,采用不同的数据格式来开发的。对于许多应用系统而言,由于系统的复杂性、系统建设的阶段性以及技术解决途径的多样性,异构性是客观存在的,甚至是必须的。

8.2.2　用户期望的变化

尽管目前计算机在人们的学习、工作和生活中扮演着重要角色,起着重要作用,成为人们不可缺少的一项重要工具,但这并没有阻止人们对计算机寄予更高的期望和要求。现阶段大部分计算机系统仍然需要被告知动作细节才能为人们服务,要求开发人员在软件开发中将动作细节显式给出并封装于目标系统中。人和计算机的交互仍然比较复杂和繁琐,由于这种频繁的交互使计算机的高度优势得不到发挥。

人们期望不久的将来计算机能够作为人类的"代理"(即 Agent),在人类较少干预的情况下完成更复杂的任务。比如,一个个人数字助理(Personal Digital Assistant, PDA)软件主体驻留在用户计算机中通过观察和学习用户的喜好,能够了解用户的爱好和兴趣。比如主人喜欢浏览足球方面的新闻,那么每次开机之后,该主体能够主动到因特网上收集该方面的新闻。又如,负责日程安排的 Agent 之间通过通信可能发现约会安排同某一方或者双方主人已有的日程冲突,就可以通过协作主动安排更好的约会时间。

8.3　面向 Agent 方法与面向对象方法的对比

对象和 Agent 的区别是两种程序设计方法的区别的根本所在,然而面向 Agent 并不是要替换掉面向对象的优点,而是要对其进行改进和扩充,两种设计方法采用的设计单元性质比较如表 8-1 所示。

表 8-1　面向 Agent 和面向对象程序设计的设计单元对比

	面向对象程序设计(OOP)	面向 Agent 程序设计(AOP)
基本单元	对象(Object)	主体(Agent)
单元要素	方法＋成员变量	相信(Belief)、目标(Desire)、意图(Intention)
状态参数	成员变量取值	能力(Capabilities)、选择(Choices)
计算过程	被动调用式	主动服务式
消息类型	实现级方法调用,无具体限制	言语行为式,如 inform、request 等
方法约束	无	冲突消解等一致性保持机制

面向 Agent 程序设计方法中没有涉及到继承、多态等同对象层次相关的机制研究,因为在面向对象方法中已经有比较成熟的结论,AOSE 方法中一般通过在具体语言实现时扩展面向对象语言使 Agent 程序设计语言也同样具有面向对象属性,这就是为什么说 AOP 并不是要取代OOP,而是对 OOP 的扩展和更进一步抽象。

8.4　面向 Agent 程序设计的逻辑基础

由面向 Agent 程序设计的特性可见,Agent 的环境响应和主动服务特性是其区别于以往的软件构件的主要特点,而这种特点来自于 Agent 的自治性。目前自治 Agent 研究的主流问题是 Agent 的行为理性问题。对意图的处理是自治 Agent 行为理性研究的关键问题和难点所在。

意图是一个理性的个体将会在相应的目标和信念下进行的合理行为

方式。例如,一个理性个体在执行一个意图以实现某个目标的时候,如果一次不成功一般会再尝试一次;一个有某种特殊的意图的 Agent 不会选择另外的和已有的意图不一致的意图。对于抽象的 Agent 来说,其意图产生于特定逻辑系统中的推导,而实际的软件 Agent 的意图根据 Agent 体系结构在运行时的计算。

主体的体系结构规定了组成主体的构件及其关联方式、以及信息在构件之间的流动方式。自上世纪 80 年代以来,人们提出了许多自治主体的决策模型以及与之相应的抽象体系结构。这些模型一般是针对不同的应用各有其优劣,没有一种放之四海而皆准的标准模型。自治主体的模型主要包括:基于决策理论的,包括基于目标的规划方法以及量化决策理论的各种变种;基于认知理论的 BDI 模型;基于社会学概念,如义务(Obligation)、准则(Norm)等的模型。

Cohen 和 Levesque 提出的主体意图(Intention)的形式化定义之后,心态(Mental Attitude)方式成为了对于主体自主推理形式化系统的主流定义方法。Rao & Georgeff 进一步提出了主体的 BDI 形式化描述框架。

为了引入 BDI 形式系统,首先给出模态逻辑以及可能世界语义学的基础知识。

8.4.1　可能世界语义

传统命题是独立于时间和地点的,因而其真假是无条件的,如数学句子"1+1=2"、哲学句子"知识蕴含信念"、神学句子"信仰蕴含知识"。但是,大多数句子的真假需要根据语境来判断,如"天下雨",在不同的时间具有不同的真假值。因此,需要在命题逻辑的解释系统中加入表示语境的部分才能给出大多数普通句子的语句真值被满足的情境。

一个表达式的内涵是指该表达式的概念内容,而一个表达式的外延则指该概念内容囊括的全体实例,内涵逻辑强调的是表达式在不同的语境中可以有不同的指称(外延)。由于一个语句的指称能随着语境的不同而变化,因而其内涵就是这样一种函数,其在给定的特定语境中赋予语句相对该语境的真值。这里,关键的概念就是语境和多重指称。

上述观点表明了一种依赖于语境的意义概念。形式上,这将意味着要用仅根据特定语境 k(取自语境集 K)的赋真值的估算函数系统来代替简单公式赋予绝对真值的命题逻辑语义学。例如:"曾经是 p"的真值依赖于先于当下的语境 k' 并在其中 p 为真;"我知道 p"在某语境 k 中为真,必须不仅是 p 在 k 中为真,而且 p 在所有与我在 k 中知识一致的语境 k':即所

有称为语境 k 中的认知替代(认知无法分辨的两者可以互为替代)中也为真。

而解释任意一个语境 k 中的模态公式 $Modality\phi$ 到底要牵涉到语境集合 K 中多大范围的 k',这就依赖于模态词的具体内涵概念了。如果模态词解释为"逻辑必然",那么 $Modality\phi$ 在任意语境 k 中为真恰恰表示 ϕ 在所有可能语境 k' 中为真;如果模态词解释为"物理必然",那么 $Modality\phi$ 意味着那些与 k 具有相同物理定律的语境 k' 中为真。另外,如果模态词解释为时态结构"曾经",那么仅仅先于 k 的语境才将成立。

当然,$Modality\phi$ 的解释在根据模态词的内涵概念确定了所牵涉的语境集之后,还要考虑语境 k 本身的一些特性。先于 k 的时刻明显不同于时刻 k,对于认知结构的解释也存在这样的问题。例如:一个棋手下到中盘,他知道棋盘所有的棋子的位置,并熟悉下棋规则,因此至少从原理上讲,他是处于计算所有他的认知状态的位置:即那些继续下棋可以到达的位置。但认知状态会随着棋局的进展而变化,每一步都可能排除先前可能发展的整体分支树。

8.4.2　模态句子逻辑

定义 8-1　模态逻辑　是一个三元组 $M=\langle W,R,\mathcal{I}\rangle$,$W$ 是可能世界集合,$\omega\in W$ 是其中一个可能世界,R 是可达关系,$\mathcal{I}$ 是解释系统。正规模态逻辑的两个模态算子是"必然 □"和"可能 ◇"。解释(同一阶逻辑相同的连接词的解释略去)如下:

① $\langle M,\omega\rangle\vDash\square\varphi$,当且仅当 $\forall\omega'\in W,\langle\omega,\omega'\rangle\in R:\langle M,\omega'\rangle\vDash\varphi$

② $\langle M,\omega\rangle\vDash\diamondsuit\varphi$,当且仅当 $\exists\omega'\in W,\langle\omega,\omega'\rangle\in R:\langle M,\omega'\rangle\vDash\varphi$

定义 8-2　模态逻辑的框架　二元组 $\langle M,R\rangle$ 称为模态逻辑的框架。

由于解释系统增加了 W 和 R,因此一个公式 φ 可能具有四种性质:

① 可满足性,$\exists\langle M_m,\omega\rangle,\langle M_m,\omega\rangle\vDash\varphi$

② 不可满足性,$\forall\langle M_m,\omega\rangle,\langle M_m,\omega\rangle\nvDash\varphi$;

③ 关于模型为真 $\forall\omega\in M_m:\langle M_m,\omega\rangle\vDash\varphi$;

④ 有效性,表示对于所有模型为真。

不同于一阶逻辑的公理系统是统一的,模态逻辑的公理系统是和可达关系相关的,R 的不同性质,会产生不同的公理系统,这叫做模态逻辑的对称理论。

下面首先列出模态句子逻辑的公理系统,然后举例介绍框架性质对公理系统产生影响的原因。

有一个公理 K 和必然规则是基本的。

公理 K：

$$\models \Box(\varphi \rightarrow \phi) \rightarrow (\Box\varphi \rightarrow \Box\phi) \tag{8.1}$$

必然规则：

$$如果 \models \Box\varphi, 那么 \models \Box\varphi \tag{8.2}$$

R 的性质可能包括自反(8.3)、连续(8.4)、传递(8.5)和欧几里德性质(8.6)：

$$\forall \omega \in W : \langle \omega, \omega \rangle \in R \tag{8.3}$$

$$\forall \omega \in W : \exists \omega' : \langle \omega, \omega' \rangle \in R \tag{8.4}$$

$$\forall \omega_1, \omega_2, \omega_3 \in W : 如果 \langle \omega_1, \omega_2 \rangle \in R 并且 \langle \omega_2, \omega_3 \rangle \in R, 那么 \langle \omega_1, \omega_3 \rangle \in R \tag{8.5}$$

$$\forall \omega_1, \omega_2, \omega_3 \in W : 如果 \langle \omega_1, \omega_2 \rangle \in R 并且 \langle \omega_1, \omega_3 \rangle \in R, 那么 \langle \omega_2, \omega_3 \rangle \in R \tag{8.6}$$

R 的这四个性质分别对应着公理 T(8.7)、公理 D(8.8)、公理 4(8.9)、公理 5(8.10)：

$$\Box\varphi \rightarrow \varphi \tag{8.7}$$

$$\Box\varphi \rightarrow \Diamond\varphi \tag{8.8}$$

$$\Box\varphi \rightarrow \Box\Box\varphi \tag{8.9}$$

$$\Box\varphi \rightarrow \Box\Diamond\varphi \tag{8.10}$$

公理 K 和公理 T、D、4、5 的组合就形成了各种模态逻辑系统，其命名规则就是按照使用了哪些公理命名，如 $K4$ 系统，即使用了公理 K 和 4 的模态逻辑系统，究竟使用什么系统，要根据所需进行形式推理的问题的性质进行选择。

不同模态逻辑公理组合的等价关系包括：$KT = KDT, KT4 = KDT4, KT5 = KDT45 = KDT5 = KT45$。可见，公理 5 是最强的，也对应着 R 的最难以确定的欧几里德性质(8.6)。

8.4.3　BDI 逻辑语法和语义

Rao 和 Georgeff 提出的 BDI 逻辑，是一种包含多个可能世界的逻辑，每个世界是一个关于时间的树形结构，对于"现在"而言有多个可能的"未来"，但是只有一个可能的"过去"。

定义 8-3　解释 $\triangleq \langle W, E, T, \prec, U, \mathcal{B}, \mathcal{G}, \mathcal{I}, \phi \rangle$，$W$ 是世界集合，E 是初级事件集合，T 代表时间点集合，$\prec$ 是定义在全体时间点上的、传递、后向线性的二元关系，U 代表过程的全体，ϕ 将所有的一阶实体根据时间点

和特定世界映射到 U 中的元素，$\mathcal{B},\mathcal{G},\mathcal{I}$ 是信念、目标、意图可达关系，$\mathcal{B} \subseteq W \times T \times W$，$\mathcal{B}_t^w$ 表示从 w 在 t 可达的世界。

定义 8-4　世界 $W \triangleq \langle T_w, A_w, S_w, F_w \rangle$，$T_w \subseteq T$，是 w 中的一个时间序列，A_w 根据 $\prec$ 约束到 w。S_w, F_w 是弧函数，将邻接的时间点映射到 E 中的事件，S_w 表示成功事件，F_w 表示失败的事件。

Rao 和 Georgeff 的 BDI 形式框架的主要价值在于其中的模态词具有强度顺序，$BEL <_{\text{strong}} GOAL <_{\text{strong}} INTEND$，强的模态词下的真命题集合并不封闭于弱的模态词下的真命题集合上的蕴含关系，这样避免了必须将已有 $GOAL$ 的所有结果作为新的 $GOAL$ 这样一个异于常理的情况。也使得 $GOAL(\phi) \wedge BEL(inevitable(\Box(\phi \supset \psi))) \wedge \neg GOAL(\psi)$ 这样的公式有可能被满足。

定义 8-5　Rao & Georgeff 逻辑的语法

状态公式：

所有一阶逻辑公式是状态公式；

若 ϕ_1, ϕ_2 是状态公式，x 是变量，那么 $\phi_1 \vee \phi_2, \neg \phi_1, \exists x:\phi_1(x)$ 也是状态公式；

若 ϕ 是状态公式，则 $GOAL(\phi), BEL(\phi), INTEND(\phi)$ 也是状态公式；

若 ψ 是路径公式，那么 $optional(\psi)$ 是状态公式；

路径公式：

所有的状态公式都是路径公式；

若 ϕ_1, ϕ_2 是路径公式，则 $\neg \phi_1, \phi_1 \vee \phi_2, \phi_1 \bigcup \phi_2, \bigcirc \phi_1, \Diamond \phi_1$ 都是路径公式；

一些简写：

$\phi_1 \wedge \phi_2 \triangleq (\neg \phi_1 \vee \neg \phi_2)$；

$\Box \psi \triangleq \neg \Diamond \neg \psi$；

$inevitable(\psi) \triangleq \neg optional(\neg \psi)$；

$\forall x:\phi(x) \triangleq \neg \exists x:\neg \phi(x)$

定义 8-6　Rao & Georgeff 逻辑的语义，其中 P 代表一阶合式公式集合：

$M, v, w_t \models q(y_1, \cdots, y_n) \, iff \, (v(y_1), \cdots v(y_n)) \in \Phi[q, w, t], q(y_1, \cdots, y_n) \in P$

$M, v, w_t \models \neg \phi \, iff \, M, v, w_t \not\models \phi$

$M, v, w_t \models \phi_1 \vee \phi_2 \, iff \, M, v, w_t \models \phi_1$ 或者 $M, v, w_t \models \phi_2$

$M, v, (w_{t_0}, w_{t_1}, \cdots) \models \phi \ iff \ M, v, w_{t_0} \models \phi$

$M, v, (w_{t_0}, w_{t_1}, \cdots) \models \bigcirc \phi \ iff \ M, v, (w_{t_1}, \cdots) \models \psi$

$M, v, (w_{t_0}, w_{t_1}, \cdots) \models \diamondsuit \phi \ iff \ \exists k > 0 : M, v, (w_{i_k}, \cdots) \models \psi$

$M, v, (w_{t_0}, w_{t_1}, \cdots) \models \psi_1 \bigcup \psi_2 \ iff$

a) $\exists k > 0 : M, v, (w_{t_k}, \cdots) \models \psi_2$ 且 $\forall j, k > j \geqslant 0 : M, v, (w_{t_j}, \cdots) \models \psi_1$ 或者

b) $\forall j \geqslant 0 : M, v, (w_{t_j}, \cdots) \models \psi_1$

$M, v, (w_{t_0}, \cdots) \models optional(\psi) \ iff$ 存在一条全程径 $(w_{t_0}, w_{t_1}, \cdots)$ 使 $M, v, (w_{t_0}, w_{t_1}, \cdots) \models \psi$

$M, v, w_t \models BEL(\phi) \ iff \ \forall w' \in \mathcal{B}_t^w : M, v, w' \models BEL(\phi)$

$M, v, w_t \models GOAL(\phi) \ iff \ \forall w' \in \mathcal{G}_t^w : M, v, w' \models GOAL(\phi)$

$M, v, w_t \models NTEND(\phi) \ iff \ \forall w' \in \mathcal{I}_t^w : M, v, w' \models INTEND(\phi)$

每个 BDI 逻辑的合式公式根据其是状态公式还是路径公式可以分别在状态和路径上被赋予真假值。

例如在 8-1 中,有如下可满足关系:

$M, v, w_0 \models inevitable(\Box s)$

$M, v, w_0 \models inevitable(\diamondsuit q)$

$M, v, w_0 \models inevitable(\Box r)$

$M, v, w_0 \models inevitable(\diamondsuit p)$

$M, v, (w_5, w_6) \models \bigcirc q$

$M, v, (w_0, w_3, w_4) \models \Box r$

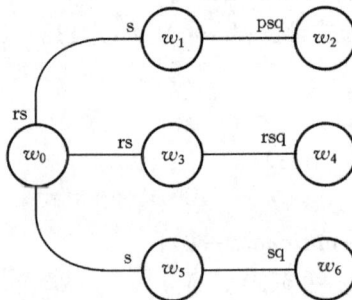

图 8-1　BDI 逻辑公式可满足关系例

8.4.4　关于模态词 BEL、GOAL 和 INTEND 的公理体系

AI1　$GOAL(\alpha) \supset BEL(\alpha)$

解释:Agent 的目的来源于所知

语义限制条件是:**CI1** $\forall w' \in \mathcal{B}_t^w, \exists w'' \in \mathcal{G}_t^w : w'' \sqsubseteq w'$,符号$\sqsubseteq$表示可能世界之间的包含关系。

解释:在 w,t 点能满足 $GOAL(\alpha)$ 的世界必然是在该点能够满足 $BEL(\alpha)$ 世界的子世界。

AI2 $INTEND(\alpha) \supset GOAL(\alpha)$

解释:Agent 的意图来源于目的。

语义限制条件是:**CI2** $\forall w' \in \mathcal{G}_t^w, \exists w'' \in \mathcal{I}_t^w : w'' \sqsubseteq w'$,

解释:在 w,t 点能满足 $INTEND(\alpha)$ 的世界必然是在该点能够满足 $GOAL(\alpha)$ 世界的子世界。

AI4

解释:Agent 知道自己的意图。

语义限制条件是:**CI4** $\forall w' \in \mathcal{B}_t^w, \forall w'' \in \mathcal{I}_t^{w'} : w'' \in \mathcal{I}_t^w$,

解释:从 w,t 经过了$\mathcal{B}$、$\mathcal{I}$两次跳转之后可达的世界不应该跳出从 w,t 经$\mathcal{I}$关系一次跳转的世界。

AI5 $GOAL(\phi) \supset BEL(GOAL(\phi))$

解释:Agent 知道自己的目标

语义限制条件是:**CI5** $\forall w' \in \mathcal{B}_t^w, \forall w'' \in \mathcal{G}_t^{w'} : w'' \in \mathcal{G}_t^w$,

解释:从 w,t 经过了$\mathcal{B}$、$\mathcal{G}$两次跳转之后可达的世界不应该跳出从 w,t 经$\mathcal{G}$关系一次跳转的世界。

AI6 $INTEND(\phi) \supset GOAL(INTEND(\phi))$

解释:Agent 的意图也是一种目的。

语义限制条件是:**CI6** $\forall w' \in \mathcal{G}_t^w, \forall w'' \in \mathcal{I}_t^{w'} : w'' \in \mathcal{I}_t^w$,

解释:从 w,t 经过了$\mathcal{G}$、$\mathcal{I}$两次跳转之后可达的世界不应该跳出从 w,t 经$\mathcal{G}$关系一次跳转的世界。

AI8 $INTEND(\phi) \supset INEVITABLE(\diamondsuit \neg INTEND(\phi))$

解释:意图必然结束

AI10 $BEL(\phi) \supset \phi$

解释:信念必然蕴含现实。

8.5 Agent 编程语言

Agent 编程语言(Agent Programming Language,APL)是抽象 A-gent 转换为实际软件 Agent 的必经之路。APL 的性质在极大程度上决定了软件 Agent 可能具有的性质。

Agent 编程语言吸取了陈述型编程(declarative programming)的一

些特点,不以低层指令直接对 Agent 进行编码,而是以愿望表示其编程要实现的目标,用信念表示环境信息,使用意图,由愿望和信念产生意图。Agent 的这种编程模型,通过合理的抽象避免了复杂的控制问题,在理想情况下只需要指派目标给 Agent,通过 Agent 自身体系结构中的逻辑推理决定应该如何进行理性行为。

8.5.1　逻辑程序设计

由于 Agent 的概念起源于人工智能,Agent 编程语言同逻辑编程语言之间有着千丝万缕的联系,在语法、语义、执行方式、效率等各个方面都有着相通之处。可以将逻辑编程语言看作是 Agent 编程语言的前身。

早在 20 世纪 70 年代,Kowalski 等人提出了逻辑可以作为程序设计语言的基本思想,把逻辑和程序这两个截然不同的概念协调统一为一个概念——逻辑程序设计(Logic Programming)。这也是早期自动定理证明和人工智能发展的自然结果。随后,逻辑程序设计得到了迅速发展,特别是基于一阶谓词的逻辑程序设计语言,将逻辑推理对应于计算,具有丰富的表达能力、非确定性等特点,在定理机器证明、关系数据库系统、程序验证、模块化程序设计和非单调推理等方面都有了广泛的应用。

逻辑程序由语法受到约束的逻辑公式构成。逻辑程序的一次运行包括提问、执行证明引擎、回答三步。查询问题中可以包括变量,用以确定该变量在什么取值情况下能够被逻辑程序导出。

逻辑程序设计的主要问题包括:1)逻辑系统的选择。一方面由于采用经典一阶逻辑时,无法找到一个通用的过程来否定某个查询,因此需要对经典一阶逻辑进行约束;另一方面,需要对经典一阶逻辑进行扩展,以提供数值约束能力、额外操作符。2)证明引擎的效率。

在实际系统中的"否定"采用比较弱的形式,即一旦失败就认为否定成立。然而,这种方法给逻辑程序设计带来非单调性,一旦对某个程序 P 查询 X 失败,结论是$\neg$X,如果 P 中加入了 X,那么需要把结论$\neg$X 去掉。因此,逻辑程序和非单调逻辑研究之间有千丝万缕的联系。

逻辑程序语法上最简单的是使用 Horn 子句,即 $A \leftarrow B_1 \wedge \ldots \wedge B_n$,A 叫做头,$B_1 \wedge \ldots \wedge B_n$ 叫做体。用于做逻辑程序的句子的一种 Horn 子句叫程序子句,它的体可以为空,头不能为空。程序子句的自由变量是全称量化的,没有出现在头部的自由变量可以认为是存在量化的。一个逻辑程序从语法上讲就是一个程序子句的有限集合,这个集合中的元素可以认为是用合取连接的。

逻辑程序的语义有多种说明方式,包括模型论的、不动点的、博弈论的方法等。

纯粹逻辑程序(如 Prolog)和 Agent 程序之间的区别在于:

在 Agent 程序中,计划的头部定义为触发事件,而 Prolog 的头部单纯为目标,因此调用计划的机制更有表达力:既包括环境变化(增减信念)引起的,也包括根据策略设计的(增减目标)调用的。

Agent 程序中的规则需要满足上下文,而 Prolog 中的规则不具有上下文相关性。

Agent 程序的计划在执行中可以中断,而 Prolog 的执行过程不能中断,因此 Agent 可以同时拥有多个意图。

8.5.2　Agent0 语言

在 20 世纪 90 年代早期,Yoav Shoham 首次提出在 Agent 编程语言的设计中将理性行为引入编程模型中,他给出了一种由多个交互 Agent 所构成的系统的构想,其中的 Agent 便直接使用信念(Belief)、愿望(Desire)、意图(Intention)等心智状态(Mental Attitude)编程。

Agent0 程序的角色是用于控制 Agent 心智状态的演变。Agent 的动作可以作为 Agent 对动作承诺的副作用出现。由于 Agent 的心智状态由形式化语言记录表达,因此趋向于将 AOP 看作一种逻辑编程语言。从这个观点来看,程序由对 Agent 的心智状态的逻辑陈述句构成,每个时间点上的 Agent 心智状态通过定理证明过程予以确定。但 Shoham 指出,由于多模态时序证明的困难性,因此他没有采用逻辑方式设计 Agent 程序设计语言,而是设计了一种比较简单的语言 Agent0,其中采用操作符(特定数据结构)来记录关于 Agent 心智状态的逻辑陈述句,另外一些操作符模拟对它们的逻辑运算,例如,不允许解释器同时产生代表两个矛盾陈述句的数据实体。

Agent 的行为比较简单,每隔一定时间间隔就执行以下两步:

读取现存的消息并更新心智状态,包括信念和承诺,此更新是 Agent 程序控制的主要任务;

执行当时到期的承诺,可能会引起进一步的信念改变,信念改变并不由 Agent 程序负责控制。

Agent 可以承诺使用的动作包括通信原语以及私有动作。

Agent-0 语言 BNF 范式见表 8 - 2。

表 8 - 2　Agent0 语法

```
<program> ⇒ <timegrain> <CAPABILITIES> <INITIAL BELIEFS> <COM-
MITMENT RULES>
<timegrain> ⇒ <time>
<CAPABILITIES>⇒ (<action><mntlcond>)*
<INITIAL BELIEFS>⇒ (<fact>)*
<COMMITMENT RULES> ⇒ <commitrule> *
<commitrule> ⇒ (COMMIT <msgcond> <mntlcond>(<agent> <action>) * )
<msgcond> ⇒ <msgconj> | (OR <msgconj> * )
<msgconj> ⇒ <msgpattern> | (AND <msgpattern> * )
<msgpattern> ⇒ (<agent> INFORM <fact>)|(<agent> REQUEST <action
>)|
(NOT <msgpattern>)
<mntlcond> ⇒ <mntlconj> | (OR <mntlconj> * )
<mntlconj> ⇒ <mntlpattern> | (AND <mntlpattern> * )
<mntlpattern> ⇒ (B <fact>) | ((CMT <agent>) <action>)|(NOT <
mntlpattern>)
<action> ⇒ (DO <time> <privateaction>)|
(INFORM <time> <agent> <fact>)|
(REQUEST <time> <agent> <action>)|
          (UNREQUEST <time> <agent> <action>)|
(REFRAIN <action>)|(if <mntlcond><action>)
<agent> ⇒ <alphanumeric_string> 〗 <variable>
```

　　下面给出应用 Agent0 的编程实例，这个应用是关于一个订购飞机票的过程，该过程包括三个 Agent：乘客 P、售票员 C 及其上级主管 S。三个 Agent 之间的交互是这样的：

- P to C：请帮我查询后天从西安到北京的所有航班
- C to P：航班 A354 08：30 起飞，航班 A293 10：00 起飞，航班 B441

……

- P to C：请为我预定 A354
- C to P：已经售完

- P to C：那就预定 A293.
- C to P：请确认，您的预定号为 112358.
- P to C：请再预定 B441.
- C to P：该航班同 A293 冲突，我无法为一个乘客双重预定
- P to C：请为我请求授权
- C to S：请求如下双重预定授权….
- S to C：请求被禁止
- C to P：抱歉，无法获得授权

两天后：

- P to C：我是 P，我预定了航班 A293。
- C to P：这是您的登机牌。

订票活动的主要目的是获取登机牌，即在乘客和售票员之间形成一个两天后提供登机牌的承诺，限于篇幅，这里仅给出售票员 Agent 在 Agent0 中的程序实现。对于售票员 Agent，需要定义它的 Initial Beliefs，Capabilities 和 Commitments，这些定义被 Agent 解释器执行就可以完成 Agent 的运行，从而完成应用程序的目标。

定义 Initial Beliefs 包括：

(time (flight from to number))

(time (remaining_seats time1 flight_number seats)).

两种 Capabilities 包括：

((issue_bp ? a ? flight ? time) true)

((DO ? time (update_remaining_seats ? time1 ? flight_number

? additional_seats))

(B (? time (remaining_seats ? time1 ? flight_number

? current_seats))))

两种 Commitment 包括：

(COMMIT (? pass REQUEST (IF (B,? p) (INFORM ? t ? pass ? p)))

true

? pass

(IF (B,? p) (INFORM ? t ? pass ? p)))

(COMMIT (? cust REQUEST (issue_bp ? pass ? flight ? time))

(AND (B (? time (remaining_seats ? flight ? n)))

(? n>0)

(NOT ((CMT ? anyone)

(issue_bp ? pass ? anyflight 7time))))

(myself (DO (+ now 1)

(update_remaining_seats ? time ? flight -1)))

(? cust (issue_bp ? pass ? flight ? time)))

该程序中用到的一些宏的定义如下：

(issue_bp pass flightnum time) →　(IF (AND (B ((- time h)

(present pass)))

(B (time (flight ? from ? to flightnum))))

(DO time-h (physical_issue_bp pass flightnum time)))

(query_which t asker askee q) →　(REQUEST t askee (IF (B q)

(INFORM (+ t 1) asker q)))

(query_whether t asker askee q) →　(REQUEST t askee (IF (B q)

(INFORM (+ t 1) asker q)))

(REQUEST t askee (IF (B (NOT q))

(INFORM (+ t i) asker (NOT q))))

经过解释运行，Agent 之间形成的实际交互如下：

乘：　(query_which imarch/1：00 乘 airline (18april/?！ time

(flight sf ny,?！ num)))

售：　(INFORM imarch/2：00 乘 (18april/8：30 (flight sf ny ♯354)))

售：　(INFORM imarch/2：00 乘 (18april/10：00 (flight sf ny ♯293)))

售：　(INFORM imarch/2：00 乘 (18april/ ...

乘：　(REQUEST imarch/3：00 售 (issue_bp 乘 ♯354 18april/8：30))

乘：　(query_whether imarch/4：00 乘 售 ((CMT 乘) (issue_bp 乘

♯354 18april/8：30)))

售：　(INFORM imarch/5：00 乘 (NOT ((CMT 乘) (issue_bp 乘

♯354 18april/8：30))))

乘：　(REQUEST imarch/6：00 售 (issue_bp 乘 ♯293 18april/10：00))

乘：　(query_whether imarch/7：00 乘 售 ((CMT 乘) (issue_bp 乘

♯293 18april/10：00)))

售：　(INFORM imarch/8：00 乘 ((CMT 乘) (issue_bp 乘 ♯293

18april/10：00)))

　　……

乘：　(INFORM 18april/9:00 售 (present 乘))

售：　(DO 18april/9:00 (issue_bp 乘 ♯293 18april/10:00))

在 Agent0 中，Agent 由信念、承诺和承诺规则组成。在 Agent0 中显式表示信念，承诺即为与时间相关的基本动作。承诺规则用于增加新的承诺。但不能修改已有的承诺。对 Agent0 的扩充和深化有 Thomas 的 PLACA 和 Hindrik 为 Agent0 添加的运行语义。

Agent0 中 Agent 只能对基本动作进行承诺，所以有两个缺点：首先，委托 Agent 必须知道受托 Agent 的基本行为集合；第二，Agent 没有显式的规划处理能力。Thomas 对 Agent0 进行扩展，给出了 PLACA，引入意图，同时使用规划生成器为意图产生相应的规划。为此，PLACA 增加了相应的语法结构(INTEND x)、(ADOPT x)、(DROP x)、(CAN-DO x)、(CAN-ACHIEVE x)、(PLAN-DO x)、(PLAN-ACHIEVE x)和(PLAN-NOT-DO x)，其中，(INTEND x)含义是 Agent 有使 x 为真的意图，(ADOPT x)含义是采纳意图或规划 x，(DROP x)含义是取消相应的意图或规划，(CAN-DO x)、(CAN-ACHIEVE x)、(PLAN-DO x)、(PLAN-ACHIEVE x)和(PLAN-NOT-DO x)用于确定 x 是否具有相应属性。

8.5.3　AgentSpeak 语言

AgentSpeak 语言由 Rao 在 1996 年提出，针对当时"Agent 认知部件规约逻辑研究众多同 Agent 系统构件实践时的理论基础缺乏"之间的矛盾而提出。AgentSpeak 是一种基于带有事件和动作的受限一阶逻辑的编程语言。AgentSpeak 中给出了语言的证明理论的 LTS，其证明规则定义为 Agent 程序格局的转移函数；转移函数和 Agent 程序的运行语义之间具有直接联系，这样有助于建立语言解释器和证明理论之间的对应关系。

采用 AgentSpeak 编程的 Agent 的行为受 Agent 程序的支配。Agent 的 B、D、I 并不是直接表示为模态公式，而是表示为 Agent 的内部数据结构。此刻状态(current state)是一个关于自身、环境和其他 Agent 状态的模型，即 Belief；而 Agent 受到外部或者内部激励之后想在未来呈现出的状态作为愿望(Desire)；用来满足激励的程序，称为 Intention。将视角转换一下，采用一个简单的规约语言来定义 Agent 的执行模型，然后从局外人的角度赋予 Agent 应有的 B、D、I，可能较有机会实现理论和实践的统一。

在 AgentSpeak 中,意图表示针对某个事件而承诺完成的一个动作序列。

(1) 语法

首先,介绍 AgentSpeak 的语法 BNF 描述,见表 8 - 3。

表 8 - 3　AgentSpeak 语法

```
<agent> ⇒ <beliefs> <plans>

<plans> ⇒ <plan> | <plans>";"<plans>

<plan> ⇒ <head> "←" <body>

<head> ⇒ <triggering event> [";" <context>]

<body> ⇒ <action>|<goal>|<internal action> | "true"| <body>";"
<body>

<action> ⇒ <action symbol> "(" <terms> ")"

<triggering event> ⇒ "+" <belief> | "-" <belief>| "+" <goal>|"-"
<goal>

<context> ⇒ <belief>

<internal action> ⇒ "+" <belief> | "-" <belief>

<goal> ⇒ <achievement goal> | <query goal>

<achievement goal> ⇒ "!"<atom>

<query goal> ⇒ "?" <atom>

<beliefs> ⇒ <belief> | <beliefs> ";" <beliefs>

<belief> ⇒ < literal>| <belief >"∧" <belief >

<literal> ⇒ <atom>|"¬" <atom>

<atom> ⇒ <predicate symbol> "(" <terms> ")"

<terms> ⇒ <term>|<terms>","<terms>
```

(2) 形式化语义

不同于 Agent0,Rao 不但定义了语法,而且对 AgentSpeak 给出如下形式化语义定义:

定义 8.7　Agent 表示为一个元组$<E, B, P, I, A, \mathcal{S}_E, \mathcal{S}_O, \mathcal{S}_I>$,代表<事件集,信念集,计划集,意图集,动作集,事件选择函数,可行选择函数,意图选择函数>。

定义 8.8　集合 I 代表意图集合,意图定义为一个部分落实的计划形成的栈结构,意图记为$[p_1 \updownarrow \ldots \updownarrow p_z]$,其中 p_1 是栈底计划,p_z 是栈顶计划，$\ddagger$代表栈元素。$[+!\ true : true \leftarrow true]$表示恒真的意图，记为 T。

定义 8.9　集合 E 定义为事件集合，事件记为$<e,i>$，e 称为触发事件，i 是对应该事件的意图，若 $i = T$，则 e 称为外部（新增）事件；否则为内部事件。

定义 8.10　相关计划（relevant plan）。令 $\mathcal{S}_E(E) = \varepsilon = <d,i>$，令 $p = e : b_1 \wedge \ldots \wedge b_m (h_1 ; \ldots ; h_n$。相关计划定义为 $RP(\varepsilon) = \{p \mid \exists \sigma : (p.e)\sigma = (\varepsilon.d)\sigma, p \in P\}$。$\sigma$ 称为 ε 的相关合一。

定义 8.11　可行计划（applicable plan）。有事件 ε，$p = e : b_1 \wedge \ldots \wedge b_m \leftarrow h_1 ; \ldots ; h_n$，$\sigma$ 是相关合一，可行计划定义为：$AP = \{p \mid \exists \theta : B \square \forall (b_1 \wedge \ldots \wedge b_m)\sigma\theta\}$。$\sigma\theta$ 称为 ε 的可行合一。

定义 8.12　外部新增事件意图。令 $\mathcal{S}_O(O_\varepsilon) = p$，$\varepsilon = <d, T>$，$p = e : b_1 \wedge \ldots \wedge b_m \leftarrow h_1 ; \ldots ; h_n$。针对事件（的新增意图 $= [T \ddagger p\sigma]$，当且仅当存在 ε 的可行合一 σ 使 $[T \ddagger p\sigma] \in I$。

定义 8.13　内部事件意图。令 $\mathcal{S}_O(O_\varepsilon) = p$，$\varepsilon = <d, [p_1 \ddagger \ldots \ddagger [f : c_1 \wedge \ldots \wedge c_y \leftarrow !g(t) ; h_2 ; \ldots ; h_n]] >$，$p = +!g(s) : b_1 \wedge \ldots \wedge b_m \leftarrow k_1 ; \ldots ; k_j$。针对事件 ε 的内部事件意图 $I_{internal} = [p_1 \ddagger \ldots \ddagger f : c_1 \wedge \ldots \wedge c_y \leftarrow !g(t) ; h_2 ; \ldots ; h_n \ddagger p\sigma]$，当且仅当存在 ε 的可行合一 σ 使 $I_{internal} \in I$。

定义 8.14　完成目标执行。令 $\mathcal{S}_I(I) = i$，其中 $i = [p_1 \ddagger \ldots \ddagger f : c_1 \wedge \ldots \wedge c_y \leftarrow !g(t) ; h_2 ; \ldots ; h_n]$，称 i 被执行，当且仅当 $<!g(t), i> \in E$。

定义 8.15　查询目标执行。令 $\mathcal{S}_I(I) = i$，其中 $i = [p_1 \ddagger \ldots \ddagger f : c_1 \wedge \ldots \wedge c_y) \leftarrow ?g(t) ; h_2 ; \ldots ; h_n]$，称 i 被执行，当且仅当存在一个替换 θ，使 $B \models \forall g(t)\theta$，且 $i = [p_1 \ddagger \ldots \ddagger (f : c_1 \wedge \ldots \wedge c_y)\theta \leftarrow h_2\theta ; \ldots ; h_n\theta]$。

定义 8.16　动作目标执行。令 $\mathcal{S}_I(I) = i$，其中 $i = [p_1 \ddagger \ldots \ddagger f : c_1 \wedge \ldots \wedge c_y \leftarrow a(t) ; h_2 ; \ldots ; h_n]$，称 i 被执行，当且仅当 $a(t) \in A$，且 $i = [p_1 \ddagger \ldots \ddagger f : c_1 \wedge \ldots \wedge c_y \leftarrow h_2 ; \ldots ; h_n]$。

定义 8.17　执行成功。令 $\mathcal{S}_I(I) = i$，其中 $i = [p_1 \ddagger \ldots \ddagger p_{x-1} \ddagger !g(t) : c_1 \wedge \ldots \wedge c_y \leftarrow true]$，$p_{x-1} = e : b_1 \wedge \ldots \wedge b_x \leftarrow !g(s) ; \ldots ; h_n$。称 i 被执行，当且仅当存在替换 θ 使 $g(t)\theta = g(s)\theta$，且 $i = [p_1 \wedge \ldots \wedge p_{x-1} \ddagger (e : b_1 \wedge \ldots \wedge b_x)\theta \leftarrow (h_2 ; \ldots ; h_n)\theta]$。

定义 8.18　解释器。见表 8 - 4。

表 8 - 4　　AgentSpeak 语言解释器

```
Algorithm Interpreter()
while E≠∅ do
    ε = <d,i> = 𝒮ₑ(E);
    E = E/ε;
    Oₑ = {pθ|θ是 ε 和 p 的可行合一};
    if external-event(ε) then I = I∪[𝒮₀(Oₑ)];
    else push(𝒮₀(Oₑ)σ,i),其中 σ 是 ε 的可行合一;
    case first(body(top(𝒮ᵢ(I)))) = true
        x = pop(𝒮ᵢ(I)); //pop 函数弹掉栈顶
        push( head(top(𝒮ᵢ(I)))θ←rest(body(top(𝒮ᵢ(I))))θ, 𝒮ᵢ(I)),
        其中 θ 是使 xθ = head(top(𝒮ᵢ(I)))θ 的 mgu;
    case first(body(top(𝒮ᵢ(I)))) = ! g(t) //按计划需要实现某个状态
        E = E∪< + ! g(t),𝒮ᵢ(I)>;
    case first(body(top(𝒮ᵢ(I)))) = ? g(t) //按计划需要查询一些项的值
        x = pop(𝒮ᵢ(I));
        push(head(x)θ←rest(body(x))θ,𝒮ᵢ(I));//其中 θ 满足 B⊨ θg(t)
    case first(body(top(𝒮ᵢ(I)))) = a(t)
        x = pop(𝒮ᵢ(I));
        push(head(x)←rest(body(x)), 𝒮ᵢ(I));
        A = A∪ {a(t)}
endwhile
```

其中：$pop(i)$：$I \rightarrow P$，弹出意图顶部的计划，意图改变；

$push(p, i)$：$P \times I \rightarrow I$，将计划压入意图顶部；

$top(i)$：$I \rightarrow P$，读取意图顶部的计划；

$first(p)$：$P \rightarrow H$，读取计划执行序列的第一个元素,计划不变；

$rest(p)$：$P \rightarrow H *$，读取计划序列第一个元素以后的序列；

$head(p)$：$P \rightarrow E$，读取计划头；

$body(p)$：$P \rightarrow H *$，读取计划体。

(3) AgentSpeak 开发实例

　　下面给出一个利用 AgentSpeak 进行程序设计的实例,这个应用中有两个 Agent,R1 和 R2, R1 和 R2 代表在火星上进行垃圾收集工作的机器人,其中工作区域是已经编号了的区域,R1 机器人在区域的各个格子里面搜寻垃圾,一旦拣到垃圾就送到 R2 机器人所在格子,再返回之前垃圾所在格子继续检查其他格子。R2 在焚化炉边等待将 R1 送来的垃圾投入焚化炉.垃圾随机散落在地面,R1 的机械臂可能夹不准,假设最多夹不准两次,因此至多拣三次肯定会拣到。

代码包括两段程序 R1 和 R2,分别由解释器解释之后形成 Agent 运行。R1 的代码包括初始信念、和计划库,而 R2 的代码比较简单,仅仅只有一个计划,见表 8-5。火星机器人运行图见图 8-2。其运行过程记录见表 8-6。

表 8-5　火星机器人例子代码

```
// 机器人 R1 代码
//初始信念
pos(r2,4,4).
checking(slots).
// Plans
+ pos(r1,X,Y) : checking(slots) & not garbage(r1) < - next(slot).
+ garbage(r1) : checking(slots) < - ! stop(check);
    ! take(garb,r2);
    ! continue(check).
+ ! stop(check) : true < - ? pos(r1,X,Y);
    + pos(back,X,Y);
    - checking(slots).
+ ! take(S,L) : true < - ! ensure_pick(S);
    ! go(L);
    drop(S).
+ ! ensure_pick(S) : garbage(r1) < - pick(garb);
    ! ensure_pick(S).
+ ! ensure_pick(_) : true < - true.
+ ! continue(check) : true < - ! go(back);
    - pos(back,X,Y);
    + checking(slots);
    next(slot).
+ ! go(L) : pos(L,X,Y) & pos(r1,X,Y) < - true.
+ ! go(L) : true < - ? pos(L,X,Y);
    moveTowards(X,Y);
    ! go(L).
// 机器人 R2 代码
+ garbage(r2) : true < - burn(garb).
```

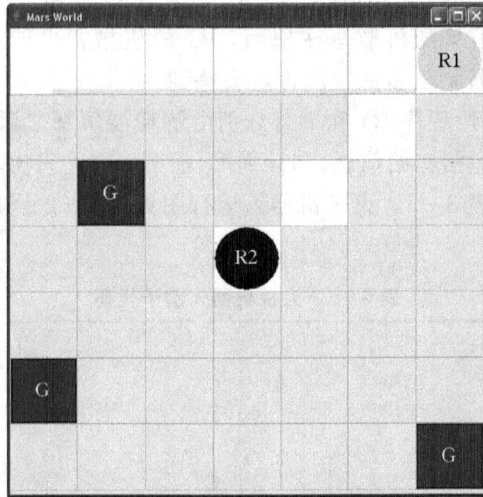

图 8-2 火星机器人实例运行图

表 8-6 火星机器人运行过程记录

```
[r1] doing：next(slot)
[r1] doing：next(slot)
[r1] doing：next(slot)
[r1] doing：pick(garb)
[r1] doing：moveTowards(3,3)
[r1] doing：moveTowards(3,3)
[r1] doing：moveTowards(3,3)
[r1] doing：drop(garb)
[r1] doing：moveTowards(3,0)
[r1] doing：moveTowards(3,0)
[r2] doing：burn(garb)
[r1] doing：moveTowards(3,0)
[r1] doing：next(slot)
[r1] doing：next(slot)
[r1] doing：next(slot)
[r1] doing：pick(garb)
[r1] doing：pick(garb)
[r1] doing：moveTowards(3,3)
[r1] doing：moveTowards(3,3)
[r1] doing：moveTowards(3,3)
[r1] doing：drop(garb)
[r2] doing：burn(garb)
```

8.6　JACK 开发环境

JACK 是目前唯一的商业化产品级别的 Agent 开发环境,由澳大利亚的 Agent Software 出品。它的核心是基于前述的 BDI 逻辑,扩展了表示 Capability 的形式化定义。其实现级别采用的是在 Java 语言基础上扩展相应于逻辑系统的表现 BDI 和能力 Capability 的语法结构,并通过 Jack 解释器执行。

8.6.1　JACK 框架简介

JACK 在 Java 的基础上提供了 AOP 的编程思想,包括:

①定义了新的基类、接口和方法;

②提供了对 Java 的语法扩展,以支持面向 Agent 的类、定义和语句;

③提供了语义扩展(runtime 的区别),以支持 Agent 系统的执行模型的需要。

所有对 Java 的扩展都实现为 Java 的插件,这样可以使语言具有最大的灵活性。例如,开发人员可能想实验不同的信念集合的实现机制以比较性能,由于相信集合本身的实现机制是一个插件,所要做的仅仅是替换 JACK 核心库中的信念库插件,这样就可以仅仅作比较小的改变而不扰乱整个的 JACK 开发环境。每个扩展都是严格类型定义的,以最大限度地减少隐式类型转换和出错的可能性,同时提高编译器的性能。

JACK 提供了 5 种(同 main 类同级的)预定义结构,包括:

①Agent:用于定义智能 Agent 的行为,包括该 Agent 的 Capability、反应的消息和事件类型,以及采取什么 Plan 以实现 Goal;

②Capability:是一个使构成 Agent 的功能能够被分组以重用的结构,一个 Capability 可以包括 Plans,Events,Beliefsets 和其他 Capabilities,它们共同使 Agent 拥有某种能力。Agent 可以拥有多方面的能力,因此可以由多个 Capabilities 构成;

③BeliefSet:使用一个通用的关系模型表示 Agent 的相信。相信集合的设计使得它可以接受逻辑成员的查询,逻辑成员和数据成员类似,但是允许采用逻辑编程语言的规则;

④View:支持对底层数据模型得通用查询。底层数据模型可以包括相信集合以及任何其他 Java 数据结构;

⑤Event:定义了 Agent 须作出反应的一种情况的发生;

⑥Plan:类似于函数,定义了要完成目标 Agent 需要执行的指令和处理的事件。

8.6.2　JACK 开发实例

这个实例的背景是航班到港的排序问题。排序过程采用了拍卖协议,机场管理员向跑道管理员发出关于"最佳着陆时间"的标书,然后从中选出一个。跑道的"最佳着陆时间"允许一个后来的快速飞行器能够抢占先来的已经分配了跑道的慢速飞行器的位置,而慢速飞行器将会被重新分配。JACK IDE 的交互显示器可以显示出在这个应用中各个参与者之间的信息收发序列图,附带的仿真器可以调整时间的发生粒度。

(1) 设计视图

图 8-3 是 Flow 例子中关于事件和计划的关系设计图。

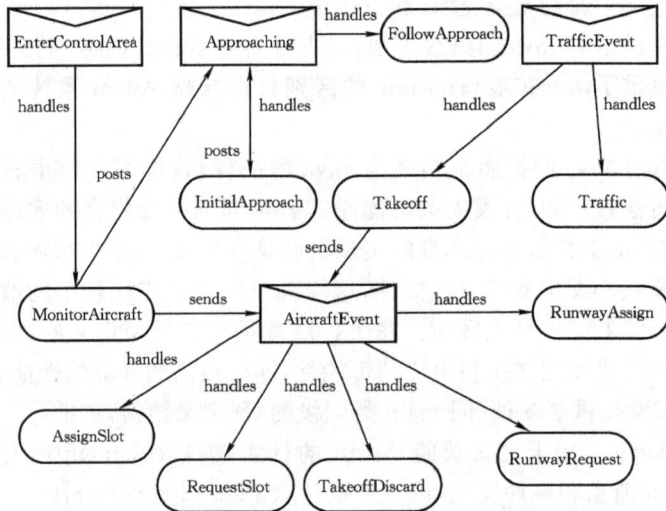

图 8-3　Flow 例子中关于事件和计划的关系设计图

图 8-4 是 Flow 例子中与 Flying Capability 相关的 Plan 图。

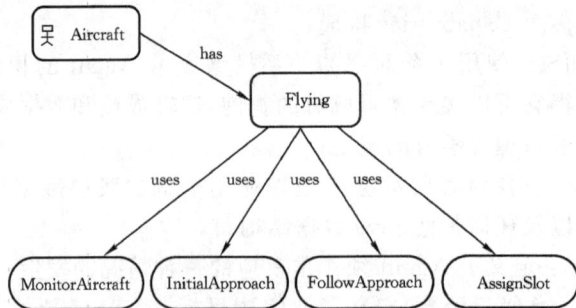

图 8-4　Flow 例子中与 Flying Capability 相关的 Plan 图

(2) 程序代码

Runway Agent 代码：

```
import aos. jack. jak. event. TracedMessageEvent;
/ * *　Runway agents. * /
public agent Runway extends Agent {
    ♯ has capability RunwayAssigning assign;
    Runway(String name, int index)
    {
        super(name);
        assign. setName(name, index);
        TracedMessageEvent. tracer. start(this);
    }
}
```

Feeder Agent 代码：

```
/ * *　The Feeder agents model source airports and other
"sources of aircraft". Each feeder agent has it's own schedule. * /
public agent Feeder extends Agent {
♯ has capability TrafficFeeding feed;
Feeder(String name, String destination)
{
    super(name);
    feed. load(name, destination);
}
}
```

可见，在 JACK 中开发 Agent 程序，从编码上看仅仅需要在 Java 知识上扩展一些语法结构的使用，但是从设计角度需要采用 Agent 的观点进行应用的设计，主要需要考虑交互和计划问题。

8.7　JADE 框架

目前，在 Agent 编程领域，除了像 JACK、AgentSpeak 这样已经预定义了使用 BDI 逻辑核心 Agent 体系结构的语言和开发环境以外，还有一些企业和组织为 Agent 开发提供独立于 Agent 体系结构的开发框架 (Framework)，这些框架一般关注的是 Agent 作为一个将要运行和部署的软件实体所必需的一些底层实现问题，如网络连接、消息通信、生命周

期管理等。这其中比较著名的有 JADE、Zeus、Madkit 等。本节介绍的
JADE 是意大利电信和摩托罗拉公司合作研发的采用开放源代码形式的
一个项目,其开发进度相当快速和活跃,目前已经推出了第3.5版本。

8.7.1　JADE 架构

　　JADE 包括开发库和运行环境,其结构如图8-5,每一个 JADE 的运
行环境实例称为一个容器 container,一组容器称为平台 platform,平台负
责搞定容器之间联网、互相通知和登记等这些琐事,其中运行的 Agent
以及开发者都不需要了解这些细节。

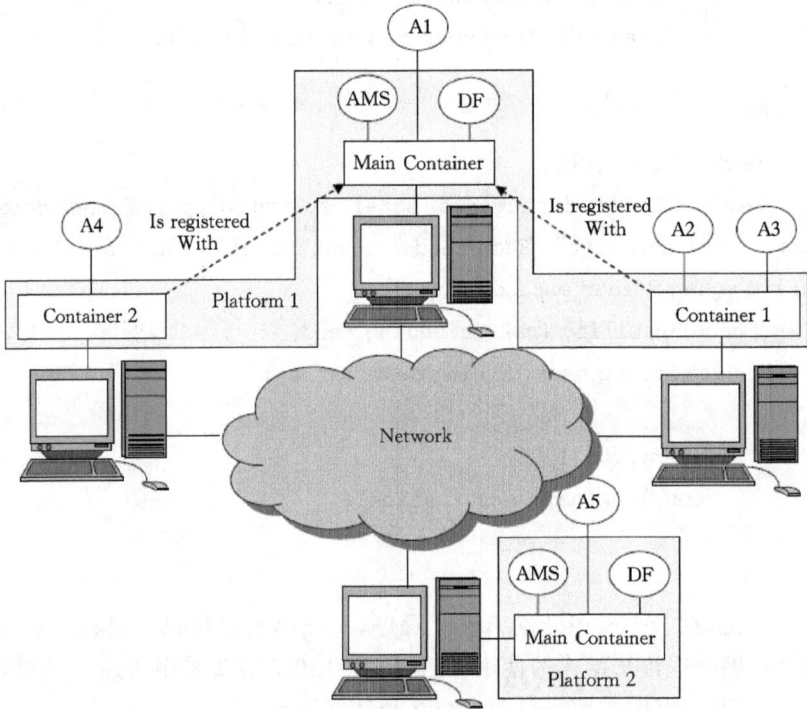

图 8-5　JADE 结构

　　JADE 提供了开发无线环境中分布式 P2P 应用的基本服务。JADE
允许每个 Agent 动态的发现其他 Agent 并采用 P2P 方式与之通信。每
个 Agent 拥有一个独一无二的名字并提供了一组服务,它可以注册以及
修改它的服务,可以搜索其他 Agent 提供的服务,控制自己的生命周期。
Agent 采用异步通信。

在 JavaSE 和个人 Java 环境中,JADE 支持代码以及执行状态的移动,即 Agent 可以在一个主机上停止运行然后迁移到另外的远程主机上(其上不需要事先部署 Agent 代码)然后从停止点续运行(实际上,JADE 实现了一种 not-so-weak 移动方式,因为 Java 不支持堆栈和程序指令计数器的存储)。该功能可用于例如对应用程序执行完全没有影响的动态负载均衡。

JADE 还提供了命名服务(确保每个 Agent 不重名)以及可以跨越多个主机的黄页服务。另一个重要的特色是丰富直观的图形化贯穿 Agent 生命周期的调试、管理界面,因而可以远程控制 Agent,可以仿真 Agent 交谈、可以监听 Agent 的消息交互、监测 Agent 任务执行、控制 Agent 生命周期等。

8.7.2　JADE 中 Agent 生命周期

JADE 提供的开发包 jade. core. Agent 类是所有 Agent 的父类,其中定义了所有 Agent 共同的生命周期,如图 8-6 所示。

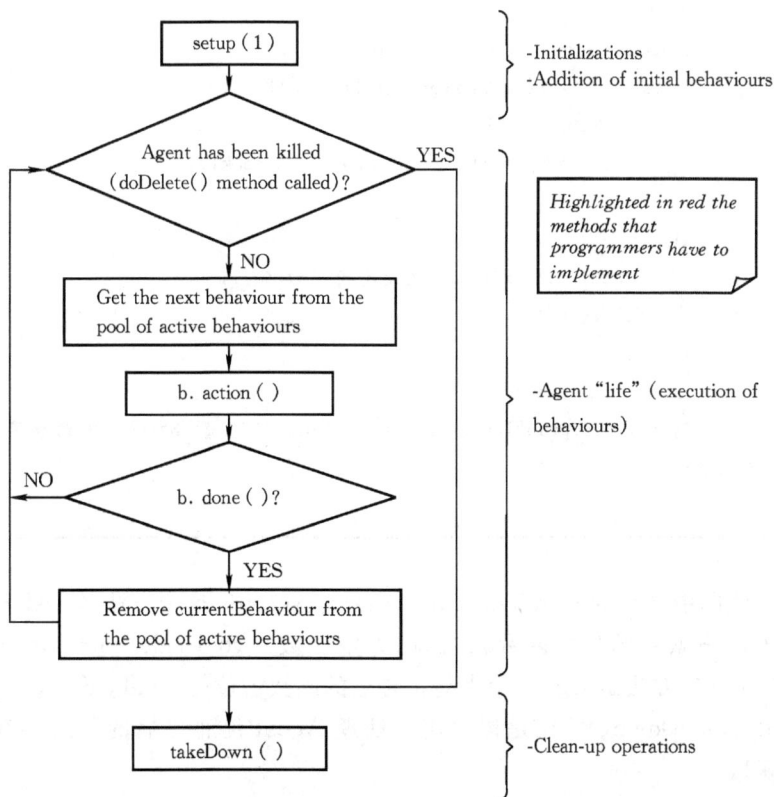

图 8-6　所有 Agent 共同的生命周期

8.7.3　JADE 开发实例

表 8-7 给出了一个在 JADE 中开发的网上图书买卖的实例,此处列出买书 Agent 的代码。

表 8-7　买书 Agent 代码

```java
import jade.core.AID;
import jade.core.Agent;
public class BookBuyerAgent extends Agent {
    private String bookToBuy;
    private AID[] sellerArray = {    new AID("中国出版网",AID.ISLOCAL-
NAME) };
    protected void setup(){
        System.out.println("购书人代理:" + getAID().getName() +" 准备好
进行网上采购了");
        Object[] args = getArguments();
        if (args ! = null && args.length > 0){
            bookToBuy = (String)args[0];
            System.out.println("想买的书是:" + bookToBuy);
        }
        else {
            System.out.println("还没有想买的书!");
            doDelete();
        }    }
    protected void takeDown(){
        System.out.println("购书人代理" + getAID().getName() +" 结束了自
己的生命!");    }
}
```

代码中继承的 void jade.core.Agent::setup()这个方法是 JADE 提供给用户做初始化的函数占位符(即空函数),void jade.core.Agent::doDelete()方法是 Agent 用来终止自己的函数占位符,void jade.core.Agent::takeDown()方法是提供用来处理 Agent 终止之后的善后事宜的空函数。

由于 Agent 程序都是以 JADE 的插件形式存在的,因此运行这些 Agent,需要首先运行 JADE 环境,具体的是以 jade.Boot 作为包含 main

的类运行，以格式 A：B(C)启动需要的 Agent 实体，其中，A 代表实体名字，B 代表类别，注意带上包名，C 是类的初始化参数，例如：

采购员：BookBuyerAgent(钢铁是怎样炼成的)

运行结果如表 8－8 所示。

表 8－8　买书 Agent 代码运行结果

```
2007-6-24 22:32:51 jade.core.Runtime beginContainer
信息：-------------------------------------------------
    This is JADE 3.4.1 - revision 5912 of 2006/11/16 13:09:18
    downloaded in Open Source, under LGPL restrictions,
    at http://jade.tilab.com/
-------------------------------------------------
2007-6-24 22:32:53 jade.core.BaseService init
信息：Service jade.core.management.AgentManagement initialized
2007-6-24 22:32:53 jade.core.BaseService init
信息：Service jade.core.messaging.Messaging initialized
2007-6-24 22:32:53 jade.core.BaseService init
信息：Service jade.core.mobility.AgentMobility initialized
2007-6-24 22:32:53 jade.core.BaseService init
信息：Service jade.core.event.Notification initialized
2007-6-24 22:32:53 jade.mtp.http.HTTPServer <init>
信息：HTTP-MTP Using XML parser com.sun.org.apache.xerces.internal.pars-
ers.SAXParser
2007-6-24 22:32:53 jade.core.messaging.MessagingService boot
信息：MTP addresses：
http://ALVINAGENT:7778/acc
2007-6-24 22:32:53 jade.core.AgentContainerImpl joinPlatform
信息：-------------------------------------------------
Agent container Main-Container@JADE － IMTP://alvinagent is ready.
-------------------------------------------------

购书人代理：采购员@alvinagent:1099/JADE 准备好进行网上采购了
想买的书是：钢铁是怎样炼成的
```

小　结

(1)介绍了 Agent 的概念和起源,分析了 Agent 概念成为一种程序设计单元出现在程序设计方法的原因。

(2)介绍了面向 Agent 程序设计的产生背景,以及面向 Agent 软件工程的主要内容。

(3)介绍了面向 Agent 程序设计方法的逻辑基础,首先给出了可能世界语义模型,然后介绍了模态句子逻辑,在此基础上介绍了信念、愿望和意图(BDI)逻辑的语法和语义,分析了一种关于该 BDI 逻辑中模态词 *BEL*、*GOAL* 和 *INTEND* 的公理体系。

(4)介绍了 Agent 编程语言的前身——逻辑编程语言,第一种 Agent 编程语言 Agent0,目前最流行的 Agent 编程语言之一,AgentSpeak 语言。

(5)分别介绍了一种 Agent 开发环境 JACK 和一种 Agent 开发框架 JADE。

第三部分　优化篇

第三部介绍了程序计算复杂度的分析方法,对程序设计进行了定量的表示,并举例说明了 C/C++程序、Java 程序、ASP 程序、Prolog 逻辑程序以及 32 位汇编指令常用的优化内容、原则与方法。

本部分内容包括:

第9章　程序计算复杂度分析方法

9.1　程序结构复杂度分析

9.1.1　程序结构复杂度的度量与建模

在设计计算机大型程序的时候,无论是采用结构化方法还是面向对象技术,为了降低研究与设计的复杂度,总是采取"分而治之"的策略,即将要研究的大系统划分为多个规模适中的子系统,再通过对各子系统的研究设计、子系统集成,从而构成一个大型的软件系统,各子系统之间通过控制流与数据流相关联。在一定程度上,软件系统的复杂度取决于各子系统之间的控制流与数据流的复杂程度。

从程序设计的角度来看,这种控制流与数据流即是模块间的扇入与扇出。程序结构复杂度是指模块结构的复杂度和整个软件系统结构的复杂度。结构复杂度度量主要是对程序中的控制流和数据流以及模块间的接口复杂程度等进行度量。经典的结构复杂度度量方法常用模块的扇入/扇出数量来度量模块的复杂度。一个模块的扇入指进入该模块的控制流与数据流之和,一个模块的扇出指该模块输出的控制流与数据流之和。程序结构的复杂度可表示为对应模块或子系统的扇入与扇出乘积的平方。一个模块应追求高扇入,使得该模块具有较高的可重用性;追求低扇出(扇出数小于8),使得模块间耦合度较低。结构复杂度度量力求反映模块内部结构的复杂度以及模块间接口的复杂度,进而反映整个软件系统的结构复杂度。但是这种方法将扇入/扇出、模块间循环调用、顺序调用、分支调用、逐层调用、隔层调用和不同深度的调用对模块(系统)的复杂度影响同等对待,按照系统科学和软件工程理论,这并不完全合理。本节在研究结构化系统设计与程序设计的基础上,将扇入/扇出对模块的复杂度影响分别描述,给出了基于扇入/扇出的模块和系统结构复杂度定量度量的数学模型。使用这些模型可以在软件系统模块结构设计完成之后,对系统结构与模块的复杂程度作出定量度量,以便在详细设计开始之前对复杂度过高的模块重新划分;对复杂度不合理的系统结构进行重新构建;对不同的系统结构方案进行复杂度比较,从中选择最优方案。

有关系统结构和模块复杂度的理论可归纳如下:

（1）结构化程序（系统）总是可以层次化的；

（2）任一程序中，分支结构比序列结构复杂，循环结构比分支结构复杂；

（3）任一程序中，隔层调用比逐层调用复杂，模块间自底向上调用（构成循环结构）比自顶向下调用复杂；

（4）系统模块越多系统越复杂，中间层模块越多系统越复杂，模块层数越多系统越复杂；

（5）嵌套深度越大程序越复杂，越靠近入口或出口的模块复杂度越低。

为了将扇入／扇出对模块（系统）结构复杂度的影响分开描述，以建立新的结构复杂度度量模型，引入如下几个概念。

扇出：指一个模块直接控制（调用）的模块数目。

扇入：指直接调用该模块的模块数目。

模块总数（m）：系统中模块的总个数。

深度层号：指程序结构从入口到出口各层次的顺序编号。

对称层号：当系统模块总层数 n 为奇数时，自顶（入口）向下（出口）各层的对称层号依次为 $1,2,\cdots,\dfrac{n+1}{2},\cdots,2,1$；当 n 为偶数时，自顶（入口）向下（出口）各层的对称层号依次为 $1,2,\cdots,\dfrac{n}{2},\dfrac{n}{2},\cdots,2,1$。

第 j 层对称层权值（y_j）：其值为 $\dfrac{\text{第 }j\text{ 层对称层号}}{\text{对称层号之和}}$。

依据系统结构复杂度准则（1）～（5），在研究大量实际系统模块的扇入／扇出对模块（系统）结构复杂度影响的基础上发现，一个模块的扇出不仅影响其自身的结构复杂度，更重要的是影响系统其他模块结构的复杂度（接口复杂度），并使其本身的结构复杂度按 2 的指数增长。一个模块的扇入影响其本身的结构复杂度，并使其本身的结构复杂度按 e（$e = 2.718\,28$）的指数增长。模块的结构复杂度函数依赖于系统总模块数、系统深度、模块在系统中所处位置、扇入／扇出来源与去向等。对于某一模块，只要有一个扇入或扇出复杂度较高，那么该模块的复杂度较高。

定义 9-1 由 m 个子模块构成的软件系统 P，其子模块的结构复杂度定义为：

模块 j 的扇入复杂度

$$R_j = m \times h_j \times \sum_{i=1}^{q} e^{|j\text{模块深度层号}-\text{扇入}i\text{起点深度层号}-1|} \tag{9-1}$$

（其中，q 为 j 模块的扇入总数，$1 \leqslant j \leqslant m$，$m$ 为模块总数。以下同）

模块 j 的扇出复杂度

$$C_j = m \times h_j \times \sum_{i=1}^{p} 2^{|j\text{模块深度层号}-\text{扇入}i\text{起点深度层号}-1|} \qquad (9-2)$$

（其中，p 为 j 模块扇出总数）

模块 j 的总复杂度

$$F_j = \sqrt[3]{R_j + C_j} \qquad (9-3)$$

系统模块的平均复杂度

$$\overline{F} = \frac{1}{m} \sum_{j=1}^{m} F_j \qquad (9-4)$$

模块 j 的总复杂度相对于系统模块的平均复杂度的偏差

$$K_j = \frac{F_j - \overline{F}}{\overline{F}} \qquad (9-5)$$

依据软件工程理论，一个软件系统最优不是某几个模块最优，而应该是所有模块优度均衡，从而使系统最优。所以，可根据系统乘法原理定义软件系统的结构复杂度。

定义 9 - 2 由 m 个子模块构成的软件系统 P，各模块的结构复杂度为 F_j，则软件系统的结构复杂度为：

$$Z = \prod_{j=1}^{m} F_j \qquad (9-6)$$

实践表明，当 $k_j \leqslant -1$ 时，该模块可能规模偏小，需同其他模块合并；当 $K_j \geqslant 1$ 时，该模块可能规模偏大，需要进行再分解或调整控制流，使各节点的复杂度达到基本均衡，从而降低整个系统结构的复杂度。

9.1.2 结构复杂度度量的自动实现

定义 9 - 3 系统中模块所在层深度编号构成的行向量定义为：$X = [x_1, x_2, x_3, \ldots, x_m]$。

定义 9 - 4 系统中模块集合 $S = (p_1, p_2, p_3, \ldots, p_m)$，扇入矩阵 $A_{m \times m}$ 定义为：

$$a_{ij} = \begin{cases} 1 & \text{当 } p_j \text{ 到 } p_i \text{ 存在扇入} \\ 0 & \text{当 } p_j \text{ 到 } p_i \text{ 不存在扇入} \end{cases}$$

事实上，扇入矩阵和扇出矩阵互为转置矩阵，即扇出矩阵 $B_{m \times m} = A_{m \times m}^{\mathrm{T}}$。

令矩阵 $N_{m \times m}$ 为：

$$n_{ij} = \begin{cases} e^{|x_i - x_j + 1|} & \text{当 } a_{ij} = 1 \\ 0 & \text{当 } a_{ij} = 0 \end{cases}$$

令矩阵 $\boldsymbol{W}_{m \times m}$ 为：

$$w_{ij} = \begin{cases} 2^{|x_i - x_j - 1|} & \text{当 } b_{ij} = 1 \\ 0 & \text{当 } b_{ij} = 0 \end{cases}$$

其中, e = 2.718 28。

定义 9-5　系统中模块的对称层权值 $(y_1, y_2, y_3, \ldots, y_m)$ 构成的对角矩阵 $\boldsymbol{H}_{m \times m}$ 定义为：

$$h_{ij} = y_i; \text{当 } j \neq i \text{ 时}, h_{ij} = 0$$

令对角矩阵 $\boldsymbol{D}_{m \times m}$ 为：

$$d_{ii} = m \times \sum_{j=1}^{m} n_{ij}; \text{当 } j \neq i \text{ 时}, d_{ij} = 0$$

则模块的扇入复杂度对角矩阵 $\boldsymbol{R}_{m \times m}$ 为: $\boldsymbol{R} = \boldsymbol{D} \times \boldsymbol{H}$。

同理, 令对角矩阵 $\boldsymbol{G}_{m \times m}$ 为：

$$g_{ii} = m \sum_{j=1}^{m} w_{ij}; \text{当 } j \neq i \text{ 时}, g_{ij} = 0$$

则模块的扇出复杂度对角矩阵 $\boldsymbol{C}_{m \times m}$ 为: $\boldsymbol{C} = \boldsymbol{G} \times \boldsymbol{H}$。

系统模块的总复杂度对角矩阵 $\boldsymbol{F}_{m \times m}$ 为：

$$f_{ii} = \sqrt[s]{c_{ii} + r_{ij}}; \text{当 } j \neq i \text{ 时}, f_{ij} = 0$$

系统模块的平均复杂度

$$\overline{F} = \frac{1}{m} \times \sum_{i=1}^{m} f_{ii}$$

系统模块的平均复杂度偏差对角矩阵 $\boldsymbol{K}_{m \times m}$ 为：

$$k_{ii} = \frac{f_{ii} - \overline{F}}{\overline{F}}; \text{当 } j \neq i \text{ 时}, k_{ij} = 0$$

软件系统的结构复杂度

$$Z = \prod_{i=1}^{m} F_{ii}$$

基于扇入／扇出的软件结构复杂度定量度量方法使用简单方便, 在繁杂的程序设计开始之前就能对系统各模块以及整个系统的结构复杂度进行有效的度量分析, 从而对不同的系统设计方案进行比较、评价、选优, 对不合理的模块和控制流进行重新划分和调整, 使系统复杂度达到整体上的优化。

基于上述数学模型的自动实现使用了矩阵方法, 只要给出系统模块的扇入矩阵或扇出矩阵、模块深度层编号、对称层权值,使用任一种计算机语言即可实现软件系统和模块的结构复杂度自动计算。

9.2　程序嵌套结构复杂度分析

估算一个程序复杂度主要是考虑其中使用的嵌套结构,特别是嵌套结构的关联复杂度计算问题。本节综合利用 Halstead 和 MaCabe 复杂度定义来介绍计算嵌套结构复杂度的方法。

定义 9-6(MaCabe 复杂度)　一个程序的流程图对应的强连通程序图(添加流程图中从出口到入口的弧)中线性无关的有向环的数目,称为程序的环形复杂度。

MaCabe 研究发现,一般程序模块中的环形复杂度不超过 10。

定义 9-7(Halstead 复杂度)　一个程序中包含的运算符和操作数总数 H 可由下式表示:

$$H = n_1 \text{lb} 2n_1 + n_2 \text{lb} 2n_2$$

其中,H 是程序中运算符和操作数的总数,$n1$ 是程序中不同操作符(关键字)的个数,$n2$ 是程序中不同操作数(变量和常量)的个数。

由此可知,程序复杂度是由程序中不同操作数和不同操作符的个数决定的。

定义 9-8(嵌套关联复杂度)　程序嵌套结构中各结构之间的关联带来的程序复杂度增加,称为程序的嵌套关联复杂度。

这是程序复杂度估算中较难计算的部分,但它确实存在。

采用环数来估算程序复杂度,则有:

$$C = C_m + C_c$$

式中,C 表示程序复杂度,C_m 表示 McCabe 复杂度,C_c 表示嵌套关联复杂度。

分析嵌套结构的关联可以发现,它们的复杂度主要是由各结构之间具有的相同操作数(特别是变量)引起的。采用两个结构中所共有的相同变量来计算关联复杂度,这符合 Halstead 定义。因此,定义:

$$C'_c = C_b + C_v$$

式中,C'_c 是两结构的关联复杂度,C_b 是基数复杂度,C_v 是两结构拥有相同变量引起的复杂度。C 是各 C'_c 之和。

进一步分析发现,嵌套结构中的各结构间共有变量通常是分支条件变量或循环变量,而这种变量一般总是 1～3 个。《软件工程导论》一书给出了两结构的关联复杂度值约为 0.5,可取 $C_b = 0.2$,$C_v = 0.2n$(n 是两结构间共有的相同变量个数)。

令 x_{ij} 为第 i 层(从嵌套结构内层向外计算)与第 j 层之间的关联复杂度,则:

$$x_{ij} = \begin{cases} 0 & i = j \\ 0.2(1+n) & i \neq j \end{cases}$$

在计算第 i 层变量数时,隐藏掉第 $i-1$ 层结构以内的语句,由关联复杂度构成一个对称矩阵:

$$\begin{bmatrix} 0 & \lambda_{12} & \lambda_{13} & \cdots & \lambda_{1m} \\ \lambda_{21} & 0 & \lambda_{23} & \cdots & \lambda_{2m} \\ \vdots & \vdots & \vdots & & \vdots \\ \lambda_{m1} & \lambda_{m2} & \lambda_{m3} & \cdots & 0 \end{bmatrix}$$

只考虑 $i < j$ 时的关联复杂度,整个嵌套结构的复杂度可以表示为:

$$\begin{bmatrix} \lambda_1 & \lambda_{12} & \lambda_{13} & \cdots & \lambda_{1m} \\ 0 & \lambda_2 & \lambda_{23} & \cdots & \lambda_{2m} \\ \vdots & \vdots & \vdots & & \vdots \\ 0 & 0 & 0 & \cdots & \lambda_m \end{bmatrix}$$

其中,λ_i 是第 i 层拥有的串行结构数目,λ_{ij} 是关联复杂度。求矩阵各元素之和就可以得到嵌套结构复杂度。

举例如下:

假设口袋中有红、黄、蓝、白、黑 5 种颜色球若干个,每次从中取出 3 个,问得到 3 种不同颜色球的可能取法。程序如下:

```
void main()
{
    enum color = {red,yellow,blue,white,black};
    enum color i,j,k,pri;
    int n,loop;
    n = 0;
    for(i = red;i< = black;i ++ )
        for(j = red;j< = black;j ++ )
            if(i! = j)
            {
                for(k = red;k< = black;k ++ )
                {
                    if((k! = i)&&(k! = j))
```

```
        {
            n++;
            printf("%-4d",n);
            for(loop=1;loop<=3;loop++)
            {
                switch(loop)
                {
                case 1:
                    pri=i;
                    break;
                case 2:
                    pri=j;
                    break;
                case 3:
                    pri=k;
                    break;
                default:
                    break;
                }
                switch(pri)
                {
                case red:
                    printf("%-10s","red");
                    break;
                case yellow:
                    printf("%-10s","yellow");
                    break;
                case blue:
                    printf("%-10s","blue");
                    break;
                case white:
                    printf("%-10s","white");
                    break;
                case black:
```

```
                    printf("% - 10s","black");
                    break;
                default:
                    break;
                }
            }//end: for(loop = 1;loop<= 3;loop ++ )
        }//end: if((k! = i)&&(k! = j))
        printf("\n");
    } //end: for(k = red;k< = black;k ++ )
}//end: if(i! = j)
}
```

嵌套结构中各层拥有的变量数、结构数如表 9 - 1 所示。

表 9 - 1   程序嵌套结构中拥有的变量数和结构数

层数	拥有变量数	拥有结构数
1	$i, j, k, pri,$ loop	2
2	loop	1
3	i, j, k, n	1
4	k	1
5	i, j	1
6	j	1
7	i	1

复杂矩阵为:

$$\begin{bmatrix} 2 & 0.4 & 0.8 & 0.4 & 0.6 & 0.4 & 0.4 \\ 0 & 1 & 0.2 & 0.2 & 0.2 & 0.2 & 0.2 \\ 0 & 0 & 1 & 0.4 & 0.6 & 0.4 & 0.4 \\ 0 & 0 & 0 & 1 & 0.2 & 0.2 & 0.2 \\ 0 & 0 & 0 & 0 & 1 & 0.4 & 0.4 \\ 0 & 0 & 0 & 0 & 0 & 1 & 0.2 \\ 0 & 0 & 0 & 0 & 0 & 0 & 1 \end{bmatrix}$$

嵌套结构复杂度为 15.4,也即程序复杂度。

9.3　递归函数时间复杂度分析

9.3.1　渐进算法分析

渐进算法分析是对一种算法所消耗资源的估算，它可以估算出当问题规模（一般指算法的输入量。例如在排序问题中，问题规模一般可以用被排序的记录个数来衡量）变大时，一种算法及实现它的程序的效率。算法设计者可以据此判断一种算法在实现时是否会遇到资源限制的问题。影响时间代价的最主要因素一般来说是输入的规模，经常把执行算法所需要的时间 T 写成问题规模 n 的函数，记作 $T(n)$。

渐近算法分析（简称算法分析）是一种估算方法，它采用增长率的概念来描述算法的时间代价，即当问题规模增大时，算法时间代价增长的速度。算法运行时间的上限表示法可能有的最高增长率，即为消耗资源的最大值；算法运行时间的下限描述算法在某类数据输入时所需要的资源最少。大 O 表示法和 Ω 表示法使我们能够描述某一算法的上限（如果能找到某一类输入下开销最大的函数）和下限（如果能找到某一类输入下开销最小的函数）。

定义 9-9　若存在两个正常数 c 和 n_0，对于 $n \geqslant n_0$，有 $T(n) \leqslant cf(n)$ 成立，则称 $T(n)$ 在集合 $O(f(n))$ 中。

常数是使上限成立的 n 的最小值。必须能够找出这样一个常数 c，而 c 确切是多少却无关紧要。换言之，对于所有的这类（比如最差情况）输入，只要输入规模足够大，该算法总是能在 $cf(n)$ 步内完成。

例如，假设某个程序经过详细分析后得到的结果是其运算的次数与参数 n 有关：

$$N(n) = 3n^2 + 11n - 45$$

在这个多项式中，主导整个函数并且增长率最快的是 n^2 项。一般而言，在一个多项式中主导的项是具有最高次的那一项。在上述函数中，如果使用 n^2 项而不是使用整个公式时，函数会随着 n 的变大而无限接近正确的值。这主要是因为该函数中 n^2 项的增长比其他两个项的增长速度块，因此其他两个项都可以被忽略。对于较大的 n 值，这个函数基本上是一个 $3n^2$ 的处理程序。

此外，目前常见的复杂度有下列几种情形。

(1) $O(1)$ 或者 $O(c)$：常数时间（constant time），这表示算法的执行时间是一个常数的倍数，而忽略数据集合大小的变化。

(2) $O(n)$:线性时间(linear time),它执行的时间会随数据集合的大小而线性增长。

(3) $O(\text{lb}n)$:次线性时间(sub-linear time),它的增长速度比线性程序慢,但比常数的情形快。

(4) $O(n^2)$:平方时间(quadratic time),算法的执行时间会成二次方地增长。

(5) $O(n^3)$:立方时间(cubic time)。

(6) $O(2^n)$:指数时间(exponential time)。

(7) $O(n\text{lb}n)$:介于线性及二次方增长的中间模式。

定义 9-10　若存在两个正常数 c 和 n_0,对于 $n \geqslant n_0$,有 $T(n) \geqslant cg(n)$ 成立,则称 $T(n)$ 在集合 $\Omega(g(n))$ 中。大 O 表示法描述某一算法的上限,即当输入规模为 n 时,一种算法消耗时间的最大值。我们总是试图给算法的时间代价找一个最小的上限。Ω 表示法描述算法的下限,即一种算法消耗时间的最小值。同样,也是试图给算法时间代价找一个最大的下限。

定义 9-11　若存在 3 个正常数 c_1,c_2 和 n_0,对于 $n \geqslant n_0$,有 $c_1 g(n) \leqslant T(n) \leqslant c_2 g(n)$ 成立,即算法的上限和下限相同,则称 $T(n)$ 在集合 $\Theta(g(n))$ 中。

以 $3n+2$ 为例:

当 $n \geqslant 2$ 时,$3n+2 \leqslant 4n$,即 $3n+2 = O(n)$;

当 $n \geqslant 1$ 时,$3n+2 \geqslant 3n$,即 $3n+2 = \Omega(n)$;

则可以得出结论:$3n+2 = \Theta(n)$。

9.3.2　递归函数的分析方法

(1) 估计上下限

解决递归问题的第一种方法是猜测答案,然后试着证明其正确。如果给出了一个正确的上下限估计,经过归纳证明就可以验证事实。如果证明成功,那么就试着收缩上下限;如果证明失败,那么就放松限制再试着证明,一旦上下限符合要求就完成了。当只查找近似复杂度时,这是一种很有用的技术。例如,可以使用猜测技术分析二路归并排序的时间复杂度。

二路归并排序是对一个长度为 n 的表进行处理,把它分成两半,对每一半完成归并排序,最后在第 n 步把两个子表合到一起。其运行时间用下面的递归函数描述:

$$T(n) = 2T(n/2) + n; \quad T(2) = 1$$

也就是说,在输入长度为 n 的情况下,算法的代价是输入长度为 $n/2$ 时代价的 2 倍(对归并排序的递归调用)加上 n(把两个子表合在一起的时间)。

我们可以从猜测这个递归有一个上限 $O(n^2)$ 开始,更确切地说,假定 $T(n) \leqslant n^2$,通过归纳法证明这个猜测是正确的。在这个证明中,为了使计算更方便,假定 n 是 2 的乘方。

对于最基本的情况,$T(2) = 1 \leqslant 2^2$。对于所有的 $n = 2^N, 1 \leqslant N$,假设 $T(i) \leqslant i^2$,对于所有 $i \leqslant n$。而 $T(2n) = 2T(n) + 2n \leqslant 2n^2 + 2n \leqslant 4n^2 \leqslant (2n)^2$。这样我们就证明了 $T(n)$ 在 $O(n^2)$ 中。

在倒数第二步我们从 $2n^2 + 2n$ 到达更大的 $4n^2$,这表明 $O(n^2)$ 是一个很高的估计。如果我们的猜测更小一些,例如对于某个常数 $c, T(n) \leqslant cn$,很明显,这样做不行。这样真正的代价一定在 cn 和 n^2 之间。

再试一试 $T(n) = n \mathrm{lb} n$。对于最基本的情况,按递归的定义设置 $T(2) = 1 \leqslant (2 \mathrm{lb} 2) = 2$。假定 $T(n) \leqslant n \mathrm{lb} n$,那么,$T(2n) \leqslant 2T(n) + 2n \leqslant 2n \mathrm{lb} n + 2n \leqslant 2n(\mathrm{lb} n + 1) \leqslant 2n \mathrm{lb}(2n)$。这就是我们要证明的,$T(n)$ 在 $O(n \mathrm{lb} n)$ 中。类似地我们可以证明 $T(n)$ 在 $\Omega(n \mathrm{lb} n)$ 中,这样 $T(n)$ 也是 $\Theta(n \mathrm{lb} n)$。

（2）扩展递归

如果只需要答案的一个近似解,上下限估计是有效的,而要找到精确的答案,就需要更精确的技术,其中一种技术就是扩展递归。在这种方法中,方程右边较小的项被依次根据定义代替,这就是扩展步。这些项被再次扩展,依次下去,直到没有递归结果的一个完整系列,这样就会得到一个求和问题,然后就可以使用解决求和问题的技术了。

例如,为递归关系 $T(n) = 2T(n/2) + 5n^2; T(1) = 7$ 找到解。

为了简单起见,我们假定 n 是 2 的乘方,因此我们把它重新写为 $n = 2^k$。递归关系可以像下面这样扩展:

$$T(n) = 2T(\frac{n}{2}) + 5n^2 = 2(2T(\frac{n}{4}) + 5(\frac{n}{2})^2) + 5n^2$$

$$= 2(2(T(\frac{n}{8}) + 5(\frac{n}{4})^2 + 5(\frac{n}{2})^2) + 5n^2)$$

$$= 2^k T(1) + 2^{k-1} \times 5(\frac{n}{2^{k-1}})^2 + \cdots + 2 \times 5(\frac{n}{2})^2 + 5n^2$$

最后这个表达式可以使用如下的求和表示:

$$T(n) = 7n + 5 \sum_{i=0}^{k-1} \frac{n^2}{2^i} = 7n + 5n^2 \sum_{i=0}^{k-1} \frac{1}{2^i} = 7n + 5n^2(2 - \frac{1}{2^{k-1}})$$

$$= 7n + 5n^2(2 - \frac{2}{n}) = 10n^2 - 3n$$

这就是 n 为 2 的乘方时递归关系的精确解答。

(3) 分治递归

解决递归的第三种方法是对于某类问题利用分治法。这类问题具有的形式是:$T(n) = aT(n/b) + cn^k$;$T(1) = c$。其中 a,b,c,k 都是常数。一般来说,这个递归描述了大小为 n 的问题分成 a 个大小为 n/b 的子问题,而 cnk 是合并各个部分解答需要的工作量。归并排序和二分法检索都是分治递归的例子。我们使用扩展递归的方法对分治递归推导出一般形式的解法,假定 $n = b^m$,则:

$$T(n) = a(a(T(\frac{n}{b^2}) + c(\frac{n}{b})^k) + cn^k)$$

$$= a^m T(1) + a^{m-1} c(\frac{n}{b^{m-1}})^k + \cdots + ac(\frac{n}{b})^k + cn^k$$

$$= c\sum_{i=0}^{m} a^{m-1} b^{ik} = ca^m \sum_{i=0}^{m} (\frac{b^k}{a})^i$$

注意:$a^m = a^{\log_b n} = n^{\log_b a}$。这是一个几何级数的求和问题,它依赖于比率 $r = \dfrac{b^k}{a}$,具体有三种情况:

① $r < 1$,此时 $\sum\limits_{i=0}^{m} r^i < \dfrac{1}{1-r}$,这样 $T(n) = \Theta(ca^m) = \Theta(n^{\log_b a})$;

② $r = 1$,此时 $\sum\limits_{i=0}^{m} r = m + 1 = \log_b n + 1$,由 $a^m = n^{\log_b a} = n^k$,可得 $T(n) = \Theta(n^k \mathrm{lb} n)$;

③ $r > 1$,此时 $\quad \sum\limits_{i=0}^{m} r^i = \dfrac{r^{m+1} - 1}{r - 1} = \Theta(r^m)$

$$T(n) = \Theta(a^m r^m) = \Theta(a^m (\frac{b^k}{a})^m) = \Theta(b^{km}) = \Theta(n^k)$$

我们可以把上面的推导概括为下面的公式:

$$T(n) = \begin{cases} \Theta(n \log_b a) & \text{如果 } a > b^k \\ \Theta(n^k \mathrm{lb} n) & \text{如果 } a = b^k \\ \Theta(n^k) & \text{如果 } a < b^k \end{cases}$$

作为一个例子,使用该定理解决二路归并排序的递归关系:

$$T(n) = 2T(n/2) + n; T(2) = 1$$

由于 $a = 2, b = 2, c = 1, k = 1$,应用定理的第二种情况:

$$T(n) = \Theta(n\mathrm{lb}n)$$

（4）快速排序的平均情况分析

对于快速排序的平均情况分析具有如下递归关系：

$$T(n) = cn + 2/n\sum_{k=0}^{n-1}T(k), (k = 0,1,2,\ldots,n-1)$$

其中，cn 为对 n 个记录进行一次快速排序的时间，它和记录数 n 成正比；$T(k)$ 为对第 k 个元素进行快速排序的时间。把上式两边都乘以 n，然后从 $(n+1)T(n+1)$ 中减去 $nT(n)$，有：

$$nT(n) = cn^2 + 2\sum_{k=0}^{n-1}T(k)$$

$$(n+1)T(n+1) = c(n+1)^2 + 2\sum_{k=1}^{n}T(k)$$

$$(n+1)T(n+1) - nT(n) = c(n+1)^2 - cn^2 + 2T(n)$$

$$T(n+1) = c\frac{2n+1}{n+1} + \frac{n+2}{n+1}T(n)$$

设 $c_1 = c\dfrac{2n+1}{n+1}$，扩展递归关系，得到：

$$\begin{aligned}
T(n+1) &= c_1 + \frac{n+2}{n+1}T(n)\\
&= c_1 + \frac{n+2}{n+1}(c_1 + \frac{n+1}{n}T(n-1))\\
&= c_1 + \frac{n+2}{n+1}(c_1 + \cdots + \frac{4}{3}(c_1 + \frac{3}{2}T(1))\\
&= c_1 + (1 + (n+2))(\frac{1}{n+1} + \frac{1}{n} + \cdots + \frac{1}{2})\\
&= c_1 + c_1(n+2)(H_{n+1} - 1)
\end{aligned}$$

其中 H_{n+1} 是调和级数，因此 $H_{n+1} = \Theta(\mathrm{lb}n)$，而这个和是 $\Theta(n\mathrm{lb}n)$。

递归是程序设计中一个强有力的工具，由于递归函数结构清晰，程序易读，而且它的正确性容易得到证明，这给用户编制和调试程序带来很大方便。但是，在实际应用中应该正确地分析递归函数的时间性能。

9.4　简化法则对程序算法时间复杂度的估算

由于算法的时间复杂度考虑的只是对于问题规模的增长率，则在难以精确计算基本操作执行次数的情况下，只需求出它关于 n 的增长率即可。因此我们并不需要严格遵循定义来推导，而可以用下面的法则来求得其最简形式。

渐进分析化简四法则：

(l) 若 $f(n)$ 在 $O(g(n))$ 中，且 $g(n)$ 在 $O(h(n))$ 中，则 $f(n)$ 在 $O(h(n))$ 中；

(2) 若 $f(n)$ 在 $O(Kg(n))$ 中，对于任意常数 $K > 0$ 成立，则 $f(n)$ 在 $O(g(n))$ 中；

(3) 若 $f_1(n)$ 在 $O(g_1(n))$ 中，且 $f_2(n)$ 在 $O(g_2(n))$ 中，则 $f_1(n) + f_2(n)$ 在 $O(\max(g_1(n), g_2(n)))$ 中；

(4) 若 $f_1(n)$ 在 $O(g_1(n))$ 中，且 $f_2(n)$ 在 $O(g_2(n))$ 中，则 $f_1(n)f_2(n)$ 在 $O(g_1(n)g_2(n))$ 中。

法则(1)表明，如果 $g(n)$ 是算法代价函数的一个上限，则 $g(n)$ 的任意上限也是该算法代价的上限。

法则(2)的意义在于使我们能够忽略 O 表示法中的常数因子。

法则(3)说明，顺序给出一个程序的两个部分(两组语句或两段代码)，我们只需要考虑其中开销较大的部分。

法则(4)用于分析程序中的简单循环。如果要有限次地重复某种操作，且每次重复的开销相等，则总开销为每次的开销与重复次数之积。

综合考虑前三条性质，我们可以在计算任何算法开销的近似增长率时，忽略所有的常数和低次项。因为当 n 增大时，相对高次项来说，低次项在总开销中所占的比例微乎其微，因此，如果 $T(n) = 3n^4 + 2n^2$，可以说 $T(n)$ 在 $T(n^4)$ 中，因为 n^2 项对于总体开销来说无足轻重。

下面通过一个程序段，来说明在计算程序运行时间时如何运用简化法则。

```
sum = 0;
for(j = 1; j <= n; j ++)          // 第一个 for 循环
    for(i = l; i <= j; i ++);      // 嵌套的循环
        sum ++;
for(k = 1; k <= n; k ++)          // 第二个 for 循环
    a[k] = k - 1;
```

该程序段有三个相对独立的片断：一个赋值语句和两个 for 循环结构。赋值语句的时间代价为常量，记作 C_1。

第一个 for 循环的时间代价计算略微复杂一些。我们从内层循环入手：运行 sum++ 需要的时间为一常量，记作 C_2；内层循环执行 j 次，根据法则(4)，时间开销为 C_{2j}；外层循环共执行 n 次。

但是每一次内层循环的时间开销都因 j 的变化而不同。可以看到，第一次执行外层循环时 $j = 1$，第 2 次执行时 $j = 2$。每执行一次外层循环，j 就以 1 的步长递增，直到最后一次 $j = n$。因此第一个 for 循环的时间开销为：

$$1 + 2 + 3 + \cdots\cdots + n = n(n+1)/2$$

忽略常数项和低次项，即为 $O(n^2)$。第二个 for 循环重复了 n 次，其赋值语句的时间代价也为常量，记作 C_3。根据法则（4），第二个 for 循环的时间开销为 $C_3 n$。

根据法则（3），总运行时间为 $O(C_1 + C_2 n^2 + C_3 n)$，可化简为 $O(n^2)$。

由此得出，该程序段的时间复杂度为 $O(n^2)$。

小　结

（1）讲述了程序结构复杂度的分析方法，包括程序结构复杂度的度量与建模，结构复杂度度量的自动实现。

（2）讲述了程序嵌套结构复杂度的分析，描述了 Halstead 和 Ma-Cabe 复杂度定义，并综合利用二者的复杂度定义，讲述了计算嵌套结构复杂度的方法。

（3）讲述了递归函数时间复杂度的分析，包括渐进算法分析和递归函数的分析方法。重点讲述了估计上下限、扩展递归、分治递归等方法。

第 10 章　程序设计优化方法

10.1　程序优化的内容与基本方法

10.1.1　程序优化的内容与原则

对程序进行优化,通常是指优化程序代码或程序执行速度。优化代码和优化速度实际上是一个矛盾的统一,一般是优化了代码的尺寸,就会带来执行时间的增加,如果优化了程序的执行速度,通常会带来代码增加的副作用,很难鱼与熊掌兼得,只能在设计时掌握一个平衡点。

如果我们确实需要对某些代码进行实质性的优化,那么首先要清楚哪一部分代码的执行最浪费时间。往往最浪费时间的代码很少,大部分是大量的循环最占用时间。

优化的级别也有区别,常分为三类:算法级优化,语言级优化,指令级优化。

体现一个程序员水平最重要的地方就是算法。一个好的算法使用非常少的代码就能实现原来很复杂的操作,但这是很难做到的。尤其是这些算法经常与负载的状况有关,所以需要比较和测试才能有好的效果。

语言级优化就是采用较少的程序语言代码来代替冗长的代码块,例如,把某些赋值语句放到多重循环的外面、使用 inline 函数、使用指针、用引用代替结构赋值、使用指针的移动代替内存拷贝、把初始化操作放在一开始而不是循环中间,等等。它所遵循的原则是"无代码"原则,减少需要执行的语句是提高速度的最直接的做法。这样的程序比较简捷,运行效果也比较稳定。

指令级优化则要深入得多,这里所用的语言一般是汇编语言。这种方法的调试和测试比较复杂,程序不太容易看懂,也更容易出错,结果有时与硬件有关。这种方法一般被高级程序员所使用,所针对的代码数量应该比较少,仅是关键的部分。这样的优化是以指令周期作为单位的。

优化的内容一般有:

· 代码替换

使用周期短的指令代替周期长的指令。例如,使用左移指令代替乘数是 2 的倍数的乘法;使用倒数指令(如果有的话)代替除法指令。这要求程序员对 80x86 的每一条指令都很熟悉。

- 减少分支预测

这是 Pentium 以上 CPU 特有的功能,它会在执行该指令前预读一些指令,但是如果有分支就会造成预读的失效。

- 并行指令

这是 Pentium 以上 CPU 特有的多流水线的优势,两条(或多条,在 Pentium Pro 以上)参数无关的指令可以被并行执行。

- MMX 指令

在处理大量字节型数据时可以用到它,一次可以处理 8 个字节的数据。

- 指令的预读

在读取大量数据时,如果该数据不在缓存里,将会浪费很多时间,因此需要提前把数据放在缓存中。这个功能在 Pentium II 的下一代 CPU 中出现。

优化原则有以下 3 条:

- 等价原则

经过优化后不应改变程序运行的功能。

- 有效原则

使优化后所产生的目标代码运行时间确实较短,占用的空间确实较小。

- 合算原则

应尽可能以较低的代价取得较好的优化效果,应当为值得优化的程序进行优化。

在优化时要注意如下问题:

- 不要本末倒置

先优化大的内容再优化小的部分,这样才总能找到最耗费时间的地方而优化它。

- 要经常比较

需要对每一种可能的方法进行比较,而不能只听信参考文献上所写的方法。

- 要在效率和可读性上掌握好平衡

不要只要求速度而不管结构如何,最后造成隐藏的错误。

10.1.2　程序结构优化的基本方法

(1) 程序的书写结构

虽然书写格式并不会影响生成的代码质量,但是在实际编写程序时还是应该遵循一定的书写规则。一个书写清晰、明了的程序,有利于以后的维护。在书写程序时,特别是对于 while、for、do…while、if…else、switch…case 等语句或这些语句嵌套组合时,应采用"缩格"的书写形式。

(2) 标识符

程序中使用的用户标识符除了要遵循标识符的命名规则以外,一般不要用代数符号(如 a、b、x1、y1)作为变量名,应选取具有相关含义的英文单词(或缩写)或汉语拼音作为标识符,以增加程序的可读性,如 count、number1、red、work 等。

(3) 程序结构

计算机语言具有完备的规范化流程控制结构,因此在使用计算机语言进行程序设计时,首先要注意尽可能采用良好的程序设计方法,这样可使整个应用系统程序结构清晰,便于调试和维护。对于一个较大的应用程序,通常将整个程序按功能分成若干个模块,不同模块完成不同的功能。各个模块可以分别编写,甚至还可以由不同的程序员编写。一般单个模块完成的功能较为简单,设计和调试也相对容易一些。例如,一个函数就可以认为是一个模块。所谓程序模块化,不仅是要将整个程序划分成若干个功能模块,更重要的是,还应该注意保持各个模块之间变量的相对独立性,即保持模块的独立性,尽量少使用全局变量等。对于一些常用的功能模块,还可以封装为一个程序库,以便需要时可以直接调用。但是在使用模块化时,如果将模块分得太细或者太小,又会导致程序的执行效率变低(进入和退出一个函数时保护和恢复寄存器会占用一些时间)。

(4) 定义常数

在程序化设计过程中,对于经常使用的一些常数,如果将它直接写到程序中去,一旦常数的数值发生变化,就必须逐个找出程序中所有的常数,并逐一进行修改,这样必然会降低程序的可维护性。因此,应尽量采用预处理命令方式来定义常数,这样还可以避免输入错误。

(5) 使用条件编译

能够使用条件编译(ifdef)的地方应当使用条件编译而不使用 if 语句,这样有利于减少编译生成的代码的长度。

（6）表达式

对于一个表达式中各种运算执行的优先顺序不太明确或容易混淆的地方，应当采用圆括号明确指定它们的优先顺序。一个表达式通常不能写得太复杂，如果表达式太复杂，不利于以后的维护。

（7）函数

在大部分程序设计语言中，在使用函数之前应对函数的类型进行说明，对函数类型的说明必须保证它与原来定义的函数类型一致，对于没有参数和没有返回值类型的函数应加上"void"说明。如果需要缩短代码的长度，可以将程序中一些公共的程序段定义为函数。如果需要缩短程序的执行时间，在程序调试结束后，将部分函数用宏定义来代替。注意，应该在程序调试结束后再定义宏，因为大多数编译系统在宏展开之后才会报告错误，这样会增加排错的难度。

（8）全局变量与局部变量

尽量少用全局变量，多用局部变量。因为全局变量是放在数据存储器中的，定义一个全局变量，MCU 就少一个可以利用的数据存储器空间，如果定义了太多的全局变量，会导致编译器无足够的内存可以分配。而局部变量大多定位于 MCU 内部的寄存器中，在绝大多数 MCU 中，使用寄存器的操作速度比数据存储器快，指令也更多更灵活，有利于生成质量更高的代码，而且局部变量所占用的寄存器和数据存储器在不同的模块中可以重复利用。

（9）设定合适的编译程序选项

许多编译程序有几种不同的优化选项，在使用前应理解各优化选项的含义，然后选用最合适的一种优化方式。通常情况下一旦选用最高级优化，编译程序会刻意地追求代码优化，这可能会影响程序的正确性，导致程序运行出错。因此，应熟悉所使用的编译器，应知道哪些参数在优化时会受到影响，哪些参数不会受到影响。

10.1.3　程序代码优化的基本方法

（1）选择合适的算法和数据结构

应该熟悉算法语言，知道各种算法的优缺点。用较快的二分查找法代替比较慢的顺序查找法，用快速排序、合并排序或根排序代替插入排序或冒泡排序法，都可以大大提高程序执行的效率。选择一种合适的数据结构也很重要，例如，要在一堆随机存放的数据中使用大量的插入和删除指令，那使用链表要快得多。

数组与指针具有十分密切的关系,一般来说,指针比较灵活简捷,而数组则比较直观,容易理解。对于大部分的计算机语言编译器,使用指针比使用数组生成的代码更短,执行效率更高。

(2) 使用尽量小的数据类型

能够使用字符型(char)定义的变量,就不要使用整型(int)变量;能够用整型变量定义的变量就不要用长整型(long int);特别是能不用浮点型(float)定义的变量就不要使用浮点型变量,因为使用浮点型变量会使程序代码增加很大。当然,在定义变量后不能超过变量的作用范围。

(3) 使用自加、自减指令

如果程序设计语言提供了自加、自减指令,使用自加、自减指令和复合赋值表达式(例如,a−=1 和 a+=1 等)都能够生成高质量的程序代码,编译器通常都能够生成 inc 和 dec 之类的指令,而使用 a=a+1 或 a=a−1 之类的指令,有很多编译器都会生成 2~3 个字节的指令。

(4) 减少运算的强度

可以使用运算量小但功能相同的表达式替换原来复杂的表达式。

以 C 语言为例:

①求余运算

a=a%8;

可以改为:

a=a&7;

说明:位操作只需一个指令周期即可完成,而大部分的 C 编译器的“%”运算均是调用子程序来完成的,代码长,执行速度慢。通常,只要是求 2^n 的余数,均可使用位操作的方法来代替。

②平方运算

a=pow(a,2.0);

可以改为:

a=a*a;

说明:乘法运算比求平方运算快得多。乘法运算的子程序比平方运算的子程序代码短,执行速度快。

如果是求 3 次方,如:

a=pow(a,3.0);

可更改为:

a=a*a*a;

则效率的改善更明显。

③用移位实现乘除法运算

a＝a＊4；

b＝b/4；

可以改为：

a＝a＜＜2；

b＝b＞＞2；

说明：如果需要乘以或除以 2^n，都可以用移位的方法代替。如果乘以 2^n，都不是调用子程序而是直接生成左移 n 位的代码，但乘以非 2^n 的整数或除以任何整数，则均调用乘除法子程序运算。

用移位的方法得到的代码比调用乘除法子程序生成的代码效率高得多。实际上，只要是乘以或除以一个整数，均可以用移位的方法得到结果。如：

a＝a＊9；

可以改为：

a＝(a＜＜3)＋a；

④少用浮点运算

int a＝200；

float b；

b＝a＊89.65；

在上例中，如果能够不使用浮点运算，而改为长整型：

int a＝200；

long int b；

b＝a＊8965/100；

则数值大小不变，但是生成的代码却少了很多。在很多情况下，如果忽略小数点部分对整个数值的影响不大，就忽略小数点部分，改为整型或长整型。如果在中间变量为浮点型且不能忽略小数点的情况下，也可以将其乘以 10^n 后转换为长整型数，但在最后运算时应记着除以 10^n。

(5) 循环

①循环语句

对于一些不需要循环变量参加运算的任务，可以把它们放到循环外面，这里的任务包括表达式、函数调用、指针运算、数组访问等。应该将没有必要执行多次的操作全部集合在一起，放到一个 init 的初始化程序中进行。

②延时函数

通常使用的延时函数均采用自加的形式：

```
void delay (void)
{
    unsigned int i;
    for (i = 0;i<1000;i++);
}
```

将其改为自减延时函数:

```
void delay (void)
{
    unsigned int i;
    for (i = 1000;i>0;i--);
}
```

两个函数的延时效果相似,但几乎所有的 C 编译器对后一种函数生成的代码均比前一种代码少 1~3 个字节,因为几乎所有的 MCU 均有为 0 转移的指令,采用后一种方式能够生成这类指令。

在使用 while 循环时也一样,使用自减指令控制循环会比使用自加指令控制循环生成的代码少 1~3 个字母。

③while 循环和 do…while 循环

用 while 循环时有以下两种循环形式:

```
unsigned int i;
i = 0;
while (i<1000)
{
    i++;
    //用户程序
}
```

或:

```
unsigned int i;
i = 1000;
do
{
    i--;
    //用户程序
}while (i>0);
```

在这两种循环中,使用 do…while 循环编译后生成的代码的长度短于 while 循环的代码长度。

（6）查表

在程序中一般不进行非常复杂的运算，例如浮点数的乘除及开方，以及一些复杂的数学模型的运算。对这些既消耗时间又消耗资源的运算，应尽量使用查表的方式，并且将数据表置于程序存储区。如果直接生成所需的表比较困难，也应尽量在启动时先计算，然后在数据存储器中生成所需的表，以后在程序运行时直接查表就可以了，这样减少了程序执行过程中重复计算的工作量。

（7）其他

例如，使用汇编语言以及将字符串和一些常量保存在程序存储器中，均能够优化生成的代码。

10.2　算法剖析与程序优化

算法和数据结构是程序设计的核心所在，算法的优劣在很大程度上决定了程序设计的质量。好的算法所体现的巧妙构思，对于启迪思路、程序优化起着不可低估的作用。本小节通过对一例算法的剖析，在充分展现该算法完美构思的同时，揭示了算法剖析对程序优化的重要意义。

设 n 为一正整数，任意给定一个十进制数 s，求出另外一个十进制数 t，使得将 s 和 t 两个数转换成 n 位二进制数时，它们的字符顺序相反。

由于计算机中数值的输入、输出都是十进制的，而计算机的内部运算却采用二进制，因此本程序抛弃了常用的算法构思（① 将十进制数 s 转化成二进制数；② 将该二进制数反序；③ 将反序后的二进制数转化成十进制数 t），而直接利用二进制数的特点进行了巧妙的构思，从而使程序显得简练和严密。

设 $k = 2^n$，为了使 $k > s > 0$，n 取十进制数 s 转化成二进制数时二进制数的位数（一般可以通过估算而得，允许位数适当放大，但过大则浪费）。不失一般性，设 $s = (18)_{10}$，经估算，该二进制数的位数为 5，取 $n = 5$，$k = 2^n = 2^5 = (32)_{10} = (100000)_2$。由于二进制数的基数为 2，只有 0、1 两个数码，问题即转化为：假设十进制数 s 转化成 5 位二进制数，将其定义为 $(a_1 a_2 a_3 a_4 a_5)_2$，即 $(s)_{10} = (a_1 a_2 a_3 a_4 a_5)_2$，其中 $a_i \in \{0,1\}$，$i = 1,2,3,4,5$。先将该二进制数与自身相加，而同一数相加等于该数乘以 2，即乘以二进制数 10，显然，其结果相当于整个数左移一位，右端补 0。这是构思中相当关键的一步，即：

$(s + s)_{10} = (a_1 a_2 a_3 a_4 a_5)_2 + (a_1 a_2 a_3 a_4 a_5)_2 = (a_1 a_2 a_3 a_4 a_5 0)_2 \Rightarrow s$

通过赋值，覆盖后产生新的 s。现在要判断 a_i 的值是 0 还是 1($i = 1, 2, 3, 4, 5$)，由 $s - k$ 可得：

$$
\begin{array}{c}
a_1\ a_2\ a_3\ a_4\ a_5\ 0 \\
-)\ 1\ 0\ 0\ 0\ 0\ 0 \\
\hline
\text{结果 } b
\end{array}
$$

结果 b 无非有两种可能：① 若结果 $b \geqslant 0$，则表明 $a_1 = 1$；② 若结果 $b < 0$，则表明 $a_1 = 0$。

下面继续使用上面的方法，当结果 $b \geqslant 0$，亦即 $a_1 = 1$ 时，显然结果 b 为 $(a_2 a_3 a_4 a_5 0)_2$($a_1 = 0$ 时仍为此结果)，将该值与自身相加，同上理得 $(a_2 a_3 a_4 a_5 00)_2 \Rightarrow s$。

由 $s - k$ 可得相减式：

$$
\begin{array}{c}
a_2\ a_3\ a_4\ a_5\ 0\ 0 \\
-)\ 1\ 0\ 0\ 0\ 0\ 0 \\
\hline
\text{结果 } b
\end{array}
$$

由该相减式，可知 a_2 的值。如此循环，可得出 a_i 的值($i = 1, 2, 3, 4, 5$)。这个构思正是该算法的精华所在。它巧妙地利用了 s 与 k 的关系，判断出 a_i 的值，然后将二进制数反序和转化为十进制数 t 一次完成。即：

$$
\begin{aligned}
t &= a_5 \times 2^4 + a_4 \times 2^3 + a_3 \times 2^2 + a_2 \times 2^1 + a_1 \times 2^0 \\
&= (((a_5 \times 2 + a_4) \times 2 + a_3) \times 2 + a_2) \times 2 + a_1
\end{aligned}
$$

根据该算法，可得下列程序：

```c
#include <stdio.h>
int main(int argc, char * argv[])
{
    int n,k,s,t,i;              //在实际算法中使用
    int j = 0, init = 0, pre = 0;     //处理 n 取太大时的情况
    printf("Please input n = ");
    scanf("%d",&n);
    printf("\n");
    k = 1<<n;                   //k = 2n
    do
    {
        printf("Please input s = ");
        scanf("%d",&s);
        printf("\n");
    }while((s>k) || (s<0));
```

```
t = 0;
for(i = 0; i<n; i++)
{
    s<< = 1;                  //s = s + s
    if(s> = k)
    {
        t + = (1<<(i - j)); //取出 aᵢ
        s - = k;
        pre = 1;              //标志第一个非 0 的开始
    }
    else
    {
        if((init == 0)&&(pre == 0))
                              //由于 n 太大,略去开始的多个 0
        j ++ ;
    }
}
printf("t = % d\n",t);
return 0;
}
```

该算法避免了直接利用将十进制数 s 中的整数除 2 取余,将 s 中的小数乘 2 取整,从而将十进制数 s 转化为具体的二进制数,再将该二进制数反序,转化为十进制数 t 输出的办法,而仅仅将十进制数 s 理解成二进制数处理,并将二进制数的反序及转化成十进制数一次完成,从而提高了程序的效率和精度。由此可见,对于具体问题,必须抓住问题的实质,在对算法反复推敲求精的基础上巧妙构思,才能设计出优秀的程序。程序设计的可塑性极大,要优化程序,算法剖析是必不可少的。

10.3　常用高级程序语言的优化

10.3.1　C 程序的常用优化方法

(1) 输入/输出的优化

如果有文件读写,那么对文件的访问将是影响程序运行速度的一大因素。提高文件访问速度的主要办法有两个:一是采用内存映射文件,二是使用内存缓冲。表 10 - 1 是一组来自《UNIX 环境高级编程》的测试数据,显示了用 18 种不同的缓存长度,读 1 468 802 字节文件所得到的结果。

表 10 - 1　不同缓存长度下的读文件测试数据

缓存长度(B)	用户 CPU(秒)	系统 CPU(秒)	时钟时间(秒)	循环次数(秒)
1	23.8	397.9	423.4	1 468 802
2	12.3	202.0	215.2	734 401
4	6.1	100.6	107.2	367 201
8	3.0	50.7	54.0	183 601
16	1.5	25.3	27.0	91 801
32	0.7	12.8	13.7	45 901
64	0.3	6.6	7.0	22 951
128	0.2	3.3	3.6	11 476
256	0.1	1.8	1.9	5 738
512	0.0	1.0	1.1	2 869
1 024	0.0	0.6	0.6	1 435
2 048	0.0	0.4	0.4	718
4 096	0.0	0.4	0.4	359
8 192	0.0	0.3	0.3	180
16 384	0.0	0.3	0.3	90
32 768	0.0	0.3	0.3	45
65 536	0.0	0.3	0.3	23
131 072	0.0	0.3	0.3	12

由表可见,一般当内存缓冲区大小为 8 192 B 的时候,性能就已经是最佳的了,这也就是为什么在 H.263 等图像编码程序中,缓冲区大小为 8 192 B 的原因(有的时候也取 2 048 B)。使用内存缓冲区方法的好处主要是便于移植,占用内存少,便于硬件实现等。下面是读取文件的 C 语言伪代码:

```
int len;
BYTE buffer[8192];
```

```
ASSERT(buffer = = NULL);
If buffer is empty
{
    len = read(file,buffer,8192);
    If(len = = 0)
        No data and exit;
}
```

当内存比较大的时候,采用内存映射文件可以达到更佳的性能,并且编程实现简单。以下是内存映射的一个程序段:

```
HANDLE hFile = CreateFile(MyFileName,
        GENERIC_WRITE | GENERIC_READ,
        FILE_SHARE_READ,
        NULL,
        CREATE_ALWAYS,
        FILE_ATTRIBUTE_NORMAL | FILE_FLAG_SEQUENTIAL_SCAN,
        NULL);
ASSERT(hFile! = INVALID_HANDLE_VALUE);          //创建文件
HANDLE hMapFile = CreateFileMapping(hFile,
                NULL,
                PAGE_READWRITE,
                0,
                m_c * m_Width * m_Height + 32768,
                NULL);
ASSERT(hMapFile! = NULL);                       //内存映射
output = (BYTE * )MapViewOfFile(hMapFile,
                FILE_MAP_WRITE,
                0,
                0,
                0);       //现在用 output 就像数组一样
.......
UnmapViewOfFile(output);                        //一定要注意顺序
CloseHandle(hMapFile);
SetFilePointer (hFile, (long)PixSum, NULL, FILE_BEGIN);
                                                //文件截尾
```

```
SetEndOfFile(hFile);
CloseHandle(hFile);
```

下面是一些建议：

① 内存映射文件不能超过虚拟内存的大小，最好不要太大，如果内存映射文件接近虚拟内存大小，反而会大大降低程序的速度（其实是因为虚拟内存不足导致系统运行效率降低），这时可以考虑分块映射。其实在这种情况下，应该直接使用内存缓冲。

② 可以将两种方法统一使用。例如，在处理大图像文件数据的时候（如果是 Unix 工作站，内存很大）可以使用内存映射文件，但是为了最佳性能，也使用了一行图像缓存，这样在读取文件中数据的时候，就保证了仅仅是顺序读写（内存映射文件中，对顺序读写有专门的优化）。

③ 在写文件的时候使用内存映射文件要有一点小技巧：应该先创建足够大的文件，然后将这个文件映射，在处理完这个文件的时候，用函数 SetFilePointer 和 SetEndOfFile 对文件进行截尾操作。

④ 对内存映射文件进行操作与对内存进行操作类似（使用起来就像数组一样），当有大块数据读写的时候，应该使用 memcpy 函数（或者 CopyMemory 函数）。

总之，如果要使用内存映射文件，必须满足以下条件：

① 处理的文件比较小；

② 如果处理的文件很大，要求运行环境的内存也很大，并且一般在运行该程序的时候不运行其他消耗内存大的程序，同时用户对速度有特别的要求，但对内存占用没有什么要求。

如果以上两个条件不满足的时候，建议使用内存缓冲区的办法。

（2）内存的优化

以下主要讲述对内存操作的优化，主要有数组的寻址、指针链表等，还有一些实用技巧。

① 优化数组的寻址

在编写程序时，常常使用一个一维数组 a[M×N] 来模拟二维数组 a[N][M]，这时访问 a[ ] 一维数组的时候，对于 a[j][i]，经常写为 a[j×M+i]。这样写当然是无可置疑的，但是每个寻址语句 j×M+i 都要进行一次乘法运算。现在再看看二维数值的寻址：C 编译器在申请二维数组和一维数组的内部细节上，其处理方式是不一样的，申请一个 a[N][M] 的数组要比申请一个 a[M×N] 的数组占用的空间大。二维数组的结构分为两部分：

（a）是一个指针数组，存储的是每一行的起始地址，这也就是为什么在 a[N][M] 中，a[j] 是一个指针而不是 a[j][0] 数据的原因。

（b）是真正的 M×N 的连续数据块，这解释了为什么一个二维数组可以像一维数组那样寻址的原因（即 a[j][i] 等同于 (a[0])[j×M+i]）。

清楚了这些，就可以知道二维数组要比（模拟该二维数组的）一维数组寻址效率高。因为 a[j][i] 的寻址仅仅是访问指针数组得到 j 行的地址，然后再加 i，是没有乘法运算的。

所以，在处理一维数组的时候，常常采用下面的优化办法（伪代码例子）：

```
int a[M * N];
int * b = a;
for(...)
{
    b[...] = ...;
    ...........
    b[...] = ...;
    b+ = M;
}
```

这是遍历访问数组的一个优化例子，每次 b+＝M 就使得 b 更新为下一行的头指针。当然，可以自己定义一个数组指针来存储每一行的起始地址，然后按照二维数组的寻址办法来处理一维数组。不过，在这种情况下，直接申请一个二维数组比较好。下面是动态申请和释放一个二维数组的 C 语言代码。

```
int get_mem2Dint(int *** array2D,int rows,int columns)
                                               //h.263 源代码
{
    int i;
    if((* array2D = (int ** )calloc(rows, sizeof(int * ))) = =
NULL)
        no_mem_exit(1);
    if((( * array2D)[0] = (int * )calloc(rows * columns,sizeof
(int))) = = NULL)
        no_mem_exit(1);
    for(i = 1 ; i<rows ; i + + )
```

```
            ( * array2D)[i] = ( * array2D)[i - 1] + columns;
        return rows * columns * sizeof(int);
    }
    void free _ mem2D(byte * * array2D)
    {
        if (array2D)
        {
            if (array2D[0])
                free (array2D[0]);
            else error("free _ mem2D: trying to free unused memo-
            ry",100);
            free (array2D);
        }
        else
        {
            error ("free _ mem2D: trying to free unused memory",
            100);
        }
    }
```

如果数组寻址有一个偏移量,不要写成 a[x+offset],而应该写成 b =a+offset,然后访问 b[x]。

如果程序对处理速度没有特别要求的话,这样的优化也就不必要了,毕竟可读性和可移植性是第一位的。

特别在图像处理中,因为经常需要访问大数组,这时候应注意 Cache 的访问,例如下面两段代码:

第一段:

```
//pbuffer 是一个 2000 × 1600 的 int 数组,用一维数组存放,
for(i = 0;i<1600; i++)
    for(j = 0; j<2000; j++)
        pbuffer[i * 1600 + j]++;
```

第二段:

```
for(j = 0; j<2000; j++)
    for(i = 0; i<1600; i++)
        pbuffer[i * 1600 + j]++;
```

这两段程序的计算量是一样的,但是时间是不一样的。在测试机器上,后一段程序所花的时间大约是第一段的 2～3 倍,原因是后一段的内存访问是不连续的,因此 Cache 的命中率会非常低,所以这时应采取的原则就是尽量访问相邻内存。

② 从负数开始的数组

在处理边界问题的时候,经常下标是从负数开始的,通常的处理方法是将边界处理分离出来,单独用额外的代码写。如果可以处理从负数开始的数组,边界处理就方便多了。

下面是静态使用一个从 -1 开始的数组:

int a[M];

int * pa=a+1;

现在如果使用 pa 访问 a,就是从 -1 到 M-2 了。如果动态申请 a,应使用 free(a),而不能使用 free(pa),因为 pa 不是数组的头地址。

③ 链表

采用链表的形式编写程序时,对内存的占用似乎少了,但是速度却减慢了。测试申请并遍历 10 000 个元素链表的时间与遍历相同元素的数组的时间,就会发现时间相差了百倍,因此建议在编写耗时大的代码时,尽可能不要采用链表。

实际上采用链表并不能真正节省内存,在编写很多算法的时候,我们知道要占用多少内存(至少也知道个大概),那么与其用链表一点点地消耗内存,不如用数组一步就把内存占用。

链表慢的原因有:

· 分配内存需要时间;

· 栈上的数组成员比堆上的动态分配速度快(堆上是先把指针变量放到寄存器,再去取元素);

链表适用于元素增加、删除的操作比较频繁的情况。

(3) 算法的优化

以下主要讲述一些常用的优化算法。

① C 语言特有的运算的优化

(a) 例如,将 $n/2$ 写为 $n>>1$ 是常用的方法。但是,要注意的是这两者不是完全等价的,因为如果 $n=3,n/2=1,n>>1=1$;但是,如果 $n=-3$,$n/2=-1,n>>1=-2$,所以在正数的时候,它们都是向下取整,但是在负数的时候就不一样了。

(b) $a=a+1$ 要写为 $a++$;$a=a+b$ 要写为 $a+=b$。

(c) 将多种运算融合:例如 $a[i++]$,就是先访问 $a[i]$,再令 i 加 1;从汇编的角度,这确实是优化的,如果写为 $a[i]$ 和 $i++$,就有可能会有两次对 i 变量的读,一次写(具体要看编译器的优化能力),但是如果写为 $a[i++]$,就一定只读写 i 变量一次。

② 以内存换速度

在大多数情况下,速度同内存(或者是性能)是不可兼得的。目前程序加速的常用算法多利用查表来避免计算(例如,对 jpg 有 huffman 码表,从 YUV 到 RGB 的变换也有变换表),这样原来的复杂计算现在仅仅查表就可以了,虽然浪费了内存,不过速度显著提升。在数据库查询方面也有这样的思想:将热点存储起来以加速查询。

现在介绍一个简单的例子:在程序中要经常计算 1 000 到 2 000 的阶乘,那么可以使用一个数组 $a[1\ 000]$ 先把这些值算好,保留下来,以后要计算 1 200! 的时候,查表 $a[1\ 200-1\ 000]$ 就可以了。

③ 化零为整

由于零散的内存分配以及大量小对象的建立耗时很大,所以对它们的优化有时会很有效。例如,链表存在的问题就是因为存在大量的零散内存分配。

例如,在使用 Grid 控件(一个表格控件)的时候,发现如果一次增加一个新行,刷新速度很慢,所以每次增加 100 行,等到数据多到需要再次增加新行的时候,就再增加 100 行,这样就"化零为整"了。使用这样的方法,刷新的速度比原来快了 n 倍。其实这样的思想应用很多:例如,程序运行的时候占用了一定的空间,后来的小块内存分配是先在这个空间上的,这就保证了内存碎片尽可能少,同时加快了运行速度。

④ 条件语句或者 case 语句将最有可能放在前面

⑤ 为了程序的可读性,不去做那些编译器可以做的或者优化不明显的处理

一个普通程序的好坏,主要是它的可读性、可移植性、可重用性,然后才是它的性能。所以,如果编译器本身可以帮助优化,就没有必要写那些人们不怎么看得懂的东西。例如,$a=52$(结束)-16(起始),这样写可能是为使别人读程序的时候就明白 a 的含义,而不用写为 $a=36$,因为编译器会帮我们计算出结果。

⑥ 具体情况具体分析

没有具体的分析,就不能针对问题灵活应用解决的办法。下面讲述分析的方法,即如何找到程序的耗时点。

从最简单的办法说起,先说明一个函数 GetTickCount(),这个函数在头尾各调用一次,返回值相减就是程序的耗时,精确到 1 ms。

(a) 对于认为是比较耗时的函数,运行两次 GetTickCount() 函数,或者将函数内部的语句注释去掉,看看多了(或者少了)的时间。这个办法简单但是不精确。

(b) 每个地方都用 GetTickCount() 函数测试时间。注意 GetTick-Count() 只能精确到毫秒,一般小于 10 ms 就不太精确了。

(c) 使用另外两个函数:

$$QueryPerformanceCounter(\&Counter)$$
$$QueryPerformanceFrequency(\&Frequency)$$

前者计算 CPU 时钟周期,后者是 CPU 频率。在测试程序段的始末,利用 QueryPerformanceCounter 计算出其差值,再除以 CPU 频率,得出来的就是程序段执行的时间。同时,建议将进程设置为最高级别,防止它被阻塞。

以下程序用来测试函数 Sleep(100) 的精确持续时间:

```
LARGE _ INTEGER litmp;
LONGLONG QPart1,QPart2;
double dfMinus, dfFreq, dfTim;
QueryPerformanceFrequency(&litmp);    //获得计数器的时钟频率
dfFreq = (double)litmp.QuadPart;
QueryPerformanceCounter(&litmp);      //获得初始值
QPart1 = litmp.QuadPart;
Sleep(100);
QueryPerformanceCounter(&litmp);      //获得终止值
QPart2 = litmp.QuadPart;
dfMinus = (double)(QPart2 – QPart1);
dfTim = dfMinus / dfFreq;             //获得对应的时间值
```

执行上面的程序,得到的结果为 dfTim＝0.097143767076216(秒)。但是,多次执行该段程序后,每次执行的结果都不一样,存在一定的差别,这是由于 Sleep() 自身的误差所致。

在实际运用中,要具体分析程序慢的真正原因,才能达到最佳的优化效果。

10.3.2　C++程序的常用优化方法

(1) 数据类型的优化

在 C++层次进行优化,比在汇编层次优化具有更好的移植性,应该是优化中的首选做法。

① 确定浮点型变量和表达式是 float 型

为了让编译器产生更好的代码,必须确定浮点型变量和表达式是否是 float 型的。要特别注意的是,以"F"或"f"为后缀(例如 3.14f)的浮点常量才是 float 型,否则默认是 double 型。为了避免 float 型参数自动转化为 double 型,需要在函数声明时使用 float。

② 使用 32 位的数据类型

编译器有很多种,但它们都包含的典型的 32 位类型是:int,signed,signed int,unsigned,unsigned int,long,signed long,long int,signed long int,unsigned long,unsigned long int。应尽量使用 32 位的数据类型,因为它们比 16 位的数据甚至 8 位的数据更有效率。

③ 使用有符号整型变量

在很多情况下,需要考虑整型变量是有符号还是无符号类型的。例如,保存一个人的体重数据时不可能出现负数,所以不需要使用有符号类型。但是,如果是要保存温度数据,就必须使用到有符号的变量。

在许多地方,考虑是否使用有符号的变量是必要的。在一些情况下,有符号的运算比较快;但在另一些情况下却相反。

例如,整型到浮点型转化时,使用大于 16 位的有符号整型比较快。因为 x86 构架中提供了从有符号整型转化到浮点型的指令,但没有提供从无符号整型转化到浮点型的指令。下面研究如下编译器产生的汇编代码。

不好的代码:

编译前	编译后
double x;	mov [foo + 4], 0
unsigned int	mov eax, i
i;	mov [foo], eax
x = i;	flid qword ptr [foo]
	fstp qword ptr [x]

上面的代码比较慢。不仅因为指令数目比较多,而且由于指令不能配对造成 flid 指令被延迟执行。最好用以下代码代替。

推荐的代码：

编译前	编译后
double x;	fild dword ptr [i]
int i;	fstp qword ptr [x]
x = i;	

在整数运算中计算商和余数时，使用无符号类型比较快。以下这段典型的代码是编译器产生的 32 位整型数除以 4 的代码。

不好的代码：

编译前	编译后
int i;	mov eax, i
i = i / 4;	cdq
	and edx, 3
	add eax, edx
	sar eax, 2
	mov i, eax

推荐的代码：

编译前	编译后
unsigned int i;	shr i, 2
i = i / 4;	

综上所述，无符号类型常用于除法和余数、循环计数、数组下标；有符号类型常用于整型到浮点型的转化。

④ 使用数组型的数据类型代替指针型的数据类型

使用指针会使编译器很难对它进行优化。因为缺乏有效的指针代码优化的方法，编译器总是假设指针可以访问内存的任意地方，包括分配给其他变量的储存空间。因此，为了使编译器产生优化得更好的代码，要避免在不必要的地方使用指针。一个典型的例子是访问存放在数组中的数据。C++允许使用操作符"[ ]"或指针来访问数组，使用数组型代码会让优化器减少产生不安全代码的可能性。例如，x[0]和x[2]不可能是同一个内存地址，但是 * p 和 * q 却可能是同一个内存地址。

不好的代码：

```
typedef struct
{
    float x,y,z,w;
}VERTEX;
```

```
typedef struct
{
    float m[4][4];
}MATRIX;
void XForm(float * res, const float * v, const float * m, int
nNumVerts)
{
    float dp;
    int i;
    const VERTEX * vv = (VERTEX * )v;
    for (i = 0; i < nNumVerts; i ++)
    {
        dp = vv ->x * * m ++;
        dp + = vv ->y * * m ++;
        dp + = vv ->z * * m ++;
        dp + = vv ->w * * m ++;
        * res ++ = dp;                    //写入转换了的 x
        dp = vv ->x * * m ++;
        dp + = vv ->y * * m ++;
        dp + = vv ->z * * m ++;
        dp + = vv ->w * * m ++;
        * res ++ = dp;                    //写入转换了的 y
        dp = vv ->x * * m ++;
        dp + = vv ->y * * m ++;
        dp + = vv ->z * * m ++;
        dp + = vv ->w * * m ++;
        * res ++ = dp;                    //写入转换了的 z
        dp = vv ->x * * m ++;
        dp + = vv ->y * * m ++;
        dp + = vv ->z * * m ++;
        dp + = vv ->w * * m ++;
        * res ++ = dp;                    //写入转换了的 w
        vv ++;                            //下一个矢量
        m - = 16;
```

```
    }
}
```

推荐的代码：

```
typedef struct
{
    float x,y,z,w;
}VERTEX;
typedef struct
{
    float m[4][4];
}MATRIX;
void XForm (float * res, const float * v, const float * m, int
nNumVerts)
{
    int i;
    const VERTEX * vv = (VERTEX * )v;
    const MATRIX * mm = (MATRIX * )m;
    VERTEX * rr = (VERTEX * )res;
    for (i = 0; i < nNumVerts; i + + )
    {
        rr - >x = vv - >x * mm - >m[0][0] + vv - >y * mm - >m[0][1]
            + vv - >z * mm - >m[0][2] + vv - >w * mm - >m[0][3];
        rr - >y = vv - >x * mm - >m[1][0] + vv - >y * mm - >m[1][1]
            + vv - >z * mm - >m[1][2] + vv - >w * mm - >m[1][3];
        rr - >z = vv - >x * mm - >m[2][0] + vv - >y * mm - >m[2][1]
            + vv - >z * mm - >m[2][2] + vv - >w * mm - >m[2][3];
        rr - >w = vv - >x * mm - >m[3][0] + vv - >y * mm - >m[3][1]
            + vv - >z * mm - >m[3][2] + vv - >w * mm - >m[3][3];
    }
}
```

程序源代码的转化是与编译器的代码发生器相结合的，从源代码层次很难控制产生的机器码。依靠编译器和特殊的源代码，有可能使指针型代码编译成的机器码比同等条件下的数组型代码运行速度更快。正确的做法是在源代码转化后检查性能是否真正提高了，再选择使用指针型还是数组型的数据类型。

⑤ 尽可能使用常量(const)

应尽可能使用常量(const)。C++标准规定,如果一个 const 声明的对象的地址不被获取,则允许编译器不对它分配储存空间。这样可以使代码更有效率,而且可以生成更好的代码。

⑥ 所有函数都应该有原型定义

一般来说,所有函数都应该有原型定义。原型定义可以传达给编译器更多的可能用于优化的信息。

(2) 控制流程的优化

① while 语句和 for 语句的优化比较

在编程中,常常需要用到无限循环,常用的两种方法是 while (1)和 for(; ;)。这两种方法效果完全一样,但哪一种更好呢? 下面列出它们编译后的代码。

while 语句:

```
     编译前                编译后
while (1);            mov eax,1
                     test eax,eax
                     je foo + 23h
                     jmp foo + 18h
```

for 语句:

```
     编译前          编译后
for(; ; );        jmp foo + 23h
```

结果一目了然:for(; ;)指令少,不占用寄存器,而且没有判断跳转,比 while (1)好。

② 充分分解小的循环

要充分利用 CPU 的指令缓存,就要充分分解小的循环。特别是当循环体本身很小的时候,分解循环可以提高性能。但是,很多编译器并不能自动分解循环。以下代码是一个 3D 转化程序,把矢量 **V** 和 4×4 矩阵 **M** 相乘。

不好的代码:

```
for (i = 0;i<4;i + +)
{
    r[i] = 0;
    for(j = 0;j<4;j + +)
```

$$r[i] + = M[j][i] * V[j];$$

```
}
```

推荐的代码：

$$r[0] = M[0][0] * V[0] + M[1][0] * V[1] + M[2][0] * V[2] + M[3][0] * V[3];$$
$$r[1] = M[0][1] * V[0] + M[1][1] * V[1] + M[2][1] * V[2] + M[3][1] * V[3];$$
$$r[2] = M[0][2] * V[0] + M[1][2] * V[1] + M[2][2] * V[2] + M[3][2] * V[3];$$
$$r[3] = M[0][3] * V[0] + M[1][3] * V[1] + M[2][3] * V[2] + M[3][3] * v[3];$$

③ 避免没有必要的读写依赖

当数据保存到内存时存在读写依赖，即数据必须在正确写入后才能再次读取。有的 CPU 有加速读写依赖延迟的硬件，允许在要保存的数据被写入内存前读取出来。但是，如果避免了读写依赖并把数据保存在内部寄存器中，速度会更快。在一段很长的又互相依赖的代码链中，避免读写依赖显得尤其重要。如果读写依赖发生在操作数组时，许多编译器不能自动优化代码以避免读写依赖，所以推荐程序员手动消除读写依赖，例如引进一个可以保存在寄存器中的临时变量，这样可以有很大的性能提升。下面的代码段是一个例子。

不好的代码：

```
float x[VECLEN], y[VECLEN], z[VECLEN];
.......
for (unsigned int k = 1; k < VECLEN; k ++ )
{
    x[k] = x[k - 1] + y[k];
}
for (k = 1; k<VECLEN; k ++ )
{
    x[k] = z[k] * (y[k] - x[k - 1]);
}
```

推荐的代码：

```
float x[VECLEN],y[VECLEN], z[VECLEN];
.......
float t(x[0]);
for (unsigned int k = 1; k<VECLEN; k ++ )
{
    t = t + y[k];
```

```
        x[k] = t;
    }
    t = x[0];
    for (k = 1; k<VECLEN; k++)
    {
        t = z[k] * (y[k] - t);
        x[k] = t;
    }
```

④ switch 语句用法的优化

switch 语句可能转化成多种不同算法的代码,其中最常见的是跳转表和比较链/树。推荐对 case 的值依照发生的可能性进行排序,把最有可能的放在第一个,当 switch 用比较链的方式转化时,这样可以提高性能。此外,在 case 中推荐使用小的连续的整数,因为在这种情况下,所有的编译器都可以把 switch 转化成跳转表。

不好的代码:

```
int days _ in _ month, short _ months, normal _ months, long _
months;
.......
switch(days _ in _ month)
{
case 28:
case 29:
    short _ months ++ ;
    break;
case 30:
    normal _ months ++ ;
    break;
case 31:
    long _ months ++ ;
    break;
default:
    cout<<"month has fewer than 28 or more than 31 days" <<
    endl;
    break;
```

```
}
```
推荐的代码：
```
int days _ in _ month, short _ months, normal _ months, long _
months;
.......
switch(days _ in _ month)
{
case 31：
    long _ months + + ;
    break;
case 30：
    normal _ months + + ;
    break;
case 28：
case 29：
    short _ months + + ;
    break;
default：
    cout<<"month has fewer than 28 or more than 31 days" <<
    endl;
    break;
}
```

⑤ 提升循环的性能

要提升循环的性能，减少多余的常量计算非常有用（例如不随循环变化的计算）。

不好的代码（在 for 循环中包含不变的 if 语句）：
```
for(i ...)
{
    if(CONSTANT0)
    {
        DoWork0(i);        //假设这里不改变 CONSTANT0 的值
    }
    else
    {
```

```
        DoWork1(i);            //假设这里不改变 CONSTANT0 的值
    }
}
```

推荐的代码:

```
if(CONSTANT0)
{
    for( i ... )
    {
        DoWork0(i);
    }
}
else
{
    for( i ... )
    {
        DoWork1(i);
    }
}
```

如果已经知道 if 表达式的值,这样就可以避免重复计算。虽然不好的代码中的分支可以简单地预测,但是由于推荐的代码在进入循环前分支已经确定,因此可以减少对分支预测的依赖。

(3) 赋值的优化

① 赋值与初始化的优化

例如,有以下代码:

```
class CInt
{
    int m_i;
    public:
    CInt(int a = 0):m_i(a) {cout<<"CInt"<<endl;}
    ~CInt() {cout<<"~CInt"<<endl;}
    CInt operator + (const CInt& a) {return CInt(m_i + a.Get
    Int());}
    void SetInt(const int i) {m_i = i;}
    int GetInt() const {return m_i;}
```

```
};
```

不好的代码：

```
void main()
{
    CInt a, b, c;
    a.SetInt(1);
    b.SetInt(2);
    c = a + b;
}
```

推荐的代码：

```
void main()
{
    CInt a(1), b(2);
    CInt c(a + b);
}
```

这两段代码所做的事都一样，但哪一个更好呢？看看输出结果就会发现，不好的代码输出了四个"CInt"和四个"～CInt"，而推荐的代码只输出三个。也就是说，第二段代码比第一段代码少生成一次临时对象。第一段代码中的 c 用的是先声明再赋值的方法，第二段代码则用的是初始化的方法，它们有本质的区别。第一段代码的"c＝a＋b"先生成一个临时对象用来保存 a＋b 的值，再把该临时对象用位拷贝的方法给 c 赋值，然后临时对象被销毁。这个临时对象就是那个多出来的对象。第二段代码直接用拷贝构造函数的方法对 c 初始化，不产生临时对象。所以，尽量在需要使用一个对象时才进行声明，并用初始化的方法赋初值。

② 尽量使用成员初始化列表

在初始化类的成员时，应尽量使用成员初始化列表而不是传统的赋值方式。

不好的代码：

```
class CMyClass
{
    string strName;
    public：
    CMyClass(const string& str);
};
```

```cpp
CMyClass::CMyClass(const string& str)
{
    strName = str;
}
```

推荐的代码：

```cpp
class CMyClass
{
    string strName;
    int i;
    public:
    CMyClass(const string& str);
};
CMyClass::CMyClass(const string& str): strName(str)
{
}
```

不好的代码用的是赋值的方式，这样 strName 会先被建立（调用了 string 的默认构造函数），再由参数 str 赋值。而推荐的代码用的是成员初始化列表，strName 直接构造为 str，少调用一次默认构造函数，还少了一些安全隐患。

（4）内存操作的优化

① 考虑动态内存分配

动态内存分配（C++中的"new"）可能总是为长的基本类型（四字对齐）返回一个已经对齐的指针。但是如果不能保证对齐，可使用以下代码来实现四字对齐，这段代码假设指针可以映射到 long 型：

```cpp
double * p = (double * )new BYTE[sizeof(double) * number_of_doubles + 7L];
double * np = (double * )((long(p) + 7L) & - 8L);
```

现在，可以使用 np 代替 p 来访问数据。注意：释放储存空间时仍然应该用 delete p。

② 把频繁使用的指针型参数拷贝到本地变量

避免在函数中频繁使用指针型参数指向的值。因为编译器不知道指针之间是否存在冲突，所以指针型参数往往不能被编译器优化，这样使数据不能被存放在寄存器中，而且明显地占用了内存带宽。注意，很多编译器有"假设不冲突"优化开关（在 Visual C++ 里必须手动添加编译器命令行/Oa 或/Ow),这允许编译器假设两个不同的指针总是有不同的内容,这样就不用把指针型参数保存到本地变量;否则,需要将函数一开始把指针指向的数据保存到本地变量。如果需要的话,在函数结束前进行恢复。

不好的代码：

```
//假设 q! = r
void isqrt(unsigned long a, unsigned long * q, unsigned long *
r)
{
    * q = a;
    if (a>0)
    {
        while ( * q > ( * r = a/ * q))
        {
            * q = ( * q + * r)>>1;
        }
    }
    * r = a - * q * * q;
}
```

推荐的代码：

```
//假设 q! = r
void isqrt(unsigned long a, unsigned long * q, unsigned long *
r)
{
    unsigned long qq, rr;
    qq = a;
    if (a>0)
    {
        while (qq>(rr = a/qq))
        {
            qq = (qq + rr)>>1;
        }
    }
    rr = a - qq * qq;
```

```
    * q = qq;
    * r = rr;
}
```

(5) 其他优化技巧

① 把本地函数声明为静态的(static)

如果一个函数在实现它的文件外未被使用,把它声明为静态的(static)以强制使用内部连接。否则,在默认的情况下会把函数定义为外部连接,这样可能会影响某些编译器的优化(例如自动内联)。

② 使用显式的并行代码

尽可能把长的有依赖的代码链分解成几个可以在流水线执行单元中并行执行的没有依赖的代码链,因为浮点操作有很长的潜伏期。很多高级语言,包括 C++,并不对产生的浮点表达式重新排序,因为那是一个相当复杂的过程。需要注意的是,重排序的代码和原来的代码在代数上一致并不等价于计算结果一致,因为浮点操作缺乏精确度。在有些情况下,这些优化可能导致意料之外的结果,但是在大部分情况下,最后的结果可能只有最不重要的位(即最低位)是错误的。

不好的代码:

```
double a[100], sum;
int i;
sum = 0.0f;
for (i = 0; i<100; i++)
    sum + = a[i];
```

推荐的代码:

```
double a[100], sum1, sum2, sum3, sum4, sum;
int i;
sum1 = sum2 = sum3 = sum4 = 0.0;
for (i = 0; i<100; i + = 4)
{
    sum1 + = a[i];
    sum2 + = a[i + 1];
    sum3 + = a[i + 2];
    sum4 + = a[i + 3];
}
sum = (sum4 + sum3) + (sum1 + sum2);
```

要注意的是:使用四路分解是因为这样使用了四阶段流水线浮点加法,浮点加法的每一个阶段占用一个时钟周期,保证了最大的资源利用率。

③ 提出公共子表达式

在某些情况下,C++编译器不能从浮点表达式中提出公共的子表达式,因为这意味着相当于对表达式重新排序。需要特别指出的是,编译器在提取公共子表达式前不能按照代数的等价关系重新安排表达式,这时,程序员要手动地提出公共的子表达式。

不好的代码	推荐的代码
float a, b, c, d, e, f;	float a, b, c, d, e, f;
….	….
e = b * c/d;	const float t(b/d);
f = b/d * a;	e = c * t;
	f = a * t;

不好的代码	推荐的代码
float a, b, c, e, f;	float a, b, c, e, f;
….	….
e = a/c;	const float t(1.0f/c);
f = b/c;	e = a * t;
	f = b * t;

④ 结构体成员的布局

尽管很多编译器有"使结构体字、双字或四字对齐"的选项,但是还是需要改善结构体成员的对齐,因为有些编译器可能分配给结构体成员空间的顺序与它们声明的不同。而且,有些编译器并不提供这些功能,或者效果不好。所以,要在付出最少代价的情况下实现最好的结构体和结构体成员对齐,建议采取如下方法。

(a) 按类型长度排序。把结构体的成员按照它们的类型长度排序,声明成员时把长的类型放在短的前面。

(b) 把结构体填充成最长类型长度的整倍数。这样做了之后,如果结构体的第一个成员对齐了,那么整个结构体自然也就对齐了。

下面的例子演示了如何对结构体成员进行重新排序:

不好的代码(普通顺序):

```
struct
```

```
{
    char a[5];
    long k;
    double x;
}baz;
```

推荐的代码(新的顺序并手动填充了几个字节):

```
struct
{
    double x;
    long k;
    char a[5];
    char pad[7];
}baz;
```

这个规则同样适用于类的成员的布局。

⑤ 按数据类型的长度对本地变量排序

当编译器分配给本地变量空间时,它们的顺序和它们在源代码中声明的顺序一样。和上一条规则一样,应该把长的变量放在短的变量前面。如果第一个变量对齐了,其他变量就会连续地存放,而且不用填充字节自然就会对齐。有些编译器在分配变量时不会自动改变变量顺序,有些编译器不能产生四字节对齐的栈,所以四字节可能不对齐。

下面的例子演示了本地变量声明的重新排序:

不好的代码(普通顺序)	推荐的代码(改进的顺序)
short ga, gu, gi;	double z[3];
long foo, bar;	double x, y;
double x, y, z[3];	long foo, bar;
char a, b;	float baz;
float baz;	short ga, gu, gi;

⑥ 避免不必要的整数除法

整数除法是整数运算中最慢的,所以应该尽可能避免。一种可能减少整数除法的地方是连除,这里除法可以由乘法代替。这个替换的副作用是有可能在算乘积时溢出,所以只能在一定范围的除法中使用。

不好的代码	推荐的代码
int i, j, k, m;	int i, j, k, m;
m = i / j / k;	m = i / (j * k);

10.3.3　Java 程序性能的优化方法

Java 在 20 世纪 90 年代中期出现以后,在赢得赞誉的同时,也引来了一些批评。赢得的赞誉主要是 Java 的跨平台的操作性,即所谓的"Write Once, Run Anywhere"。但由于 Java 的性能和运行效率同 C 相比,仍然有很大的差距,从而引来了很多的批评。

对于服务器端的应用程序,由于不大涉及到界面设计和程序的频繁重启,Java 的性能问题看似不大明显,从而一些 Java 的技术,如 JSP、Servlet、EJB 等在服务器端编程方面得到了很大的应用,但实际上,Java 的性能问题在服务器端依然存在。下面将讨论 Java 的性能和执行效率以及提高 Java 性能的一些方法。

(1)关于性能的基本知识

一般定义如下五个方面作为评判性能的标准:

① 运算的性能——哪一个算法的执行性能最好;

② 内存的分配——程序需要分配多少内存,运行时的效率和性能最高;

③ 启动的时间——程序启动需要多少时间;

④ 程序的可伸缩性——程序在用户负载过重的情况下的表现;

⑤ 性能的认识——用户怎样才能认识到程序的性能。

对于不同的应用程序,对性能的要求也不同。例如,大部分的应用程序在启动时需要较长的时间,从而对启动时间的要求有所降低;服务器端的应用程序通常都分配有较大的内存空间,所以对内存的要求也有所降低。但是,这并不是说这两方面的性能可以被忽略。其次,算法的性能对于那些把商务逻辑运用到事务性操作的应用程序来讲非常重要。总的来讲,对应用程序的要求将决定对各个性能的优先级。

提高 Java 的性能,一般考虑如下四个主要方面:

① 程序设计的方法和模式

一个良好的设计能提高程序的性能,这一点不仅适用于 Java,也适用于任何的编程语言。因为它充分利用了各种资源,如内存、CPU、高速缓存、对象缓冲池及多线程,从而可设计出高性能和可伸缩性强的系统。

当然,为了提高程序的性能而改变原来的设计是比较困难的。但是,程序性能的重要性常常要高于设计上带来的变化,因此,在编程开始之前就应该有一个好的设计模型和方法。

② Java 部署的环境

Java 部署的环境是指用来解释和执行 Java 字节码的技术,一般有如下五种:解释指令技术(Interpreter Technology),及时编译技术(Just In Time Compiler Technology),适应性优化技术(Adaptive Optimization Technology),动态优化与提前编译为机器码的技术(Dynamic Optimization, Ahead Of Time Technology),编译为机器码的技术(Translator Technology)。

这些技术一般都通过优化线程模型、调整堆和栈的大小来优化 Java 的性能。在考虑提高 Java 的性能时,首先要找到影响 Java 性能的瓶颈(Bottle Necks),在确认了设计的合理性后,应该调整 Java 部署的环境,通过改变一些参数来提高 Java 应用程序的性能。

③ Java 应用程序的实现

当讨论应用程序的性能问题时,大多数程序员都会考虑程序的代码,这当然是对的,然而更重要的是要找到影响程序性能的瓶颈代码。为了找到这些瓶颈代码,一般使用一些辅助的工具,如 Jprobe、Optimizit、VTune 以及一些分析的工具如 TowerJ Performance 等。这些辅助的工具能跟踪应用程序中执行每个函数或方法所消耗掉的时间,从而改善程序的性能。

④ 硬件和操作系统

人们为了提高 Java 应用程序的性能而采用更快的 CPU 和更大的内存,并认为这是提高程序性能的惟一方法,但事实并非如此。实践经验和事实证明,只有找到了应用程序性能的瓶颈,从而采取适当的方法(如设计模式、部署环境和操作系统的调整),才是最有效的。

所有的应用程序都存在性能瓶颈,为了提高应用程序的性能,就要尽可能地减少程序的瓶颈。表 10 - 2 是在 Java 程序中经常存在的性能瓶颈。

表 10 - 2　Java 程序的主要性能瓶颈

瓶颈	Java 程序中的操作
文件的读写和网络的操作	程序等待读写数据到网络或硬盘
CPU	等待 CPU 空闲
内存	程序不停地分配、释放和扫描内存
异常	程序不断地处理异常消息
同步	程序等待共享资源被释放
数据库	程序等待从数据库中返回结果

了解了这些瓶颈后,就可以有针对性地减少这些瓶颈,从而提高 Java 应用程序的性能。为了提高 Java 程序的性能,需要遵循如下六个步骤。

① 明确对性能的具体要求

在实施一个项目之前,必须要明确该项目对于程序性能的具体要求。例如,这个应用程序要支持 5 000 个并发的用户,并且响应时间要在 5 秒钟之内。但是,同时也要明白对于性能的要求不应该同对程序的其他要求相冲突。

② 了解当前程序的性能

应该了解应用程序的性能同项目所要求性能之间的差距。通常的指标是单位时间内的处理数和响应时间,有时还会比较 CPU 和内存的利用率。

③ 找到程序的性能瓶颈

为了发现程序中的性能瓶颈,通常会使用一些分析工具,如 TowerJ Application Performance Analyzer 或 VTune 来察看和分析程序堆栈中各个元素的消耗时间,从而正确地找到并改正引起性能降低的瓶颈代码,从而提高程序的性能。这些工具还能发现诸如过多的异常处理、垃圾回收等潜在的问题。

④ 采取适当的措施来提高性能

找到了引起程序性能降低的瓶颈代码后,就可以用前面介绍过的提高性能的四个方面,即设计模式、Java 部署的环境、Java 应用程序的实现和操作系统来提高应用程序的性能。

⑤ 只进行某一方面的修改来提高性能

一次只改变可能引起性能降低的某一方面,然后观察程序的性能是否有所提高,而不应该一次改变多个方面,因为这样将不知道到底哪个方面的改变提高了程序的性能,哪个方面没有,即不能知道程序瓶颈在哪里。

⑥ 返回到步骤③,继续做类似的工作,一直到达到要求的性能为止。

(2)Java 部署的环境和编译技术

开发 Java 应用程序时,首先要把 Java 的源程序编译为与平台无关的字节码,这样这些字节码就可以被各种基于 JVM 的技术所执行。如图 10-1 所示,这些技术主要分为两大类:基于解释的技术和基于提前编译为本地码的技术。

Java 部署的环境和编译技术具体可分为如下的四类:

Java 开发工具

Java 源代码

Java 编译器

与平台无关的 Java 字节码

Java 虚拟机

Interpreters
JITs
Dynamic Adaptive
Mix-Mode Interpreters

优化和重建

平台特定的可部署模块

Ahead of Time Compilers

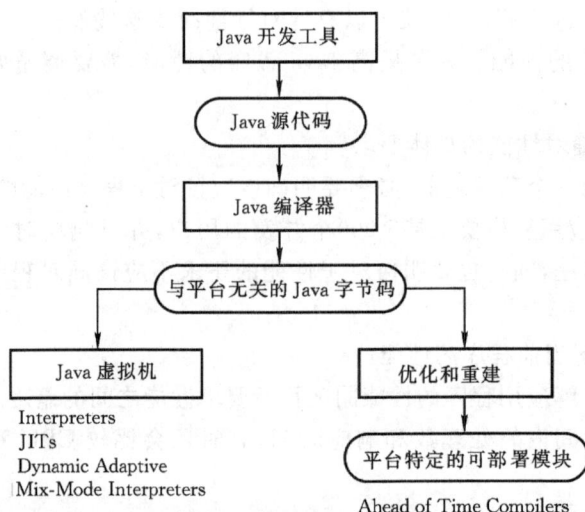

图 10 - 1　基于解释的技术和基于提前编译为本地码的技术

① 解释指令技术

其结构图和执行过程如图 10 - 2 所示。

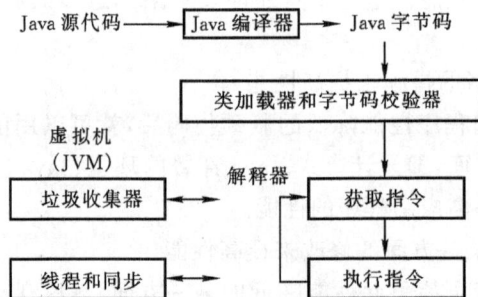

Java 源代码 —— Java 编译器 —— Java 字节码

类加载器和字节码校验器

虚拟机
(JVM)

解释器

垃圾收集器

获取指令

线程和同步

执行指令

图 10 - 2　解释指令技术的结构和执行过程

　　Java 的编译器首先把 Java 源文件编译为字节码,这些字节码对于 Java 虚拟机(JVM)来讲就是机器的指令码。然后,Java 的解释器不断地循环取出字节码进行解释并执行。

　　这样做的优点是可以实现 Java 语言的跨平台,同时生成的字节码也比较紧凑,Java 的一些优点,例如安全性和动态性等都能得到保持。但是,这样做的缺点是生成的字节码没有经过什么优化,同全部编译好的本地码相比,执行速度比较慢。

② 及时编译技术(Just In Time)

及时编译技术是为了解决指令解释技术效率比较低、速度比较慢的情况下提出的,其结构如图 10-3 所示。

该技术的主要特点是在 Java 程序执行之前,用 JIT 编译器把 Java 的字节码编译为机器码,从而在程序运行时直接执行机器码,而不用对字节码进行解释;同时对代码也进行了部分的优化。

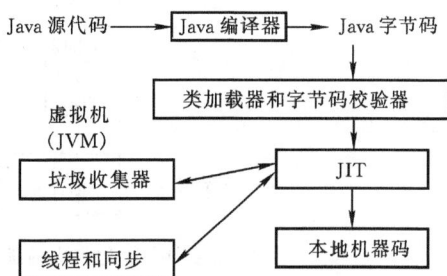

图 10-3　及时编译技术的结构

这样做的优点是大大提高了 Java 程序的性能。同时,由于编译的结果并不在程序运行间保存,因此也节约了存储空间和加载程序的时间。缺点是由于 JIT 编译器对所有的代码都想优化,因此也浪费了很多的时间。IBM 和 Sun 公司都提供了相关的 JIT 产品。

③ 适应性优化技术(Adaptive Optimization Technology)

同 JIT 技术相比,适应性优化技术并不对所有的字节码进行优化。它会跟踪程序运行的整个过程,从而寻找并发现需要优化的代码,对代码进行动态的优化。从理论上讲,程序运行的时间越长,代码就越优化。其结构如图 10-4 所示。

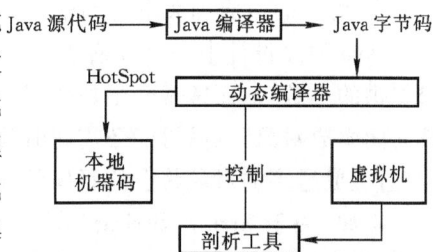

图 10-4　适应性优化技术的结构

适应性优化技术的优点是充分利用了程序执行时的信息,能够发现程序的性能瓶颈,从而提高程序的性能;其缺点是在进行优化时可能会选择不当,反而降低了程序的性能。其主要产品为 IBM 和 Sun 的 HotSpot。

④ 动态优化和提前编译为机器码的技术(Dynamic Optimization, Ahead Of Time)

动态优化技术充分利用了 Java 源码编译、字节码编译、动态编译和静态编译的技术,输入是 Java 的源码或字节码,而输出是经过高度优化的可执行代码和动态库的混合(Windows 中是 DLL 文件,UNIX 中是共享库.a 和.so 文件)。其结构如图 10-5 所示。

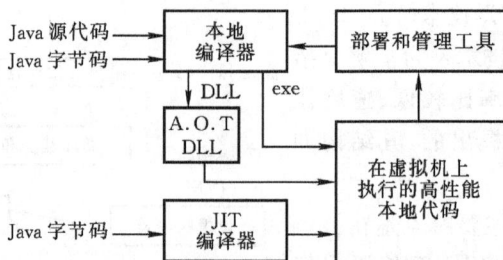

10-5　动态优化和提前编译为机器码技术的结构

该技术的优点是能大大提高程序的性能，缺点是破坏了 Java 的可移植性，也对 Java 的安全带来了一定的隐患。其主要产品是 TowerJ3.0。

（3）优化 Java 程序设计和编码的方法和技巧

通过使用一些前面介绍过的辅助性工具来找到程序中的瓶颈，然后就可以对瓶颈部分的代码进行优化了。优化一般有两种方案，即优化代码或更改设计方法。一个设计良好的程序能够精简代码，从而提高性能。

下面将提供一些在 Java 程序的设计和编码中，为了能够提高 Java 程序的性能而经常采用的方法和技巧。

① 对象的生成和大小的调整

Java 程序设计中一个普遍的问题就是没有很好地利用 Java 语言本身提供的函数，从而常常会生成大量的对象（或实例）。由于系统不仅要花时间生成对象，以后可能还需花时间对这些对象进行垃圾回收和处理，因此，生成过多的对象将会给程序的性能带来很大的影响。

例如，关于 String、StringBuffer、＋和 append 的使用问题。Java 语言提供了对于 String 类型变量的操作，但如果使用不当，会给程序的性能带来影响。如下面的语句：

String name = new String("ABC");

System.out.println(name + "is my name");

这段语句看似已经很精简了，其实并非如此。为了生成二进制的代码，要进行如下操作：

- 生成新的字符串 new String(STR_1)；
- 复制该字符串；
- 加载字符串常量"ABC"(STR_2)；
- 调用字符串的构造函数；
- 保存该字符串到数组中（从位置 0 开始）；

- 从 java. io. PrintStream 类中得到静态的 out 变量；
- 生成新的字符串缓冲变量 new StringBuffer(STR ＿ BUF ＿ 1)；
- 复制该字符串缓冲变量；
- 调用字符串缓冲的构造函数；
- 保存该字符串缓冲到数组中(从位置 1 开始)；
- 以 STR ＿ 1 为参数,调用字符串缓冲(StringBuffer)类中的 append 方法；
- 加载字符串常量"is my name"(STR ＿ 3)；
- 以 STR ＿ 3 为参数,调用字符串缓冲(StringBuffer)类中的 append 方法；
- 对于 STR ＿ BUF ＿ 1 执行 toString 命令；
- 调用 out 变量中的 println 方法,输出结果。

　　由此可以看出,这两行简单的代码,就生成了 STR ＿ 1、STR ＿ 2、STR ＿ 3、STR ＿ 4 和 STR ＿ BUF ＿ 1 五个对象变量。这些生成的类的实例一般都存放在堆中,堆要对所有类的超类和类的实例进行初始化,同时还要调用类和每个超类的构造函数,而这些操作都是非常消耗系统资源的。因此,对对象的生成进行限制,是完全必要的。

　　经修改,上面的代码可以用如下的代码来替换。

```
StringBuffer name = new StringBuffer("ABC");
System. out. println(name. append("is my name"). toString());
```

系统将进行如下的操作：

- 生成新的字符串缓冲变量 new StringBuffer(STR ＿ BUF ＿ 1)；
- 复制该字符串缓冲变量；
- 加载字符串常量"ABC"(STR ＿ 1)；
- 调用字符串缓冲的构造函数；
- 保存该字符串缓冲到数组中(从位置 1 开始)；
- 从 java. io. PrintStream 类中得到静态的 out 变量；
- 加载 STR ＿ BUF ＿ 1；
- 加载字符串常量"is my name"(STR ＿ 2)；
- 以 STR ＿ 2 为参数,调用字符串缓冲(StringBuffer)实例中的 append 方法；
- 对于 STR ＿ BUF ＿ 1 执行 toString 命令(STR ＿ 3)；
- 调用 out 变量中的 println 方法,输出结果。

　　由此可以看出,经过改进后的代码只生成了四个对象变量：STR ＿ 1、

STR_2、STR_3 和 STR_BUF_1。你可能觉得少生成一个对象不会对程序的性能有很大的提高,但下面的代码段 2 的执行速度将是代码段 1 的 2 倍,因为代码段 1 生成了八个对象,而代码段 2 只生成了四个对象。

代码段 1:

```
String name = new StringBuffer("ABC");
name + = "is my";
name + = "name";
```

代码段 2:

```
StringBuffer name = new StringBuffer("ABC");
name.append("is my");
name.append("name").toString();
```

因此,充分利用 Java 提供的库函数来优化程序,对提高 Java 程序的性能是非常重要的。其注意点主要有如下几方面:

· 尽可能使用静态变量(Static Class Variables)。如果类中的变量不会随它的实例而变化,就可以定义为静态变量,从而使它所有的实例都共享这个变量。例如:

```
public class foo
{
    SomeObject so = new SomeObject();
}
```

就可以定义为:

```
public class foo
{
    static SomeObject so = new SomeObject();
}
```

· 不要对已生成的对象作过多的改变。对于一些类(例如 String 类),宁可重新生成一个新的对象实例,也不应该修改已经生成的对象实例。例如:

```
String name = "A";
name = "B";
name = "C";
```

上述代码生成了三个 String 类型的对象实例,而前两个马上就需要系统进行垃圾回收处理。如果要对字符串进行连接的操作,性能将变得更差。

因为系统将不得不为此生成更多的临时变量。

• 生成对象时,要分配给它合理的空间和大小。Java 中的很多类都有它默认的空间分配大小,对于 StringBuffer 类来讲,默认的分配空间大小是 16 个字符。如果在程序中使用 StringBuffer 的空间大小不是 16 个字符,那么就必须进行正确的初始化。

• 避免生成不太使用或生命周期短的对象或变量。对于这种情况,应该定义一个对象缓冲池,因为管理一个对象缓冲池的开销要比频繁地生成和回收对象的开销小得多。

• 只在对象作用范围内进行初始化。Java 允许在代码的任何地方定义和初始化对象,这样就可以只在对象作用的范围内进行初始化,从而节约系统的开销。例如:

```
SomeObject so = new SomeObject();
If(x == 1) then
{
    Foo = so.getXX();
}
```

可以修改为:

```
if(x == 1) then
{
    SomeObject so = new SomeObject();
    Foo = so.getXX();
}
```

② 异常(Exceptions)

Java 语言中提供了 try...catch 来捕捉异常,进行异常的处理,但是如果使用不当,也会给 Java 程序的性能带来影响。因此,要注意以下两点:

• 避免对应用程序的逻辑使用 try/catch。如果可以用 if、while 等逻辑语句来处理,就尽可能不用 try...catch 语句。

• 重用异常。在必须要进行异常的处理时,要尽可能重用已经存在的异常对象,因为在异常的处理中,生成一个异常对象要消耗掉大部分的时间。

③ 线程(Threading)

一个高性能的应用程序中一般都会用到线程,因为线程能充分利用系统的资源,在其他线程因为等待硬盘或网络读写时,使程序能继续处理和运行。但是如果对线程运用不当,也会影响程序的性能。

例如,Vector 类主要用来保存各种类型的对象(包括相同类型和不同类型的对象),但是在一些情况下使用 Vector 类时会给程序带来性能上的影响。这主要是由 Vector 类的两个特点所决定的:第一,Vector 类提供了线程的安全保护功能,即使 Vector 类中的许多方法同步,但是如果程序员已经确认应用程序是单线程,这些方法的同步就完全不必要了;第二,在 Vector 类查找存储的各种对象时,常常要花很多的时间进行类型的匹配,而当这些对象都是同一类型时,这些匹配就完全不必要了。因此,有必要设计一个单线程的、保存特定类型对象的类或集合来替代 Vector 类。用来替换的程序如下(StringVector. java):

```java
public class StringVector
{
    private String [] data;
    private int count;
    public StringVector() {this(10);}          //缺省大小为 10
    public StringVector(int initialSize)
    {
        data = new String[initialSize];
    }
    public void add(String str)
    {
        if(str == null) {return;}               //忽略空字符串
        ensureCapacity(count + 1);
        data[count ++ ] = str;
    }
    private void ensureCapacity(int minCapacity)
    {
        int oldCapacity = data. length;
        if (minCapacity > oldCapacity)
        {
            String oldData[] = data;
            int newCapacity = oldCapacity * 2;
            data = new String[newCapacity];
            System. arraycopy(oldData, 0, data, 0, count);
```

```
            }
        }
        public void remove(String str)
        {
            if(str == null)
                return;                              //忽略空字符串
            for(int i = 0; i<count; i++)
            {
                if(data[i].equals(str))              //检查是否匹配
                {
                    System.arraycopy(data,i+1,data,i,
                    count-1);                        //复制数据
                    data[--count] = null;
                                //允许先前合法的数组元素被回收
                    return;
                }
            }
        }
        public final String getStringAt(int index)
        {
            if(index<0)
                return null;
            else if(index > count)
            {
                return null;
            }
            else
                return data[index];
        }
    }
```

因此,代码:

```
    Vector Strings = new Vector();
    Strings.add("One");
    Strings.add("Two");
```

```
String Second  = (String)Strings. elementAt(1);
```
可以用如下的代码替换:
```
StringVector Strings = new StringVector();
Strings. add("One");
Strings. add("Two");
String Second = Strings. getStringAt(1);
```
　　这样,就可以通过优化线程来提高 Java 程序的性能。用于测试的程序(TestCollection. java)如下:
```
import java. util. Vector;
public class TestCollection
{
    public static void main(String args [])
    {
        TestCollection collect = new TestCollection();
        if(args. length = = 0)
        {
            System. out. println("Usage:java TestCollection
            [vector | stringvector]");
            System. exit(1);
        }
        if(args[0]. equals("vector"))
        {
            Vector store = new Vector();
            long start = System. currentTimeMillis();
            for(int i = 0;i<1 000 000;i + + )
                store. addElement("string");
            long finish = System. currentTimeMillis();
            System. out. println((finish - start));
            start = System. currentTimeMillis();
            for(int i = 0;i<1 000 000;i + + )
                String result = (String)store. elementAt(i);
            finish = System. currentTimeMillis();
            System. out. println((finish - start));
        }
```

```
    else if(args[0].equals("stringvector"))
    {
        StringVector store = new StringVector();
        long start = System.currentTimeMillis();
        for(int i = 0;i<1 000 000;i++)
            store.add("string");
        long finish = System.currentTimeMillis();
        System.out.println((finish - start));
        start = System.currentTimeMillis();
        for(int i = 0;i<1 000 000;i++)
            String result = store.getStringAt(i);
        finish = System.currentTimeMillis();
        System.out.println((finish - start));
    }
  }
}
```

测试的结果如表 10-3 所示,假设标准的时间为 1,时间值越小性能越好。

表 10-3　测试结果

操作	add	get
Vector 类时间	1	1
StringVector 类时间	0.7	0.25

关于线程的操作,要注意如下几个方面:

· 防止过多的同步。

如上所示,不必要的同步常常会造成程序性能的下降。因此,如果程序是单线程,就不要使用同步。

· 同步方法而不要同步整个代码段。

对某个方法或函数进行同步,比对整个代码段进行同步的性能要好。

· 对每个对象使用多"锁"机制来增大并发。

一般每个对象都只有一个"锁",这表明如果两个线程执行一个对象的两个不同的同步方法时,会发生"死锁",即使这两个方法并不共享任何资源。为了避免这个问题,可以对一个对象实行"多锁"的机制。举例如下：

```
class foo
{
    private static int var1;
    private static Object lock1 = new Object();
    private static int var2;
    private static Object lock2 = new Object();
    public static void increment1()
    {
        synchronized(lock1)
        {
            var1 ++ ;
        }
    }
    public static void increment2()
    {
        synchronized(lock2)
        {
            var2 ++ ;
        }
    }
}
```

④ 输入和输出(I/O)

输入和输出包括很多方面,但是涉及最多的是对硬盘、网络或数据库的读写操作。对于读写操作,分为有缓存和没有缓存的;对于数据库的操作,又可以有多种类型的 JDBC 驱动器可以选择。但无论怎样,输入和输出都会给程序的性能带来影响,因此,需要注意如下几点:

· 使用输入输出缓冲。

尽可能多使用缓存,但如果要经常对缓存进行刷新(flush),则建议不要使用缓存。

· 输出流(Output Stream)和 Unicode 字符串。

当使用 Output Stream 和 Unicode 字符串时,Write 类的开销比较大,因为它要实现 Unicode 到字节(byte)的转换。因此,如果可能的话,在使用 Write 类之前就实现转换,或用 OutputStream 类代替 Writer 类来使用。

· 需序列化时使用 transient。

当序列化一个类或对象时,对于那些原子类型(atomic)或可以重建的元素要表示为 transient 类型,这样就不用每一次都进行序列化。如果这些序列化的对象要在网络上传输,这一小小的改变对性能会有很大的提高。

· 使用高速缓存(Cache)。

对于那些经常要使用而又不大变化的对象或数据,可以把它们存储在高速缓存中,这样可以提高访问的速度。这一点对于从数据库中返回的结果集尤其重要。

· 使用速度快的 JDBC 驱动器(Driver)。

Java 对访问数据库提供了四种方法,其中有两种是 JDBC 驱动器,一种是用 Java 外包的本地驱动器,另一种是完全的 Java 驱动器。具体要使用哪一种,需要根据 Java 部署的环境和应用程序本身来定。

⑤ 一些其他的经验和技巧

· 使用局部变量;

· 避免在同一个类中通过调用函数或方法(get 或 set)来设置或调用变量;

· 避免在循环中生成同一个变量或调用同一个函数(参数变量也一样);

· 尽可能使用 static、final、private 等关键字;

· 当复制大量数据时,使用 System. arraycopy()命令。

10.3.4 ASP 程序性能的优化方法

Internet/Intranet 技术的蓬勃发展带来了管理信息系统的一场变革,基于 Web 技术的 B/S 模式风起云涌,正在取代传统的 C/S 模式。在基于 Web 技术的数据库管理系统中,关键是 Web 与数据库的接口技术,而 ASP 以其丰富的性能成为众多接口技术中的佼佼者,逐渐成为开发 Web 数据库应用系统的主流技术。

ASP 应用程序与数据库的连接是采用 ODBC 实现的,这使得应用程序具有不依赖于特定数据库、通用性好的优点。但是,ODBC 需要跨越至少两层驱动引擎而不是直接操作数据库表,因而在开发系统程序时会占用较大系统资源,效率相对较低,因此在开发 ASP 应用系统时,尤其应当注意系统的性能优化。

(1) 数据库设计优化

① 规范数据库逻辑设计

在数据建模的时候,常常要将数据进行规范化。规范化的定义为:保证表中每一行和列都有单一值;保证每个非键值依赖于一个主键值;保证一个非键值不依赖于另一个非键值。这样有利于消除冗余,提高速度。

但是规范化并不总能提高性能,因为规范化处理涉及把表分成相关列最少的表,因此在完成一些检索时,可能要完成复杂的联结才能实现。这种联结在 CPU 资源和 I/O 操作上都需要开销,这将导致性能的下降和复杂度的增大。因此,要对规范化进行必要的平衡,以求最大限度地提高应用程序的性能。

对规范化进行平衡的方法有以下几种:

(a) 增加冗余

· 建立临时表或定义视图以减少频繁出现的多表联结。

· 对经常插入或修改的数据库表中某些仅在查询时才会用到的数据保持一个只读的冗余拷贝,以排除更新操作对锁的竞争所引起的性能问题。

· 建立数据库表存储需要经常使用的统计值,这样进行检索比每个查询都进行计算要快得多。

(b) 增加列

在表中增加想象出来的列或任意列。例如:当一个表需要多个列的组合才能惟一确定时,可以在表中增加一个列作为主键,惟一标识此表。最简单的如设置有序的行号或时间戳,类似的还有人员编号、交易号等。虽然增加了列,但是在索引中可以使用这些列替代大的组合主键来获得性能的提高。

(c) 分割表

如果实际执行的查询只涉及一个大表的特定子集,不妨将表根据行或列分割成多个表。对于数据量很大的表,可按行分割,而对于字段很多的表,可根据信息查询的频率按列进行分割,将其中经常使用的列划分到常用表,其余的列则放在一般表中,在每张表中复制主键,并通过外键来并联。这样,每张表的列数减少了,从而可以提高查询速度。

② 建立有效的索引

在一个数据库表上建立索引,可避免进行全表扫描,它是确保应用程序以最少时间得到所需要数据的有效方法。但是,索引的建立降低了数据更新的速度,因为新数据不仅要增加到列表中,而且要增加到索引中;

另外,索引还需要额外的磁盘空间和维护开销。因此,要根据系统的环境和特定的应用来建立索引,以保证它在使用时是最优的。

应用程序中索引的建立和使用应遵循以下规则:

(a) 在 WHERE 子句中,为条件中出现的列建立索引,并使得列的出现顺序与建立索引的顺序相同。

(b) 在用于联结的所有列(主键/外键)上建立索引。

(c) 对于多表联结的查询,在 FROM 语句的开头放置那些定义了索引的表。

(d) 没有必要为一个仅有二三个可能取值的列(例如"性别"等)建立索引。

(e) 不应该对很少被存取的列建立索引。

(f) 不要在一个经常被更新的列上建立索引,以免影响性能。

(g) 不要保留不必要的索引,因为它们增加了存储和维护的开销。

(h) 与较少的宽索引相比,较多的窄索引能向优化器提供更多选择。

(i) 对于一个索引列,带"="操作符的 WHERE 子句性能最好;其次是带 BETWEEN 或 LIKE 的 WHERE 子句;再次是含 IN 或 OR 的 WHERE 子句。索引对含 NOT、<、>、!＝的 WHERE 子句没有什么用处。

③ 合理使用存储过程

存储过程是由 SQL 语句和流控制语句书写的过程程序,这个程序通过数据库编译和优化后存储在数据库服务器中,可被其他程序调用执行。存储过程与客户端 SQL 命令操作的应用程序相比,具有很多优势:

(a) 客户端应用程序调用一个存储过程,只需通过网络发送过程名和少量入口参数,执行完成后,只返回结果状态或最终结果集,这可大大降低网络通信负担;

(b) 由于存储过程是在数据库服务器端执行,它可充分利用服务器的高计算性能;

(c) 存储过程可利用流控制语句完成复杂的判断和运算,大大增强了 SQL 语句的功能和灵活性;

(d) 在运行存储过程前,数据库服务器已对其进行了语法和句法分析编译,并给出了优化的执行方案;

(e) 存储过程的内部操作语句和流程改变后,可被重新编译成新的执行方案,不影响客户端应用程序的改变,同时存储过程可被多次调用,这使得系统的可维护性强而且简单。

因此,在应用程序中应充分利用存储过程来完成应用系统的逻辑操作处理,提高系统的运行性能和可维护性。

④ 使用触发器

触发器是一种特殊的存储过程,它能自动执行而成为一个 SQL 修改语句的一部分。一个触发器针对一个表来创建,并和一个或多个数据修改操作(插入、更新或删除)相关联。当出现一次这样的操作时,触发器就会自动激活。常常利用触发器来强制不同表中逻辑相关数据之间的业务规则一致性。在性能方面,触发器开销通常很低,运行触发器的时间主要花在引用其他表方面。这些表可以在内存中,或者在数据库设备上,被删除的和插入的表总是在内存中。对数据操作所花的时间由触发器引用的其他表的位置所决定。因此,使用触发器可以大大减少网上通信量。触发器主要完成以下一些功能:

(a)可以级连数据库进行关联表的修改。

(b)可以禁止或撤消违反引用完整性的修改,终止不想进行的数据修改。

(c)可以强制施加比 check 约束定义更复杂的限制,而且可以引用其他表中的列。

(d)可以发现数据前后一个表状态的差别,并根据该差别采取相应动作。

(2)SQL 查询结构的优化

以 Microsoft SQL Server 数据库管理系统为例,对于每一个查询,Microsoft SQL Server 数据库内核用优化器优化向 SQL 提交的数据操作。这个优化过程首先进行查询分析,判断每一个子句能否被优化。对不能优化的子句采用全表扫描,对可优化的子句,则由优化器执行索引选择。索引选择确定可用的索引,并估算每个子句的开销。索引选择结束时,所有子句都有一个基于其访问计划的处理开销。然后,优化器执行合并选择,找出一个用于合并子句访问计划的有效顺序。为了做到这一点,优化器比较子句的不同排序,从中选出物理磁盘 I/O 开销最小的合并计划。

由于对同一查询语句有多种语法表达形式,因此有必要对各种形式进行分析,得到最优的查询结构。

① 对同一表格进行多个选择运算时,应将较严格的选择条件写在前面,较弱的条件放在后面,这样在执行过程中会迅速将不满足条件的行删除。

② 对多个表格进行选择运算时,对某一选择条件的运算应将返回较多行的表格排在前面,返回较少行的表格排在后面,以便减少插入运算。

③ 对于多个表格的联结兼选择运算过程,先做选择运算、后做联结运算比先做联结运算、后做选择运算计算量小,查询响应时间短,内存需求小。

④ 避免使用含 NOT、<、>、!＝的 WHERE 子句,因为它们会导致全表扫描。应使查询尽可能具体,以减少检索出的行数。

SQL Server 的对象管理器或 ISQL/W 可以针对一个查询产生具体的执行计划,因此,通过在 ISQL/W 中执行实现同一目的的几种查询,可以分析比较它们各自的优劣,帮助选择最佳的查询结构。

(3) ASP 脚本的优化

对于一个 ASP 脚本编写人员,使用 ASP 的高级编程技巧往往能大大加快系统的运行速度。

① 用 Command 对象改善查询,通过 ADOCommand 对象,可以像用 Connection 对象和 Recordset 对象那样执行查询,惟一的不同在于通过使用 Parameter 集合,使 Command 对象可以在数据库源上准备、编译查询,并且反复使用一组不同的值来发出查询。这种方式的编译查询的优点是可以最大程度地减少向现有查询重复发出修改请求所需的时间。另外,可以在执行之前通过查询的可变部分的选项,使 SQL 查询保持局部未定义。

② 多个 Response. write 声明

如果需在代码中的几处用<％＝…％>格式书写出结果,那么可考虑把这些结果合到一起,用一个 Response. write 语句写出来。然后再看 HTML 代码和 VBScript 脚本的组成,不要把 HTML 和 VBScript 脚本散布得太分散,而应尽量写成块。

③ 使用<OBJECT>标志标注对象

如果需要指向那些也许用不着的对象,就用<OBJECT>标志标注,而不是用 Server. createobject。用 Server. createobject 将立刻生成该对象,如果以后都用不着它,就等于浪费资源。

④ 尽可能使用本地(局部)变量

局部变量是在子程序和函数中定义的(也就是常说的局部范围的变量),这些变量被编译成数字指向并放入一张表中。这些局部变量的指向可以通过一次编译完成,而全局变量则是在运行中被执行的,这就意味着局部变量的存取要比全局变量快好几倍。

⑤ 避免重复定义数组

当使用 dim 时，应尽量避免重新定义数组。最好在一开始就做最坏的打算去设置数组的长度，或设置最佳状态时的长度，只有在非常必要时才使用 redim。

⑥ 使用绝对路径，尽量避免使用相对路径。使用相对路径将需要 IIS 返回当前服务器路径，这就意味着对 IIS 的特殊请求造成执行速度低下。

⑦ 避免使用服务器端变量

通过服务器端变量进行数据访问时，需要 Web 向服务器提出请求，然后收集所有的服务器端变量，而不仅仅只是请求的那个变量。这就类似于要从堆满杂物的阁楼中的一个盒子里找一样特定的东西，首先要从阁楼里找到那个盒子。

⑧ 使用"option explicit"

在 ASP 文件中写上＜％ option explicit ％＞。和 C 语言不同，VB 允许在不强制定义变量之前使用该变量。把 option explicit 打开有助于识别没有定义的变量，当使用没有定义的变量时就会出现错误提示信息，同时也可以使那些没有声明的局部变量非法。没有声明的局部变量的执行速度和全局变量一样慢（比定义过的局部变量要慢一倍）。

⑨ 将采集到的值拷贝到本地（局部）变量当中。如果有一些值是要反复用到的，则把这些值用局部变量的形式复制到客户端，每次当要用到这些值时，就不用到一堆值里面去寻找，这样就加快了脚本的运行速度。

⑩ 谨慎使用 session 对象

使用 session 对象可以存储一些用户的特殊信息。当用户在该应用程序的不同页之间跳转时，存放在 session 中的变量不会丢失，相反，这些变量在整个应用过程中一直保留。当一个页面被一个未建立 session 的用户请求时，Web 服务器会自动建立一个 session 对象。当 session 的时间限制到了或是被中断了时，服务器就会撤消 session 对象。为了避免这种情况，可以把 session 属性关闭。把整个服务器中的 session 都关闭速度会快一些，但这样会损失很多功能。最好是在需要时谨慎使用 session 对象。

以上从应用程序的角度讲述了提高 ASP 应用程序性能的一些方法。实践表明，要提高一个基于 ASP 技术的数据库应用系统的整体性能，应充分发挥数据库服务器和 Web 服务器各自的优势，根据具体的开发环境和应用需要，综合各方面因素，正确评价各种方法的优点和代价，以获得最小的系统开支和良好的执行性能。

10.3.5 Prolog 逻辑程序的优化方法

任何程序设计的优化目标,主要在于追求时间和空间的最小消耗。在这方面,以 Prolog 为代表的逻辑程序设计语言具有若干特色。它以一阶谓词逻辑为基石,属于描述性语言,使其在逻辑推理方面明显优于其他所有语言。在程序设计上,只需对问题进行描述,而不必给出求解问题的每一步骤,这也优于其他过程式语言。由此,它成为高新技术,特别是人工智能的一个重要支柱。但与此同时,其自身仍面临若干困难。状态空间搜索是其特长,但"组合爆炸"时也要消耗大量的时间和空间。此外,在数据的传递与存储方面,Prolog 与 C 语言相比,更好地实现了封装性,它不设全局变量,而把每个谓词(相当于 C 语言中的函数)做成一个封闭体,除了可通过谓词名后括号中的"约束-非约束变量"(相当于 C 语言中的形式参数-实际参数)渠道与外界进行双向数据传递外,没有其他形式。这一方面减弱了模块之间的耦合性,增强了程序的可移植性,还减小了出错概率,但是,另一方面却也少了一个重要的数据传递通道。问题在于,要通过"约束-非约束"变量渠道传递数据,谓词的执行必须成功,这样,那些不需传递的变量占用的空间就不能释放。这就是空间消耗与数据传递的矛盾。在程序规模增大时,这一问题尤为突出。这也许是 Prolog 不能得到普及的一个重要原因。对程序的效率问题,许多文献从使用截断、数据结构和求解方法选择、灵活使用规则等方面作了概述。如何解决上述矛盾,如何从节约空间的角度得到程序的优化结构,正是本节讲解的重点。

(1) Prolog 中数据的存储方式

根据 Prolog 的 DOS 版本,其基本内存分为几个区域:栈(Stack),堆与全局栈(Heap and Global Stack),跟踪(Trail),生成代码(Generated Code),程序源正文(Program Source Text)。在调试中,各类变量的存储方式如下。

栈用于存放以下数据:

① 调用子目标(谓词)时用于传递参数;

② 子目标调用时的现场保护和返回地址。

一般说来,在子目标调用开始时分配动态存储空间,结束时释放,但是遇到非确定性时,却要保留回溯点,以备在执行后面其他子目标失败时便于回溯,直到全部回溯点搜索完毕,或是遇到截断,才释放存储空间。

全局栈用于对串、项、表这些数据的临时自动存储,在子目标执行成功后,占用的存储单元并不释放,只在子目标失败时才能释放。

堆存放较为永久的对象,如数据库事实、文件缓冲区、窗口缓冲区等。无论子目标执行成功与否,其所占用的空间都不释放,只有在内部数据库事实被删除、外部数据库被关闭、磁盘(或虚拟磁盘)文件、窗口被关闭的情况下才能释放。

全局栈和堆分配在一个区域里。

跟踪用来寄存指针变量,如 Reference 域。在数据库查询中,回溯点的数目越多,占用的空间就越大。子目标的失败可释放跟踪空间。

生成代码是程序的实际机器码。

原程序正文只是在开发环境中用来交互式地运行程序。

(2) 逻辑程序的基本结构及其优化

Prolog 是描述性语言,但是在研究效率问题时,可以从过程的角度对它进行考察并归纳出三种基本结构:顺序结构、选择结构和循环结构。下面从数据传递和存储的角度分析它们,研究其优化问题。

① 顺序结构

顺序结构如图 $10-6(a)$ 所示,为完成目标 $P(W)$,先执行 $a(Z)$,再执行 $b(Z, W)$ 子目标。这些子目标可以由一些简单语句构成,也可以包含其他复杂结构,例如选择结构,循环结构等。在顺序结构中,调用子目标时要分配栈空间,结束时释放,这并不构成威胁。但是在临时读入数据时,例如在执行 readln(X),file _ str(F, S),tef _ term(db _ selector, domain, Ref, Term)时,读入的串、项、表将占用全局栈空间,占用量取决于数据的长度,且在子目标完成后也不释放。这种情况如果很多,或是只要不退出 Prolog 而反复执行这一子目标,占用空间将逐渐积累,最终将导致堆溢出(Heap Overflow)。

为了释放 Heap,只有在子目标 $a(Z)$,$b(Z, W)$ 执行成功后又强令失败,但是在失败后需要传递的约束变量 Z 就此消失,无法传递,这就构成了数据传递与内存占用的矛盾。对此,可以采用在虚拟盘建立传递文件进行传递的方案,如图 $10-6(b)$ 所示。这里,执行子目标 a 时,将需要传递的数据 Z 写入文件 e:file. 1 中,然后关闭文件,强令失败,而在执行子目标 $b(W)$ 时,又从文件中读出 Z,再关闭文件。这样,执行 a 时所占用的内存可全部释放。在 EXAM1. PRO 中给出了这样的示例程序。

EXAP1.PRO

```
proc(W):-
    a,
```

```
    b(W).
a: -
    readln(X), readln(Y),
    concat(X, Y, Z),
    openwrite(first, "e:file.1"),
    writedevice(first),
    write(Z), nl,
    closefile(first),
    fail.
a.
b(W): -
    openread(first, "e:file.1"),
    readdevice(first),
    readln(Z), nl,
    closefile(first), nl,
    readln(U), nl,
    concat(U, Z, W).
```

在选择方案时,要根据情况决定。一般在大型程序内层传递数据不长,空间问题不突出,取图 10 - 6(a)的方案。在外层,累积占用空间已相当可观,或传递数据很长时,则取图 10 - 6(b)的方案,使用的条件是确信目标 a 定能成功,而后强令失败,又在另一同谓词子句中令其成功。

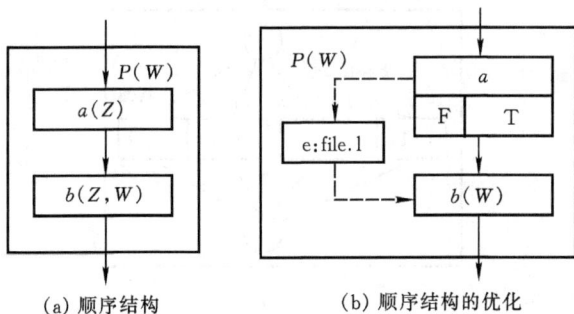

(a) 顺序结构　　　　(b) 顺序结构的优化

图 10 - 6　顺序结构及其优化

② 选择结构

选择问题就是在若干相同子句中选择一个,这本身是个非确定性问题。但若使用截断(!),可把非确定性问题变成确定的,达到节约时间和空间的目的。如果选择条件简单,像菜单程序那样,甚至可直接把条件写入规则头中,并紧接其后写上截断,这样效率更高。选择结构如图 10 - 7 所示,示例程序为 EXAP2. PRO。

```
EXAP2.PRO
predictates
    a(integer)
goal
    write("输入选择号(1~3)"),
    readint(K), a(K).
clauses
    a(1):-!,
    ......
    a(2):-!,
    ......
    a(3):-!,
    ......
    a(_):-
        write("输入有误!").
```

在上例中,若去掉截断,虽然执行某一子目标成功,但却留下回溯点,从而占用更多的空间。

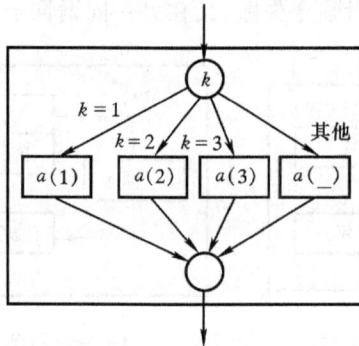

图 10 - 7　选择结构

③ 循环结构

Prolog 中有两类循环结构,第一类是回溯,第二类是递归。

（a）回溯结构

Prolog 的回溯机制用于状态空间搜索是一个有力手段，它可从大量事实组合中求得问题的全部解。EXAP3.PRO 是其典型结构。

EXAP3.PRO

```
a:-
    b(p, W), write(W), nl,
    fail.
a.
b(p, W):-
    c(W), d(p, W).
c(p1).
c(p3).
c(p6).
......
d(p, p2).
d(p, p3).
d(p, p6).
......
```

上例中要求按规则 $b(p, W)$ 去搜索对象 W，对 W 既提出要求 $c(W)$，又要使它与已知对象 p 满足一定关系 $d(p, W)$，可以用图 10-8(a) 表示这种结构。F 代表自然搜索失败后回溯，T/F 代表搜索成功强令失败回溯，E 代表事实库搜索完毕。如果每次操作都遭遇失败，就不但能释放回溯点占用的栈，还能释放堆，从而使程序优化。

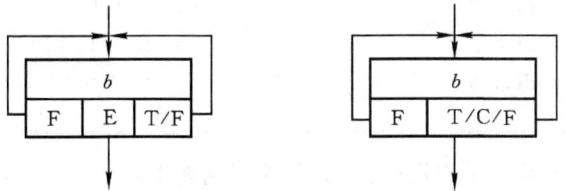

（a）可求多个解的回溯结构　　　　（b）只求多个解的回溯结构

图 10-8　回溯结构

如果只需求得一个解，就不必花费更多时间，可在 EXAP3.PRO 示例程序中 $b(p, W)$ 后加上截断以消除不确定性。可以用图 10-8(b) 表示这种结构，其中，T/C/F 表示搜索成功/截断/强令失败。也可以不必强令失败并取消第二个子句 a,但操作中占用的堆和全局栈就不能释放。

图 10 - 8 的结构可任意多次地重复操作而不会堆溢出。

即使目标没有多个解,也可使用回溯来构成循环,这需要定义以下简单谓词:

repeat.

repeat:- repeat.

加入 repeat,使 Prolog 认为它有无数个不同的解,就去不断回溯。repeat - fail 结构经常使用在大型程序的外层,但要指出的是,它不像 EXAP3. PRO 那样,每次失败只引起回溯点往下移动,它属于多层次回溯,每次失败导致回溯点存储不断积累,栈空间不断消耗,只是每次都不大(12 字节)。至于堆,是能得到释放的。

(b)递归结构

递归是一个调用自身的过程,其典型结构如表 10 - 4 所示。一般递归结构中,循环次数及中间结果都能被当作变元从一个循环传递到另一个循环,这是它与回溯结构相比的优越性。但它的一大缺点是占用很多内存:每当一过程调用另一过程时,必须保存调用过程的执行状态,以便在结束被调用过程后能够恢复如前,调用自身次数越多,使用的栈框架也越多。

表 10 - 4　递归结构

种类	一般递归结构	尾递归结构
结构	$a(X, Y, Z):- e(\dots), !.$ $a(X, Y, Z):-$ 　　$b(\dots),$ 　　$c(\dots),$ 　　$a(X1, Y1, Z1),$ 　　$d(\dots).$	$a(X, Y, Z):- e(\dots), !.$ $a(X, Y, Z):-$ 　　$b(\dots),$ 　　$c(\dots),!,$ 　　$a(X1, Y1, Z1).$

优化的方案是采用尾递归,其要求归纳如下:

• 一过程将其对自身的调用作为最后一步,这样在被调用过程结束后,调用过程就再无其他任何事可做,就不必保存其执行状态了。这种操作相当于在一循环中更改控制变量,将 X, Y, Z 改为 $X1, Y1, Z1$。

• 在最后一个子句前面没有回溯点,在后面也没留下其他可选的未曾尝试过的调用。否则,每循环一次,就要消耗一个栈框架来保留回溯点,循环次数一多,仍要发生栈溢出。

在上述两个要求中,第一个比较容易满足。对第二个要求,常用截断来满足。在表 10 - 4 的尾递归中,第一个截断消除了两个相同谓词子句造成的不确定性,第二个截断在条件 b、c 成功后防止了回溯,消除了回溯点,从而释放了栈空间。

在综合应用中,只有尾递归还远远不够。循环体中若包含数据库,只有在循环体内打开并及时关闭外部数据库或读入事实到内部数据库并及时删除它,才能释放堆;若包含标准设备,则只有将此递归结构放入外部的"失败-成功"结构中,堆空间才能释放。

示例程序 EXAP4. PRO 处理了以上各种情况。图 10 - 9 所示递归结构的两个符号 a 反映了过程调用其自身,P 是跳出循环的判断。

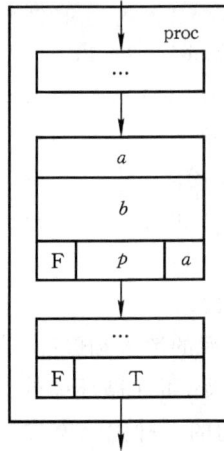

图 10 - 9　混合结构

EXAP4. PRO

```
domains
     database – dba1
     b(integer, string, string)
     database – dba2
     c(integer, string)
predictates
     proc
     a(integer, integer, integer, string)
     goal
     proc.
```

```
clauses
    proc:-
        N = 1, readint(K), readint(M), readln(p),
        a(M, N, K, P), fail.
    proc.
    a(M, N, K, P):- N = K + 1, !.
    a(M, N, K, P):-
        consult("prod.txt",dba1),
        consult("part.txt",dba2),
        b(N, P, W),
        c(M, W), !,
        write(W), nl, N1 = N + 1,
        retractall(_, dba1), retractall(_,dba2),
        a(M, N1, K, P).
    a(M, N, K, P):-
        retractall(_, dba1), retractall(_,dba2),
        N1 = N + 1,
        a(M, N1, K, P).
```

　　需要指出的是,对数据库的读入和删除都放在循环体中,要消耗更多的时间。因此,如果可以接受,可在循环体外,例如在 proc 谓词中处理。

　　(3) 逻辑程序全局结构的一种优化模式

　　当程序由若干模块构成一个整体时,Prolog 称之为工程(Project)。当工程很大时,内存溢出往往成为很大的问题,应该灵活地综合应用基本结构的各种优化手段,形成针对具体问题的优化全局结构。以机器翻译为例,图 10 - 10 给出一个这样的全局结构。

　　图中实线表示的是在内存中进行的过程,虚线表示在内存和磁盘(包括虚拟磁盘)之间的交换过程。$P(1)$是编辑被译文件;$P(2)$从磁盘调入文件修改以产生被译原文件 file.sor;$P(3)$是主要的翻译操作,包括预处理和 4 个子模块,它们逐个产生 file.1～file.4,最后是译文输出 file.out;$P(4)$退出翻译系统。整个程序的最外层是一个 repeat - fail 结构,保证翻译工作在不断重复中能释放出内存。但这还远远不够,在处理数据量很大的情况下,prepare,sub1～sub3 子模块都采取了"强令失败-数据旁路"的结构,只是 sub4 直接进入外层,因为外层的 repeat - fail 结构已保证了内存释放。每个子模块都采用了上述的各种优化结构的综合。

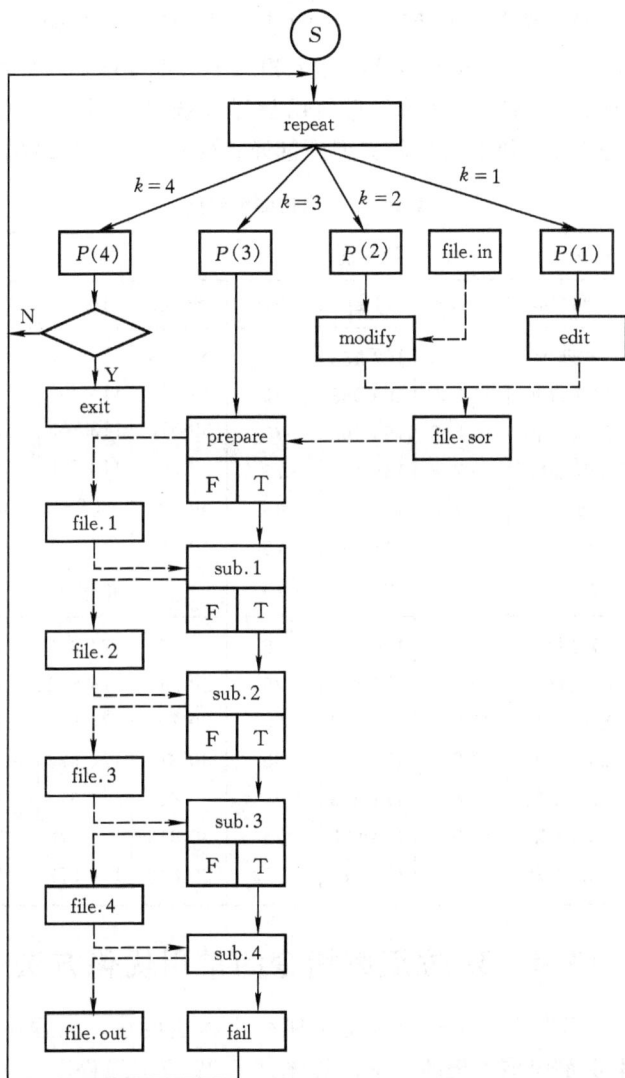

图 10 - 10　一个优化全局结构

表 10 - 5 给出了优化前后试验结果的对比。由于未优化的结构中每一子模块都以成功结束，堆不能释放，又由于选择结构未消除不确定性，栈和堆空间的消耗也急剧增长，在运行到第二轮时，就已出现堆溢出。优化结构的运行效果就很理想，每运行一轮，栈仅消耗 12 字节，这是运行 repeat 保留回溯点造成的。每轮的堆消耗为 1 字节，这是因为运行 $P(2)$ 时总是成功，读入 Y/N 字符造成的。

以机器翻译为例,对翻译工作的重复进行,优化前只能运行一次,优化后,按计算能运行2 580次,这实际上相当于已不受限制,因为翻译多次后总要退出翻译系统。以后重新使用翻译系统时,一切又已恢复如初。优化结果为在 PC 机上运行较大型的翻译软件打下了良好基础。

表 10 - 5　优化结果对比

轮次		第一轮			第二轮		
剩余空间(bit)		Stack	Heap	Trail	Stack	Heap	Trail
未优化结构	处理前	30 966	163 133	75	30 844	113 716	75
	改文件后	30 850	159 068	75	30 728	113 705	75
	预处理前	30 718	158 168	75	30 578	113 705	75
	sub. 1 前	30 718	158 168	75	30 596	113 705	75
	sub. 2 前	30 718	134 533	75	30 596	93 094	75
	sub. 3 前	30 718	118 436	75	30 596	76 977	75
	sub. 4 前	30 718	107 612	75	堆溢出		
优化结构	处理前	30 966	174 674	75	30 954	174 673	75
	改文件后	30 960	174 673	75	30 948	174 672	75
	预处理前	30 810	174 673	75	30 798	174 672	75
	sub. 1 前	30 828	174 673	75	30 816	174 672	75
	sub. 2 前	30 828	174 673	75	30 816	174 672	75
	sub. 3 前	30 828	174 673	75	30 816	174 672	75
	sub. 4 前	30 828	174 673	75	30 816	174 672	75

10.4　32 位汇编指令的常用优化方法

32 位汇编指令优化的目标也是体积小和速度快。在程序设计过程中,有些常识是应该牢记的。下面具体讲述 32 位汇编程序设计中常用的优化方法。

(1) 寄存器清 0

不好的代码:

```
    mov eax, 00000000h              ;5 bytes
```

推荐的代码:

```
    sub eax, eax                    ;2 bytes
```

或者

```
    xor eax, eax                    ;2 bytes
```

在推荐的代码中,指令字节减少了。除此之外,在速度上也没有损失,两种代码一样快。

(2) 测试寄存器是否为 0

不好的代码:

```
cmp eax, 00000000h              ;5 bytes
je _ label _                    ;2/6 bytes (short/near)
```

因为很多指令针对 eax 作了优化,所以尽可能多地使用 eax。例如:

```
CMP eax, 12345678h              ;(5 bytes)
```

如果使用其他寄存器,指令长度就是 6 个字节。

推荐的代码:

```
or eax, eax                     ;2 bytes
je _ label _                    ;2/6 bytes(short/near)
```

或者

```
test eax, eax                   ;2 bytes
je _ label _                    ;2/6(short/near)
```

特别地,test 不改变任何寄存器,并且不向任何寄存器写入内容。因此,使用 test 通常能在 Pentium 机上取得更快的执行速度。

假如要判断的是 eax 寄存器,还可以使用:

```
xchg eax, ecx                   ;1 byte
jecxz _ label _                 ;2 bytes
```

在短跳转的情况下,还可以比推荐的代码节省 1 字节。

(3) 测试寄存器是否为 0FFFFFFFFh

不好的代码:

```
cmp eax, 0ffffffffh             ;5 bytes
je _ label _                    ;2/6 bytes
```

推荐的代码:

```
inc eax                         ;1 byte
je _ label _                    ;2/6 bytes
dec eax                         ;1 byte
```

推荐的代码可以节省 3 字节,并且执行速度会更快。

(4) 置寄存器为 0FFFFFFFFh

不好的代码:

```
mov eax, 0ffffffffh             ;5 bytes
```

推荐的代码:

```
xor eax, eax 或者 sub eax, eax          ;2 bytes
dec eax                                 ;1 byte
```

这样就可以节省 2 字节。还可以这样写:

```
stc                                     ;1 byte
sbb eax, eax                            ;2 bytes
```

有时还可以再节省 1 字节,代码如下:

```
jnc _ label _
sbb eax, eax                            ;仅有 2 bytes
_ label _: ...
```

(5) 寄存器清 0 并移入低字数值

不好的代码:

```
xor eax, eax                            ;2 bytes
mov ax, word ptr [esi + xx]             ;4 bytes
```

这可能是大多数初学者的写法。

推荐的代码:

```
movzx eax, word ptr [esi + xx]          ;4 bytes
```

推荐的代码减少了 2 字节。

相应地,代码:

```
xor eax, eax                            ;2 bytes
mov al, byte ptr [esi + xx]             ;3 bytes
```

就要更改为:

```
movzx eax, byte ptr [esi + xx]          ;4 bytes
```

在程序设计时,应该尽可能利用 movzx,因为其执行速度不慢,而且通常能节省字节。

(6) 关于 push

下面着重讲述代码体积的优化,因为寄存器操作总要比内存操作快。

不好的代码:

```
mov eax, 50h                            ;5 bytes
```

推荐的代码:

```
push 50h                                ;2 bytes
pop eax                                 ;1 byte
```

当操作数只有 1 字节时,push 只有 2 字节的长度,否则就是 5 字节的长度。

例如,向堆栈中压入 7 个 0 的代码如下:

不好的代码：

```
    push 0                          ;2 bytes
    push 0                          ;2 bytes
    push 0                          ;2 bytes
    push 0                          ;2 bytes
    push 0                          ;2 bytes
    push 0                          ;2 bytes
    push 0                          ;2 bytes
```

总共占用 14 字节，显然需要进行优化。

推荐的代码：

```
    xor eax, eax                    ;2 bytes
    push eax                        ;1 byte
    push eax                        ;1 byte
    push eax                        ;1 byte
    push eax                        ;1 byte
    push eax                        ;1 byte
    push eax                        ;1 byte
    push eax                        ;1 byte
```

还可以更紧凑，但是速度上会慢一点，其代码如下：

```
    push 7                          ;2 bytes
    pop ecx                         ;1 byte
    _ label _: push 0               ;2 bytes
    loop _ label _                  ;2 bytes
```

这样可以节省 7 字节的空间。

有时候可能会将一个值从一个内存地址转移到另外一个内存地址，并且要保存所有寄存器。

不好的代码：

```
    push eax                        ;1 byte
    mov eax, [ebp + xxxx]           ;6 bytes
    mov [ebp + xxxx], eax           ;6 bytes
    pop eax                         ;1 byte
```

推荐的代码：

```
    push dword ptr [ebp + xxxx]     ;6 bytes
    pop dword ptr [ebp + xxxx]      ;6 bytes
```

（7）乘法

例如，当 eax 已经放入被乘数，要乘以 28h，代码如下：

不好的代码：

```
mov ecx, 28h                          ;5 bytes
mul ecx                               ;2 bytes
```

推荐的代码：

```
push 28h                              ;2 bytes
pop ecx                               ;1 byte
mul ecx                               ;2 bytes
```

还可以使用 Intel 在新 CPU 中提供的新指令 imul：

```
imul eax, eax, 28h                    ;3 bytes
```

（8）字符串操作

例如，从内存取得一个字节的代码如下。

速度快的方案：

```
mov al/ax/eax, [esi]                  ;2/3/2 bytes
inc esi                               ;1 byte
```

代码小的方案：

```
lodsb/w/d                             ;1 byte
```

还有，如何到达字符串尾呢？代码举例如下。

Jqwerty 的方法：

```
lea esi, [ebp + asciiz]               ;6 bytes
s _ check: lodsb                      ;1 byte
test al, al                           ;2 bytes
jne s _ check                         ;2 bytes
```

Super 的方法：

```
lea edi, [ebp + asciiz]               ;6 bytes
xor al, al                            ;2 bytes
s _ check: scasb                      ;1 byte
jne s _ check                         ;2 byte
```

Super 的方法在 386 以下的微机上更快，而 JQwerty 的方法在 486 及 Pentium 机上更快。

（9）复杂一点的方法

假设有一个 DWORD 表，ebx 指向表的开始，ecx 是指针，现在想给每个 dword 加 1，代码如下：

```
        pushad                          ;1 byte
        imul ecx, ecx, 4                ;3 bytes
        add ebx, ecx                    ;2 bytes
        inc dword ptr [ebx]             ;2 bytes
        popad                           ;1 byte
```

可以再优化一点,节省 6 字节,而且速度更快、更易读:

```
        inc dword ptr [ebx + 4 * ecx]        ;3 bytes
```

还可以有立即数:

```
        pushad                          ;1 byte
        imul ecx, ecx, 4                ;3 bytes
        add ebx, ecx                    ;2 bytes
        add ebx, 1000h                  ;6 bytes
        inc dword ptr [ebx]             ;2 bytes
        popad                           ;1 byte
```

优化为:

```
        inc dword ptr [ebx + 4 * ecx + 1000h]  ;7 bytes
```

这样节省了 8 字节。

(10) 其他的技巧

① 下面这种情况一般不要使用 esp 和 ebp,应使用其他寄存器。

```
        a) mov eax, [ebp]               ;3 bytes
        b) mov eax, [esp]               ;3 bytes
        c) mov eax, [ebx]               ;2 bytes
```

② 交换寄存器中 4 个字节的顺序,用 bswap 指令。

```
        mov eax, 12345678h              ;5 bytes
        bswap eax                       ;2 bytes
```

代码执行完毕后,eax=78563412h。

③ 比较 reg/mem 在时间上的差别。

```
        a) cmp reg, [mem]               ;更慢
        b) cmp [mem], reg               ;快一个周期
```

④ 乘 2 除 2 节省时间和空间的问题。

```
        a) mov eax, 1000h
           mov ecx, 4                   ;5 bytes
           xor edx, edx                 ;2 bytes
           div ecx                      ;2 bytes
```

```
        b) shr eax, 4                    ;3 bytes
        c) mov ecx, 4                    ;5 bytes
           mul ecx                       ;2 bytes
        d) shl eax, 4                    ;3 bytes
```

⑤ loop 指令。

```
        a) dec ecx                       ;1 byte
           jne _ label _                 ;2/6 bytes (SHORT/NEAR)
        b) loop _ label _                ;2 bytes
```

再看：

```
        c) je $ + 5                      ;2 bytes
           dec ecx                       ;1 byte
           jne _ label _                 ;2 bytes
        d) loopXX _ label _              ;2 bytes (其中, XX = E,
                                          NE, Z 或者 NZ)
```

loop 体积小，但在 486 以上的 CPU 上执行速度会慢一点。

⑥ push、pop、xchg、mov 的比较。

```
        a) push eax                      ;1 byte
           push ebx                      ;1 byte
           pop eax                       ;1 byte
           pop ebx                       ;1 byte
        b) xchg eax, ebx                 ;1 byte
        c) xchg ecx, edx                 ;2 bytes
```

如果仅仅是想移动数值，用 mov，在 Pentium 上会有较好的执行速度：

```
        d) mov ecx, edx                  ;2 bytes
```

⑦ 结构优化。

不好的代码：

```
        lbl1: mov al, 5                  ;2 bytes
              stosb                      ;1 byte
              mov eax, [ebx]             ;2 bytes
              stosb                      ;1 byte
              ret                        ;1 byte
        lbl2: mov al, 6                  ;2 bytes
              stosb                      ;1 byte
```

```
        mov eax, [ebx]                    ;2 bytes
        stosb                            ;1 byte
        ret                              ;1 byte
                                         - - - - - - - - -
                                         ;14 bytes
```

推荐的代码：

```
    lbl1: mov al, 5                      ;2 bytes
    lbl: stosb                           ;1 byte
        mov eax, [ebx]                   ;2 bytes
        stosb                            ;1 byte
        ret                              ;1 byte
    lbl2: mov al, 6                      ;2 bytes
        jmp lbl                          ;2 bytes
                                         - - - - - - - - -
                                         ;11 bytes
```

⑧ 读取常数变量,可以在指令中直接定义。

原始代码：

```
    mov eax, [ebp + variable]            ;6 bytes
    ...
    mov [ebp + variable], eax            ;6 bytes
    ...
    ...
    variable dd 12345678h                ;4 bytes
```

可以优化为：

```
    mov eax, 12345678h                   ;5 bytes
    variable = dword ptr $ - 4
    ...
    ...
    mov [ebp + variable], eax            ;6 bytes
```

这种优化的前提是编译的时候,支持代码段的写入属性要被设置。

小　结

(1) 讲述了程序优化的内容与基本方法,其基本内容有代码替换、减少分支预测、并行指令、MMX 指令、指令的预读等;优化原则有等价原则、有效原则、合算原则等;基本方法有选择合适的算法和数据结构、使用尽量小的数据类型、使用自加自减指令、减少运算的强度、循环、查表等。

(2) 讲述了算法剖析与程序优化,并举例说明了对于具体问题,必须抓住问题的实质,在对算法反复推敲求精的基础上巧妙构思,才能设计出优秀的程序。程序设计的可塑性极大,要优化程序,算法剖析是必不可少的。

(3) 讲述了 C 程序的常用优化方法,包括输入/输出的优化、内存的优化、算法的优化等方法。

(4) 讲述了 C++ 程序的常用优化方法,包括数据类型的优化、控制流程的优化、赋值的优化、内存操作的优化等方法。

(5) 讲述了 Java 程序性能的优化方法,包括对象的生成和大小的调整、异常、线程、输入和输出的优化等方法。

(6) 讲述了 ASP 程序性能的优化方法,包括数据库设计优化、SQL查询结构的优化、ASP 脚本的优化等方法。

(7) 讲述了 Prolog 逻辑程序的优化方法,包括对顺序结构、选择结构和循环结构的优化方法。

(8) 讲述了 32 位汇编指令的常用优化方法,包括寄存器清 0、测试寄存器是否为 0、测试寄存器是否为 0FFFFFFFFh、置寄存器为 0FFFFFFFFh、寄存器清 0 并移入低字数值、push、乘法、字符串操作等优化方法。

主要英文缩写索引

BOA	Basic Object Adapter	基本对象适配器
CDC	Connected Device Configuration	互联设备配置
CIMS	Computer Integrated Manufacturing System	计算机集成制造系统
CLDC	Connected Limited Device Configuration	互联受限设备配置
COM	Component Object Model	组件对象模型
CORBA	Common Object Request Broker Architecture	公共对象请求代理机制
DCOM	Distributed Component Object Model	分布式组件对象模型
DDE	Dynamic Data Exchange	动态数据交换协议
DII	Dynamic Invocation Interface	动态调用接口
DSI	Dynamic Skeleton Interface	动态骨架接口
DSP	Digital Signal Processor	数字信号处理器
EJB	Enterprise JavaBeans	企业 JavaBeans 模型
GIOP	General Inter-ORB Protocol	通用 ORB 间协议
GOM	Generic Object Model	普通对象模型
IDL	Interface Define Language	接口定义语言
IIOP	Internet Inter-ORB Protocol	Internet ORB 间协议
MBMS	Model Base Management System	模型库管理系统
MIDP	Mobile Information Device Profile	移动信息设备简表
MTS	Microsoft Transaction Server	微软事务处理服务器
OMA	Object Management Architecture	对象管理体系结构
OMG	Object Management Group	对象管理组织
OOA	Object Oriented Analysis	面向对象的分析
OOD	Object Oriented Design	面向对象的设计
OOI	Object Oriented Implementation	面向对象的实现
ORB	Object Request Broker	对象请求代理
POA	Portable Object Adapter	可移植对象适配器
RMI	Remote Method Invocation	远程方法调用
RTOS	Real-Time Operating System	实时操作系统

参考文献

[1] 覃征，王志敏，鲍复民，等. 虚拟企业网站的设计与实践[M]. 西安：西安交通大学出版社，2001：127-206.

[2] ROBERT Y. Programming methodologies and tools[C]//Proceedings of Eleventh Euromicro Conference on Parallel, Distributed and Network-Based Processing. New York：IEEE，2003：282.

[3] FAN M-H, HUANG C-H, CHUNG Y-C. A programming methodology for designing block recursive algorithms on various computer networks[C]//Proceedings of International Conference on Parallel Processing Workshops. New York：IEEE，2002：607-614.

[4] GUPTA G. Reliable software construction：a logic programming based methodology[C]//Proceedings of Fifth IEEE International Symposim on High Assurance Systems Engineering. New York：IEEE，2000：140-141.

[5] KARAM M R, SMEDLEY T J. A data-flow testing methodology for a dataflow based visual programming language[C]//Proceedings of IEEE 2002 Symposia on Human Centric Computing Languages and Environments. New York：IEEE，2002：86-88.

[6] FELEA V, TOURSEL B. Methodology for Java distributed and parallel programming using distributed collections[C]//Proceedings of Parallel and Distributed Processing Symposium. New York：IEEE，2002：117-123.

[7] ALEXANDER R T. Improving the quality of object-oriented programs[J]. IEEE Software, 2001,18(5)：90-91.

[8] POOLE I, EWINGTON C, JONES A, et al. Combining functional and object-oriented programming methodologies in a large commercial application[C]//Proceedings of International Conference on Computer Languages. New York：IEEE，1998：111-117.

[9] HON W C. A methodology for object-oriented constraint programming[C]//Proceedings of International Software Engineering Conference. New York：IEEE，1997：116-122.

[10] HILMES B W, WALLACE M K Jr. Improve student programming through emphasis on programming methodologies and problem solving[C]//Proceedings of Twenty-Fourth Annual Conference on Frontiers in Education. [New York：IEEE，1994：302-306.

[11] OULTON B. Structured programming based on IEC SC 65A; using alternate programming methodologies and languages with programmable controllers[C]// Proceedings of IEEE Conference Record of 1992 Forty-Fourth Annual Conference of Electrical Engineering Problems in the Rubber and Plastics Industries. New York;IEEE,1992: 18-20.

[12] SCHMIDT D C, HARRISON T. Double-Checked Locking[M]//MARTIN R C,VLISSIDES J,RIEHLE D. Pattern Languages of Program Design 3. Upper Saddle River, NJ; Addison-Wesley Professional, 1996: 363-375.

[13] MARWEDEL P. Embedded System Design[M]. Heidelberg; Springer, 2006.

[14] SGROI M, LAVAGNO L, et al. Formal models for embedded system design [J]. Design & Test of Computers, IEEE, 2000,17(2): 14-27.

[15] MICHAEL B. Programming Embeded Systems in C and C++[M]. Cambridge, MA;O'Reilly,1999.

[16] BRATMAN M E. Intentions, Plans and Practical Reason[M]. Cambridge MA; Harvard University Press, 1987.

[17] LUCK M, MCBURNEY P, and PREIST C. A manifesto for agent technology; towards next generation computing[J]. Autonomous Agents and Multi-Agent Sytems 2004,(9): 203-252.

[18] SHOHAM Y. Agent-oriented programming[J]. Artificial Intelligence, 1993,60 (1): 51-92.

[19] LESPERANCE Y, LEVESQUE H J, LIN F, et al. Foundations of a logical approach to agent programming[C]//Working notes of the IJCAI-95 Workshop on Agent Theories, Architectures, and Languages, Montreal, Canada; ACM Press, 1995.

[20] HINDRIKS K V, DE BOER F S, VAN DER HOEK W, et al. Formal Semantics for an Abstract Agent Programming Language [C]// Intelligent Agents IV, Agent Theories, Architectures, and Languages, 4th International Workshop, July 24—26, 1997, Rhode Island, USA; Springer, 1997: 215-229.

[21] HINDRIKS K V, DE BOER F S, VAN DER HOEK W et al. An operational semantics for the single Agent core of AGENT0, Tech Rep; UU-CS-199930 [R]. Department of Computer Science,University Utrecht, 1999.

[22] RAO A S. AgentSpeak(L); BDI Agents speak out in a logical computable language[C]//VAN DE VELDE W, PERRAM J. Proc. Seventh Workshop on Modelling Autonomous Agents in a Multi-Agent World (MAAMAW'96), LNAI1038, Eindhoven,The Netherlands;Springer-Verlag, 1996: 42-55.

[23] ALECHINA N, BORDINI R, HUBNER J et al. Belief Revision for AgentSpeak Agents [C]//Proceedings of DALT workshop at AAMAS-06, Ja-

pan：ACM,2006.

[24] BORDINI R H, MOREIRA A F. Proving BDI properties of agent-oriented pro-
gramming languages[J]. Annals of Mathematics and Artificial Intelligence
2004,42：197-226.

[25] 丁益民. 程序设计方法发展的几个阶段[J]. 武钢职工大学学报,2001,13(2)：
37-40.

[26] 左爱群,黄水松. 基于组件的软件开发方法研究[J]. 计算机应用,1998,18
(11)：4-6.

[27] 骆耀祖,段琢华,于江明,等. 谈综合程序设计方法教学[J]. 韶关大学学报(自
然科学版),1998,19(3)：92-99.

[28] 牟洪臣,宁潜艳. 高级语言程序设计中的递归[J]. 哈尔滨师范大学自然科学学
报,2000,16(6)：19-22.

[29] 周宇,张黎宁. 嵌入式产品软件设计方法[J]. 信息技术,2001(11)：46-47.

[30] 党纯. 浅谈结构化程序设计[J]. 天中学刊,1999,14(5)：65-66.

[31] 张秋. 结构化程序设计及判别[J]. 抚顺石油学院学报,1997,17(4)：58-61.

[32] 张正瑜. 程序设计方法学中的结构化程序设计[J]. 临沂师专学报,1996,18
(3)：62-64.

[33] 衣治安,马瑞民,王新. 结构化程序设计 NS 图的扩展与完善[J]. 大庆石油学
院学报,1999,23(1)：50-52.

[34] 白晓虹,刘东玲,马燕. 非结构化程序到结构化程序的转化[J]. 延安大学学报
(自然科学版),2000,19(2)：27-32.

[35] 彭罗斯. 皇帝新脑[M]. 长沙：湖南科学技术出版社,2001：20-80.

[36] 宗晔,方安宁. 面向对象程序设计和设计技术的分析[J]. 浙江大学学报(自然
科学版),1999,33(2)：163-168.

[37] 赵兰波. 面向对象程序设计基本结构和思想分析[J]. 呼兰师专学报,2001,17
(1)：74-77.

[38] 马圣乾. 面向对象程序设计概论[J]. 岱宗学刊,2000(3)：18-20.

[39] 宋文臣,庞志永. 面向对象程序设计技术探讨[J]. 青岛化工学院学报,2001,22
(2)：180-185.

[40] 徐宝祥,刘凤勤,张海涛. 面向对象方法学的理论基础[J]. 情报学报,2001,20
(6)：754-761.

[41] 郭江,廖越虹. 面向对象的方法学[J]. 计算机系统应用,1994(3)：57-61.

[42] 欧阳菊根. 面向对象程序设计方法的分析与探讨[J]. 南昌水专学报,1997,16
(2)：30-34.

[43] 伍光胜,李源鸿. 面向对象技术的继承性的分析及探讨[J]. 微型电脑应用,
1998(1)：32-36.

[44] 张莉. 面向对象程序设计语言 C++中多态性的实现方式[J]. 西安联合大学

学报，2002,5(15)：61-64.

[45] 赵永升,宋丽华. 程序设计方法 SPP 与 OOP 的比较[J]. 烟台师范学院学报(自然科学版)，2002,18(3)：229-233.

[46] 孙华志,马希荣. 面向对象程序设计思想初探[J]. 天津师大学报(自然科学版)，1996,16(3)：22-26.

[47] 白庆华. 面向对象方法的未来发展[J]. 计算机系统应用，1994(11)：33-34.

[48] HELM, GAMMA E R, et al. 设计模式:可复用面向对象软件的基础[M]. 英文影印版. 北京:机械工业出版社,2000.

[49] 孙国恩. 基于 WEB 环境的 MVC 设计模式应用[J]. 大众科技,2006,(1)：80-81.

[50] 黄奇为. 工厂模式编程实践[J]. 科技创业月刊,2004(12)：137-138.

[51] 徐敏,周定康. 组件技术在软件开发中的应用[J]. 计算机与现代化,2002(2)：1-3.

[52] 汪盛,袁捷,李宗岩. 基于组件技术的模型管理[J]. 计算机工程,2001,27(1)：38-40.

[53] 杨晓红,朱庆生. 组件化程序设计方法及组件标准[J]. 重庆大学学报(自然科学版)，2001,24(6)：120-123.

[54] 文斌. CORBA 组件及其应用系统开发[J]. 荆门职业技术学院学报,2002,17(6)：13-17.

[55] 张玉琢,张忠玉,袁霞,等. CORBA 技术及应用[J]. 云南师范大学学报,2002,22(4)：20-24.

[56] 张笑冬. 使用 EJB 组件技术开发多层应用[J]. 平原大学学报,2001,18(2)：15-17.

[57] 楼伟进,应飚. COM/DCOM/COM＋组件技术[J]. 计算机应用,2000,20(4)：31-33.

[58] 刘冬,朱庆生. EJB 技术及其实现[J]. 微型电脑应用,2002,18(7)：43-46.

[59] 张永梅,马礼. 程序设计中的递归算法教学探讨[J].华北工学院学报(社科版)，2001(3)：38-39.

[60] 朱玉龙,任文岚. 递归程序设计的公式化方法[J]. 小型微型计算机系统,2001,22(11)：1389-1390.

[61] 张学军,张萍. 递归程序探讨[J]. 甘肃教育学院学报(自然科学版)，2002,16(1)：65-69.

[62] 张丽华. 递归与栈[J]. 嘉兴高等专科学校学报,1999,12(2)：52-55.

[63] 韩春利. 递归程序的非递归转换方法[J]. 郑州纺织工学院学报,1995,6(4)：24-28.

[64] 张晶,曾宪云. 嵌入式系统概述[J].电测与仪表,2002,39(436)：42-44.

[65] 黄定华,孙炳达.嵌入式系统中的软件设计技术——C 语言程序设计[J]. 工业

控制计算机，2001,14(5)：3-6.

[66] 探矽工作室. 嵌入式系统开发圣经[M]. 北京：中国青年出版社,2002.

[67] 李迅,孙毅.J2ME 无线设备编程[M].北京：机械工业出版社,2002：34-60.

[68] RUSSEL S J. NORVIG P. 人工智能：一种现代的方法[M]. 2 版. 英文影印版. 北京：清华大学出版社,2006.

[69] 史忠植. 智能主体及其应用[M]. 北京：科学出版社,2000.

[70] 毛新军. 面向主体的软件开发[M]. 北京：清华大学出版社,2005.

[71] 王小明. 一种软件结构复杂度度量模型及其自动实现[J]. 计算机应用,1999, 19(6)：16-17.

[72] 李沛武. 程序中嵌套结构复杂度的计算方法[J]. 南昌水专学报,1997,16(1)： 57-60.

[73] 王红梅,应红霞,季绍红. 递归函数时间复杂度的分析[J]. 东北师范大学学报(自然科学版),2001,33(4)：111-113.

[74] 黄杰. 运用简化法则估算算法的时间复杂度[J]. 雁北师范学院学报,2000,16(4)：95-96.

[75] 田娅薇. 算法剖析与程序优化[J]. 陕西师范大学学报(自然科学版),1996,24(3)：119-120.

[76] 朱艳辉,向剑伟. ASP 应用程序的性能优化[J]. 株洲工学院学报,2000,14(6)：29-31.

[77] 段鹰,段文泽. PROLOG 逻辑程序设计的结构优化[J]. 重庆建筑大学学报,1998,20(6)：93-99.